铁路科技图书出版基金资助出版

和谐型交流传动机车技术丛书

HXD2C 型电力机车

《和谐型交流传动机车技术丛书》编委会　著

中国铁道出版社有限公司

2019年·北　京

内 容 简 介

本书为《和谐型交流传动机车技术丛书》之一。全书共分十二章，分别为 HXD_{2C} 型电力机车概述，机车总体，牵引电传动系统，高压电器，辅助电气系统，通风、冷却系统，微机网络控制系统，制动系统，车体，转向架，车载安全监测设备，机车使用与维护。

本书可作为从事和谐系列交流传动机车运用、检修、维护的专业人员和技术管理人员的学习培训教材，也可作为大专院校、科研院所的学习参考资料。

图书在版编目(CIP)数据

HXD_{2C} 型电力机车/《和谐型交流传动机车技术丛书》编委会著．—北京：中国铁道出版社有限公司，2019.11

（和谐型交流传动机车技术丛书）

ISBN 978-7-113-26348-5

Ⅰ.①H… Ⅱ.①和… Ⅲ.①交流电力机车 Ⅳ.①U264.2

中国版本图书馆 CIP 数据核字(2019)第 248485 号

书　　名： 和谐型交流传动机车技术丛书
HXD_{2C} 型电力机车

作　　者：《和谐型交流传动机车技术丛书》编委会

策划编辑： 王明容　　**责任编辑：** 李润华　　**编辑部电话：** 010-51873138

封面设计： 崔丽芳　　**电子信箱：** tdpress@126.com

责任校对： 苗　丹

责任印制： 高春晓

出版发行： 中国铁道出版社有限公司(100054，北京市西城区右安门西街 8 号)

网　　址： http://www.tdpress.com

印　　刷： 北京顶佳世纪印刷有限公司

版　　次： 2019 年 11 月第 1 版　2019 年 11 月第 1 次印刷

开　　本： 787 mm×1 092 mm 1/16　印张：12.25　字数：280 千

书　　号： ISBN 978-7-113-26348-5

定　　价： 120.00 元

《和谐型交流传动机车技术丛书》
编　委　会

本书编写人员：仝　雷　张晓东　刘文俊　王文俊　郭文芳
傅雪军　郭彦伟　邢　亮　郝占红　李学普
王树海　黄明惠　许淑萍　白　晶　张一利
王海平　赵亚峰　姚苏明　陈玉芬　杨　帆
张红霞　李　珍　董　莹　张　博　宋安东
闫科超

本书审核人员：寇树仁　容长生　王　磊　何　平　曹贞全
郭树祥　郑维飞　慕元鹏　刘文俊　成本权
刘洪生　马　帅　齐志刚　冯　昊

序

当今时代，中国铁路路网规模日新月异，铁路科技迅猛发展，铁路牵引动力装备在短期内迅速实现了从直流传动到交流传动的转换，跨入了世界机车技术的先进行列。中国铁路通过创新驱动，实现了铁路技术装备的现代化，大批具有自主知识产权、牵引性能优良、节能环保的和谐型交流传动机车的投用，快速扩充了路网的运输能力，缓解了铁路运输能力严重不足的制约，满足了我国经济社会平稳快速发展对铁路运输的要求。

《和谐型交流传动机车技术丛书》从机车总体、系统和部件的技术特性、结构特征及技术参数等方面，对各型号和谐型交流传动机车进行了全面系统的阐述。读者可通过该丛书了解和谐型交流传动机车功率大、效率高的牵引特性，交流传动与微机网络控制特性，高黏着利用、防滑和防空转特性，空气制动和动力制动特性，由完善的故障诊断和合理的检修周期保证的可靠性，节能环保的经济性等。

该丛书技术性、专业性较强，对从事和谐型交流传动机车运用、检修、维护、技术管理人员掌握相关知识、提高业务能力均有所帮助，还可作为大专院校、科研院所及社会各界有关人员的技术参考书。

田红旗

2018 年 7 月

序

和谐型交流传动机车是当前中国铁路网内广泛应用的具有世界先进技术水平的铁路运输牵引动力装备，是中国铁路技术装备现代化的典型代表之一。和谐型交流传动机车是中国铁路总公司按照国务院《中长期铁路网规划》和《铁路主要技术政策》确定的铁路技术装备现代化的战略规划，坚持“自主创新与技术引进相结合”的基本原则，先是用了不到5年的时间，完成了我国铁路技术装备水平的快速提升，提高了运能与运力；后又经过自主设计、自主创新，形成了系列化具有自主知识产权的世界先进的铁路运输牵引动力装备。2018年，全路在用的和谐型交流传动机车已超过1万台，占全路机车保有量50%以上，和谐型交流传动机车完成的货运工作量占全路机车完成的货运总工作量近80%，成为铁路运输牵引动力的绝对主力，机车技术装备的现代化，已在运输生产中结出了丰硕的成果。

《和谐型交流传动机车技术丛书》对各型号机车的主要技术性能、结构特征、技术参数以及机车使用维护等方面进行了介绍。内容全面丰富，层次分明，条理清晰，技术性强，同时图文并茂、通俗易懂。《和谐型交流传动机车技术丛书》的出版，将为广大铁路相关技术、管理人员和社会各界提供适用的专业读本，也为相关技术业务培训提供了专业的参考材料。

2018年7月

前　言

随着国民经济快速增长，中国铁路机车技术装备水平实现了质的飞跃，铁路运输牵引动力实现了由直流传动向交流传动的更新换代，形成了较为完善的和谐型交流传动机车谱系。和谐型交流传动机车是中国铁路在落实国家铁路“十一五”发展规划和《中长期铁路网规划》以及国家发改委对铁路机车车辆装备现代化提出的“引进先进技术，联合设计生产，打造中国品牌”总体要求，通过引进消化吸收再创新，大胆实践、自主设计、自主创新和集成创新，形成了具有世界一流技术水平的牵引动力装备。

目前，中国铁路和谐型交流传动机车型谱中包括电力和内燃两种动力类型，涵盖不同功率等级，适用于干线客货运、小运转和调车、高原以及重载铁路运输要求，展现了中国铁路牵引动力装备的特色。

2018 年，和谐型交流传动机车保有量超过 1 万台，占全路机车总保有量 50% 以上；和谐型交流传动机车完成的货运工作量约占全路机车完成的货运总工作量的 80%，成为全国铁路客货运输牵引动力的主力，使我国铁路运输能力获得了极大提升。

为满足广大铁路机车运用、检修、维护和技术管理人员，设计制造、大专院校、科研院所及社会各界的需求，中国铁路总公司机辆部组织成立了《和谐型交流传动机车技术丛书》编委会，中国铁路总公司机辆部主任申瑞源任主任，中国铁路总公司机辆部副主任张大勇、吴国栋、张启平、王春山，中国中车公司总工程师张新宁任副主任；张启安、王强、王立杰、黄成荣、李群锋、宁友波、李虎、杜志辉、王志、张黎、王光春、廖洪涛、曲天威、赵明元、仲怀清任委员，负责该技术丛书的组稿、编辑及审定工作；中车株洲电力机车有限公司、大连机车车辆有限公司、大同电力机车有限公司、戚墅堰机车有限公司等负责有关机型书稿的具体编写工作。

《和谐型交流传动机车技术丛书》对中国铁路各种型号的和谐型交流传动机车，从机车技术特性、结构特征以及技术参数等方面进行了全面系统的介绍，专业性和技术性强，学习和参考价值高。丛书是在长期从事铁路机车技术工作的工程技术人员和老一辈铁路机辆人多年工作成果的基础上完成的，在此向他们表示衷心的感谢。

《HXD_{2C} 型电力机车》是《和谐型交流传动机车技术丛书》系列之一。

HXD2C 型电力机车是中车大同电力机车有限公司按照先进、成熟、经济、适用、必须的原则和模块化、标准化、简统化、系列化的要求，在引进、消化、吸收国外先进技术的基础上进行自主创新和集成设计的成果。HXD2C 型电力机车是交流传动 6 轴干线货运电力机车，采用 C_0-C_0 轴式，持续功率为 7 200 kW，最高运行速度 120 km/h，25 t 轴重时启动牵引力为 570 kN、最大再生制动力 400 kN，23 t 轴重时最大起动牵引力为 520 kN、最大再生制动力 370 kN。该型机车自主化程度高、适应范围广、国产化率超过 90%，装用了通过自主研制、具有自主知识产权的车体、转向架、牵引变压器、牵引变流器、牵引电机、牵引控制系统、机车网络控制系统、制动系统等，技术水平与世界发达国家的先进技术装备比肩，为铁路运输生产提供了优质的技术装备。HXD2C 型电力机车自 2010 年 9 月开始上线运行，承担铁路干线货物列车牵引任务，发挥着重要作用。

《HXD2C 型电力机车》共计十二章，第一章“概述”介绍了机车的先进性设计和机车主要技术特点；第二章“机车总体”介绍了机车总体技术参数、机车性能以及设备布置；第三章“牵引电传动系统”介绍了牵引电路、牵引变压器、牵引变流器和牵引电机；第四章“高压电器”介绍了受电弓、主断路器、高压接地开关、高压隔离开关、高压电压互感器、高压电流互感器、接地电流互感器、避雷器和高压电缆总成；第五章“辅助电气系统”介绍了辅助变流器、充电机柜、蓄电池柜、辅助机组、机车照明和辅助电器；第六章“通风、冷却系统”介绍了机车通风方式和过滤除尘装置；第七章“微机网络控制系统”介绍了机车网络系统结构、系统通信网络、网络控制系统硬件和机车控制电器；第八章“制动系统”介绍了风源系统、空气管路布置、制动机、其他气动设备和基础制动；第九章“车体”介绍了主要结构参数及特点和牵引缓冲装置及变形吸能元件；第十章“转向架”介绍了技术参数、工作原理和构造说明；第十一章“车载安全监测设备”介绍了列车运行控制系统车载设备、6 A 系统和 CMD 系统；第十二章“机车使用与维护”介绍了机车操纵说明和机车的维护与检查。其中第三章和第七章，对在该型机车上分别装用的大连东芝、庞巴迪和北车心(NECT)牵引电传动系统以及微机网络控制系统逐一进行了介绍；第三章至第十章，对其相关系统的典型故障及其分析和处理方法也进行了介绍。

希望丛书的出版能对从事和谐系列交流传动机车运用、检修、维护的专业人员和技术管理人员掌握相关专业技术知识、提高业务能力，以及机车设计制造厂家、大专院校、科研院所以及社会各界有关人员学习、授课有帮助。

由于编者水平有限，难免有遗漏和错误之处，诚请读者批评指正。

《和谐型交流传动机车技术丛书》编委会

2018 年 12 月 10 日

目　　录

1 概　　述

HXD2C 型电力机车是中车大同电力机车有限公司(以下简称“大同公司”)自主创新研制的交流传动 6 轴干线货运电力机车,机车采用 C_0-C_0 轴式,轴重为 23 t 或 25 t(通过配重块可转换轴重),持续轮周牵引/电制动功率为 7 200 kW,23 t 轴重时启动牵引力为 520 kN,25 t 轴重时启动牵引力为 570 kN,最高试验速度 132 km/h,最高运营速度 120 km/h。HXD2C 型电力机车外观如图 1.1 所示。

图 1.1　HXD2C 型电力机车

1.1　HXD2C 型电力机车先进性设计

HXD2C 型电力机车采用系统化、模块化、高可靠性设计理念,运用一系列先进技术,如水冷 IGBT 技术、直接转矩和矢量控制技术、轴控技术、轻量化大容量卧式牵引变压器技术、高黏着利用低位牵引 C_0 转向架技术、整体承载框架式焊接结构车体技术、微机网络控制技术和电空制动技术等。

1.2　主要技术特点

(1)机车在保持整车性能统一的前提下,分别集成了东芝系统、庞巴迪系统和北车心(NECT)系统等牵引电传动系统,并在机车上实现整体互换。

(2)牵引电传动系统采用交—直—交系统,牵引电路由牵引变压器、四象限变流器、中间直流环节、牵引逆变器、牵引电机组成。采用轴控技术,每台牵引电机由一组供电单元单独供电,提升机车运行可靠性。

(3)机车设置两组相同的辅助变流器为辅助负载提供电源。根据辅助负载供电需求,辅助变流器可按定压定频(CVCF)输出或变压变频(VVVF)输出,且两组辅助变流器互为冗余。

(4)机车控制系统是基于 RS-485 总线、以太网或 WTB/MVB 总线的微机网络控制系统,实现网络化、模块化,具有控制、诊断、监测、传输、显示和存储功能。网络的冗余设计保证了机车通信的可靠性。机车还具有通过外重联总线进行三机重联控制及显示功能。

(5)机车采用整体承载式焊接车体结构,无横梁框架式波纹板侧墙,中梁与台架合成一体的底架,钩缓系统采用适应重载列车运输要求的 E 级钢车钩及大容量弹性胶泥缓冲器,配备变形吸能装置。

(6)机车采用重载牵引的转向架,C_0轴式,采用目字形构架,抱轴悬挂驱动结构,一系悬挂为弹簧悬挂,二系悬挂为橡胶堆连接,采用整体碾钢车轮,采用中间推挽式短牵引杆结构,保证了牵引力和制动力的有效传输。基础制动为踏面制动,每个轮对分别配有一套制动器和储能制动器。

(7)机车电空制动系统具备自动制动、单独制动、紧急制动、列车管流量检测等功能;制动控制系统还具备空电联合控制、停放制动控制及其他辅助气动功能的附加控制功能。制动机具备状态监测和故障判断功能、具备 MVB 网络接口,制动机状态及故障信息可以通过车辆总线进行传递。

(8)机车采用双司机室结构,司机室结构和设备布置符合人机工程学要求和美学原理;机械间设中间走廊,设备按斜对称原则布置,采用预布线和预布管设计,便于维护检修。

(9)机车采用独立的通风系统,具有机械间冬夏季温度调节模式转换功能,改善了机车内部设备运用环境。

(10)机车设置生活设备柜,安装有空调、微波炉、冷藏箱、床、独立卫生间等生活设施,适应国内重载干线长交路的运用要求。

(11)机车安装车载安全防护系统(6 A 系统),6 A 系统总体符合《机车车载安全防护系统(6 A 系统)总体暂行技术条件》的要求,不含列车供电单元。

(12)机车安装中国机车远程监测与诊断系统(CMD 系统)车载子系统,CMD 系统车载子系统符合《中国机车远程监测与诊断系统(CMD 系统)车载子系统暂行技术规范》的要求。

2 机 车 总 体

2.1 概 述

HXD2C 型电力机车是在 HXD2、HXD2B 型机车技术平台基础上，遵循先进、成熟、经济、适用、可靠的技术原则，按照模块化、标准化、系列化的要求，优化设计和制造。机车设计、制造和试验主要采用 GB、TB、IEC、UIC、EN、DIN 等相关技术标准。HXD2C 型电力机车如图 2.1 所示。

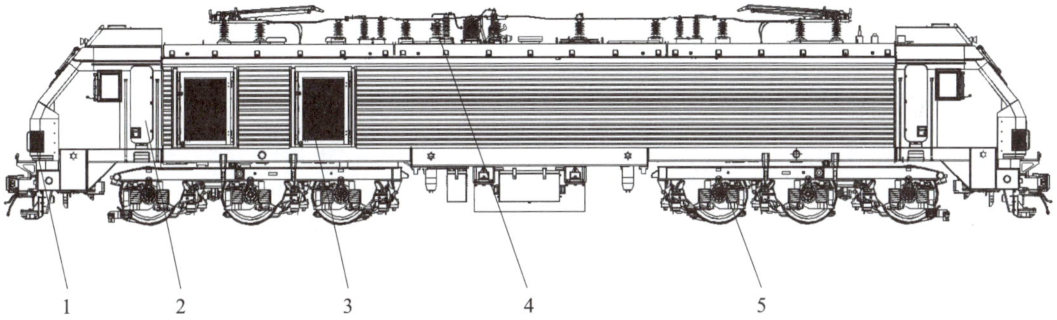

图 2.1 HXD2C 型电力机车

1—车端设备；2—司机室；3—机械间；4—车顶设备；5—车下设备

2.2 技术参数

2.2.1 使用环境条件

机车在下列使用环境条件下应能正常工作。

海拔不超过	2 500 m
环境温度(遮荫处)	−25～+40 ℃
月平均最大相对湿度	95%(该月月平均最低温度不低于 25 ℃)

环境条件：能承受风、雨、雪、盐雾、煤尘和偶有沙尘暴。

机车蓄电池充电器、微机控制系统、牵引和辅助变流器及其控制单元、升弓系统部件、空气制动系统等在满足−25～+40 ℃环境下正常运用的前提下，可通过应用加强防寒和预热(可以采用蓄电池供电和接触网供电两种方式)的可选配置方案达到−40～−25 ℃环境下正常运用的要求。

2.2.2 机车主要技术参数

用途	干线货运
电流制	单相交流 25 kV/50 Hz
工作电压	
额定值	25 kV
最高值	31 kV
最低值	17.5 kV
轨距	1 435 mm
轴式	C_0-C_0
机车整备质量	
无配重	$138\times(1^{+3\%}_{-1\%})$ t
加配重后	$150\times(1^{+1\%}_{-3\%})$ t
轴荷重	
无配重	$23\times(1^{+3\%}_{-1\%})$ t
加配重后	$25\times(1^{+1\%}_{-3\%})$ t
电传动方式	交—直—交电传动
机车轮周功率(持续制)	7 200 kW
机车持续牵引力	
23 t 轴重时	370 kN
25 t 轴重时	400 kN
机车启动牵引力	
23 t 轴重时	≥520 kN
25 t 轴重时	≥570 kN
机车持续额定速度	
23 t 轴重时	70 km/h
25 t 轴重时	65 km/h
机车最高运行速度	120 km/h
机车最高速度	132 km/h(新轮)
牵引特性恒功率速度范围	
23 t 轴重时	70～120 km/h
25 t 轴重时	65～120 km/h
机车电制动方式	再生制动
机车轮周电制动功率(持续制)	7 200 kW
最大电制动力	
23 t 轴重时	370 kN
25 t 轴重时	400 kN
再生制动恒功率速度范围	

23 t 轴重时	70～120 km/h
25 t 轴重时	65～120 km/h
线路最小曲线半径	(300±20) m
机车安全通过的最小半径	R125 m(5 km/h 时)
传动方式	单边直齿传动
传动比	120/23
空气制动机型式	电空制动机
机车总风缸容积	1 600 L
空气压缩机能力	不小于 2 400 L/min×2
车钩中心线距轨面高度(新轮)	(880 ±10) mm
受电弓滑板距轨面工作高度	5 200～6 500 mm
受电弓降下时受电弓滑板距轨面高度(新轮)	≤4 800 mm
齿轮箱底面最低点距轨面高度(新轮)	不小于 120 mm
机车排障器距轨面高度	110^{+10}_{0} mm
转向架扫石器距轨面高度	30 mm
机车前后车钩中心距	22 960 mm
机车车体宽度	2 850 mm
机车最大宽度(后视镜处于打开工作状态)	3 158 mm
机车车顶距轨面高度	3 874 mm
机车转向架中心距	12 320 mm
机车转向架固定轴距	
1 轴到 2 轴	2 250 mm
2 轴到 3 轴	2 000 mm
车轮直径	1 250 mm(新轮),1 150 mm(全磨耗)
紧急制动距离	
在平直道上,制动初速 120 km/h 时	25 t 轴重≤1 100 m 23 t 轴重≤1 000 m
在平直道上,制动初速 90 km/h 时	≤800 m
砂箱总容量	0.76 m^3
机车重联控制	机车能够由列车控制总线来实现 3 台机车的电气重联控制
机车过分相控制	机车具有自动通过分相区的功能,在自动过分相装置故障时,可采用手动过分相区
外用电源库内动车	机车两侧设有 DC 600 V 动车插座

2.3 机车性能

HXD$_{2C}$ 型电力机车的牵引采用恒牵引力、准恒速特性控制方式,图 2.2 为机车牵引特性曲线和再生制动特性曲线。

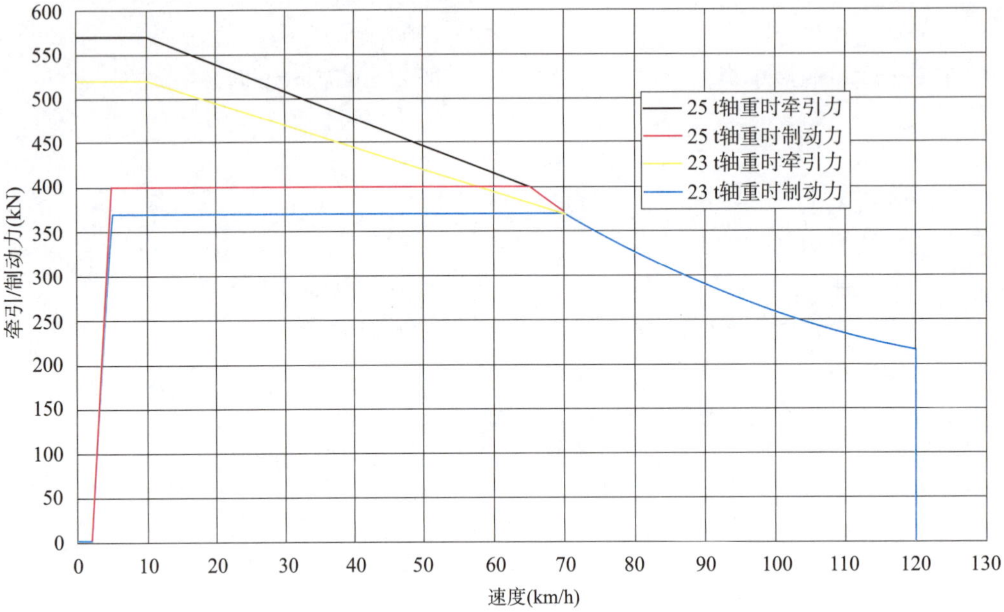

图 2.2　机车牵引特性曲线和再生制动特性曲线

2.4　设备布置

机车采用双司机室，机械间贯穿中间走廊结构设计。机械间设备采用了斜对称布置的原则以及先进的模块化结构设计，不仅有利于部件重量的均匀分布，而且可以有效地缩短组装时间，系统和部件能在机车整车外独立进行预组装和预试验，设备布置的主要特点如下：

(1)牵引通风机采用斜对称布置，便于均衡机车轴重。

(2)机车的电器柜采取了适当集中、合理化布置。

(3)机车牵引变压器位于机车中部，下悬安装于底架下，以降低机车重心，并进行防脱落设计。

(4)蓄电池柜通过结构优化设计，安装于底架下，有利于检修和维护。

(5)机车采用先进的油水冷却设备来冷却变压器油和牵引变流器冷却液，散热器采用共体分层模式，充分利用空间并提高了冷却效率。

(6)机车机械间内布管采用预布式中央管排，布线采用预布式高处线槽和中央线槽方式，中央管排和中央线槽安装在中央走道下，高处线槽安装在侧墙上部，美观且便于安装和维护。主、辅电路电缆布置于中央线槽，控制与信号电缆布置于高处线槽，电源电缆与控制、信号电缆有效分隔，保证控制系统的可靠性，提高机车电磁兼容特性。

(7)机车通风系统为独立式通风系统，机车运行时机械间保持微正压状况，整车的通风可分为六个部分：牵引电机通风系统、冷却塔通风系统、滤波柜通风系统、机械间通风系统、压缩机通风系统、司机室空调通风系统。六个通风系统相互独立，互不影响。

(8)机车上装备有卫生间、冷藏箱、微波炉等必要的生活设施。

(9)6 A 系统由中央处理平台和 6 个子系统(不包括列车供电子系统)组成可以提高机车防范安全事故的能力;CMD 系统车载子系统包括 LDP、北斗通信天线、多频带组合天线及配套电缆,负责车载数据采集、数据处理、存储及传输,并通过数据传输子系统与地面综合应用子系统进行信息交互,是统一安排加装的项目。

2.4.1 司机室设备布置

司机室及操纵台的设计考虑了人机工程学,既保证机车乘务人员有舒适的工作环境,又能清楚地瞭望信号和观察仪表、显示屏,且方便操作。

前期的 HXD_{2C} 型电力机车设置单司机座椅,适应单司机操作的要求;后期设置双司机座椅,满足单司机操作、双司机值乘需求。

在司机室内布置有两个司机座椅供乘务人员使用,座椅具有前后调节、体重调节、角度旋转等功能。

司机室设备按分区布置如图 2.3 所示,主要包括操纵台、司机室前墙设备、司机室顶棚设备、司机室后墙设备和其他设备。

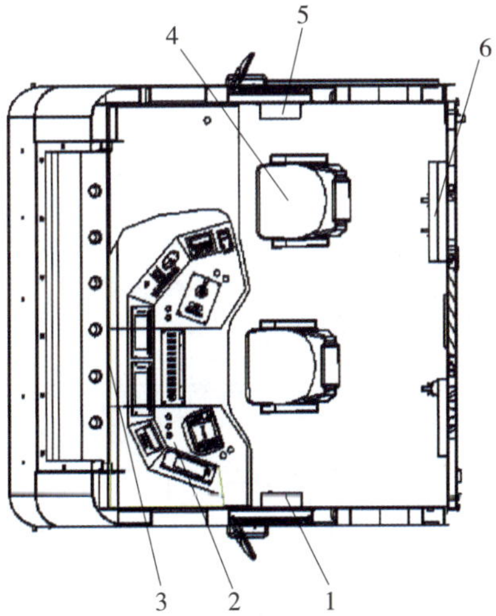

图 2.3 司机室设备布置

1—左侧墙设备布置;2—操纵台;3—前墙设备布置;4—司机座椅;
5—右侧墙设备布置;6—司机室后墙设备布置

2.4.1.1 操纵台

操纵台功能主要是向机车控制系统发出指令,同时通过其上面的仪表、显示屏显示机车各部分的运行状态,以使机车的操控性能更安全、方便。机车操纵台设计采用双司机值乘方案,操纵台上的设备环绕主司机座椅布置,适应单司机值乘的要求。

主司机操纵台位置布置与运行有关的操纵装置、仪表、显示装置、各类开关按钮等。其中主要的功能区有:运行区、制动区、牵引区和气候区。以主司机面向前方操作为基准,运行区位于主司机的正前方;制动区位于主司机的左侧;牵引区设置在主司机的右侧的台面板上;气候区设置在主司机右侧的操纵台中柜的面板上，主要布置了一些气候控制开关等。操纵台分为上下两部分，上面操纵台部分安装显示设备及主要的控制设备；下部箱体分为左、中、右三个柜体，安装制动管路系统和刮雨器控制模块等设备；主副司机脚踏区域下面均安装脚炉，主司机脚踏区域安装撒砂脚踏开关、无人警惕开关和低音风笛脚踏开关。

在操纵台仪表台上布置有 6 A 视频子系统的路况摄像头。操纵台设备布置如图 2.4 所示。

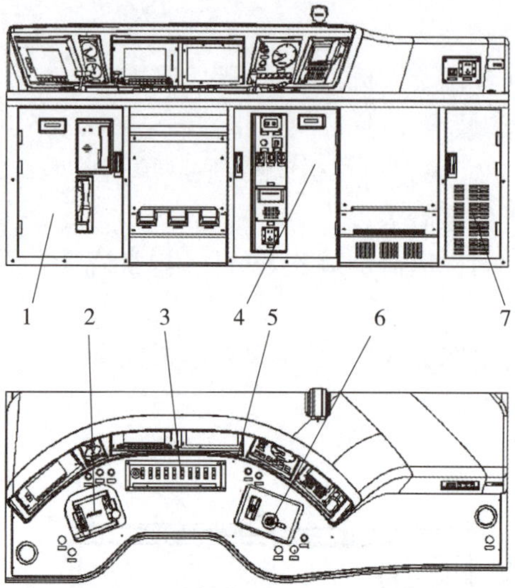

图 2.4 操纵台

1—操纵台左柜；2—制动区；3—扳键开关组；4—气候区和中柜；5—牵引区；6—运行区；7—操纵台右柜

主司机侧扳键开关的布置如图 2.5 所示。

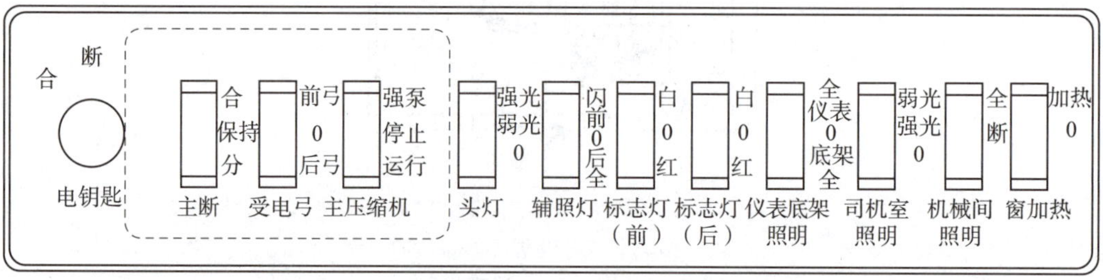

图 2.5 扳键开关组

操纵台的左柜门上布置有重联电话、烟灰缸，右柜内安装有高压端子排、刮雨器控制模块，中柜门设备如图 2.6 所示。

2.4.1.2 前墙设备布置

司机室在前墙布置有遮阳帘、前窗玻璃、刮雨器和八显灯等设备。

2.4.1.3 左侧墙设备布置

左侧墙布置有后视镜、活动侧窗、刮雨器手动操作杆、扶手杆。

2.4.1.4 右侧墙设备布置

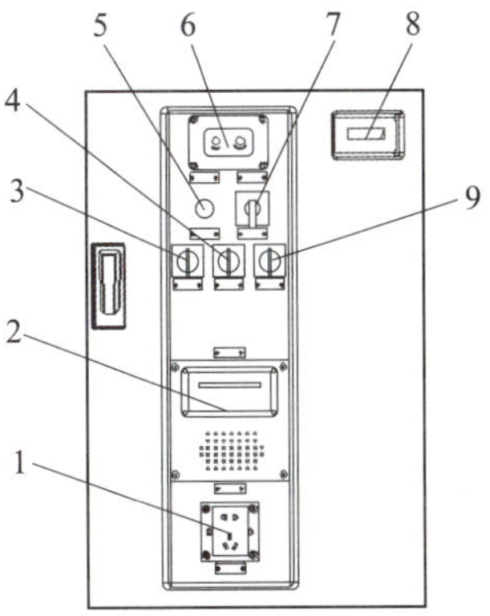

图 2.6 中柜门设备

1—220 V 插座;2—打印机及扬声器;3—风扇开关;4—取暖器开关;5—洗涤器喷淋开关
6—空调控制面板;7—刮雨器控制开关;8—烟灰缸;9—监控隔离开关

右侧墙布置有后视镜、活动侧窗、网兜、刮雨器手动操作杆、扶手杆。

2.4.1.5 司机室顶棚设备

司机室顶棚布置有司机室顶灯、阅读灯、语音箱、司机室摄像头和防火子探测器组。

2.4.1.6 司机室后墙设备

司机室后墙布置有紧急放风阀、多功能折叠座椅、灭火器、衣帽钩。

2.4.2 机械间设备布置

机械间内设备和屏柜沿车内中间走廊两侧平行布置,设备和屏柜基本采用斜对称布置,如图 2.7 所示。

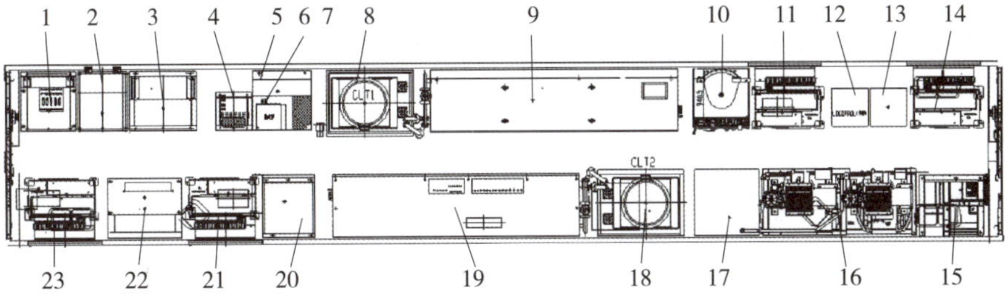

图 2.7 机械间设备布置

1—安全设备柜;2—微机控制柜;3—低压电器柜;4—6 A 柜;5—储油柜;6—微波炉;7—冷藏箱
8—冷却塔 1;9—牵引变流柜 1;10—1 号气动柜;11—牵引通风机 3;12—无线电台柜(预留);
13—充电机柜;14—牵引通风机 4;15—2 号气动柜;16—风源柜;17—制动柜;18—冷却塔 2;
19—牵引变流柜 2;20—卫生间;21—牵引通风机 2;22—滤波柜;23—牵引通风机

主要设备的功能:

(1)安全设备柜:主要安装了机车的信号主机、LKJ2000 监控系统、TAX2 箱、CIR 机车综合通信设备等。

(2)微机控制柜:主要包括机车控制管理系统(简称“TCMS”)和 110 V 负载保护电路。

TCMS主要功能是实现机车特性控制、逻辑控制、故障监视和诊断，并将有关信息送到司机操纵台上的微机显示屏。110 V负载保护电路主要是对110 V负载进行故障保护和相应的逻辑控制。

(3)低压电器柜：主要是实现对三相负载电路、单相负载电路中的部件进行故障保护和相应的逻辑控制，另外还实现入库动作、库内辅助系统试验时的功能转换、原边过流反馈及电能损耗计量。

(4)6 A柜：内置机车车载安全防护系统(6 A系统)中央处理平台，包括电源、处理板卡、交换板卡、外部设备接口卡、CAN隔离板卡、电源状态监测卡、机箱以及CMD系统的LDP主机箱等。

(5)冷却塔：通过冷却塔风机从车顶吸风，先通过封闭的水循环回路冷却牵引变流器的水温，然后通过封闭的油回路冷却牵引变压器的油温。

(6)微波炉：为乘务员提供的必要生活设施，用于加热食品。

(7)冷藏箱：为乘务员提供的必要生活设施，用于冷藏食品。

(8)牵引变流柜：每台机车配置两台牵引变流柜，每组牵引变流器是由四象限变流器、中间直流回路、PWM逆变器，以及相应的驱动控制单元和冷却单元等组成。每台牵引变流器包含3组PWM逆变器分别给3个牵引电机提供电源，实现轴控。牵引变流器的冷却采用强迫水循环风冷，其中冷却水泵、水箱放置在柜内，冷却塔风机、冷却器集成在机车的冷却塔内，冷却塔通过相应的管路和法兰实现与变流器水冷回路的连接；辅助变流器集成在变流柜内，为辅助负载提供电源。辅助变流器的冷却也采用强迫水循环风冷方式，与牵引变流器共用水冷却系统。

(9)风源系统：每台机车风源系统主要由2台螺杆式空气压缩机组和2台空气干燥器和总风缸等设备构成，上述设备分别集成在1号气动柜、2号气动柜及风源柜内。

螺杆式空气压缩机组安装在主风源柜上，为制动系统、列车用风设备提供压缩空气；空气干燥器连接在压缩机冷却器的出口，油/水分离器的后面。并对压缩空气进行干燥、净化处理；风源柜主要包括两个800 L的总风缸、复轨器工具箱和辅助压缩机组等部件。

(10)牵引通风机：牵引通风机由侧墙上的百叶窗吸风后，经过独立的风道，然后将冷却风吹向牵引电机，带走牵引电机工作时产生的热量。

(11)充电机柜：主要有两个部分的功能，一个是为机车内部电器提供控制电压，即充电机功能；另外一个功能是针对110 V输出和24 V输出进行一定的低压配电。

(12)制动柜：集成了空气制动机和空气管路系统相关部件以及MVB网络的相关接口，为机车空气制动系统的核心组成部件。

(13)卫生间：机车的机械间装有用于司乘人员盥洗的整体卫生间。

(14)滤波柜：滤波柜与电源整流装置内的APU逆变装置以及APU整流装置共用，通过交流电抗器和交流电容，将从APU侧输出的PWM波形整形成正弦波的交流—交流变换装置。

(15)压车铁：用于机车的25 t与23 t的轴重转换。

2.4.3 车顶设备布置

HXD2C 型电力机车的车顶设备包括高压户外电气设备和通信用的天线设备，高压户外电气设备既要满足机车电气性能的要求，又要有足够的高压绝缘性能和抵抗风、沙、雨、雪、低温等恶劣自然环境的侵害及雷电过电压袭击的能力。

车顶设备由左至右依次布置在Ⅰ端司机室顶盖、第 1 顶盖、中央顶盖、第 2 顶盖、Ⅱ端司机室顶盖，具体布置如图 2.8 所示。

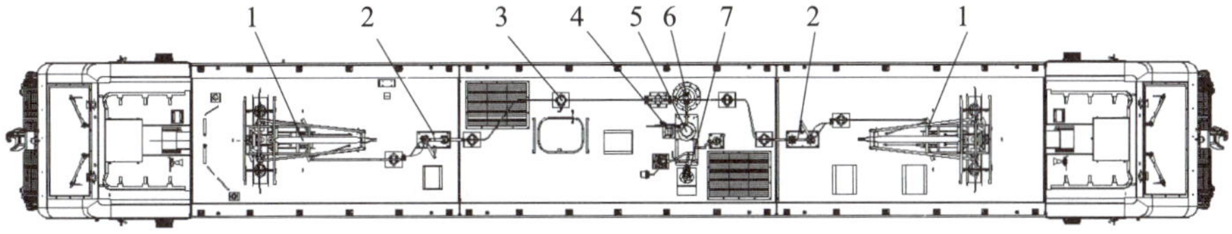

图 2.8　车顶设备布置

1—受电弓；2—高压隔离开关；3—母线及支持绝缘子；4—接地开关；
5—主断路器；6—高压电压互感器；7—高压穿墙套管

如图 2.8 所示，高压户外电气设备包括：受电弓、主断路器、接地开关、高压电压互感器、避雷器、高压隔离开关、高压穿墙套管、母线及支持绝缘子。

在第 1 顶盖和第 2 顶盖上各安装一台受电弓、母线及支持绝缘子、高压隔离开关，其中第 1 顶盖上装有射频天线、车载三合一天线、GPS 天线、CMD 系统的北斗通信天线、卫生间通风窗；第 2 顶盖上还装有压缩机散热通风口，顶盖内侧均布置有 6 A 视频子系统的机械间摄像头以及 6 A 防火子系统的机械间探测器组；中央顶盖上装有高压电压互感器、主断路器、接地开关、CMD 系统的 WLAN/3G/定位天线、避雷器、高压穿墙套管、冷却塔通风栅格和活动天窗、车体通风窗等。

主断路器是机车电源的总开关，承担机车正常工作时网侧电路的分、合闸，在机车的许多故障情况发生时，起保护性分闸作用。

主断路器和高压穿墙套管之间，装有过电压保护用氧化锌避雷器，可以对雷击过电压和操作过电压起保护作用。

主断路器输出端通过高压软连线与高压电缆穿墙套管连接，并经高压电缆将从接触网受流的电流引至牵引变压器。高压电缆上套装有原边电流互感器（机械间内），提供原边电流信号和机车能耗表输入信号，同时为网侧电路保护提供信号。

高压隔离开关起高压隔离作用，当端部的受电弓发生故障时，可通过断开对应的高压隔离开关来隔离故障受电弓；受电弓到高压隔离开关前的母线及支持绝缘子故障也可通过高压隔离开关进行相关的隔离操作。

高压电压互感器主要提供网压信号，使司机在升弓后就能先观察到网压信号，为机车的牵引变流器和辅助变流器提供同步信号，使得牵引变流器和辅助变流器能正常工作，同时为机车能耗表提供输入信号，与原边电流信号一起通过能耗表显示机车的能耗情况。

活动天窗设在中央顶盖上，乘务和检修人员确认接触网无电后，可经此上车顶进行车顶设备检查和维修作业，为保证人身安全，活动天窗设有安全电气连锁装置，打开活动天窗前需将顶盖上的接地装置至接地位，将网侧电路工作时积聚的电荷释放，确保人身电气安全，同时受电弓控制回路也被切断，无法升弓，避免误升弓操作发生的可能。

2.4.4 车下与车端设备布置

机车车下与车端主要设备布置如图 2.9 所示。

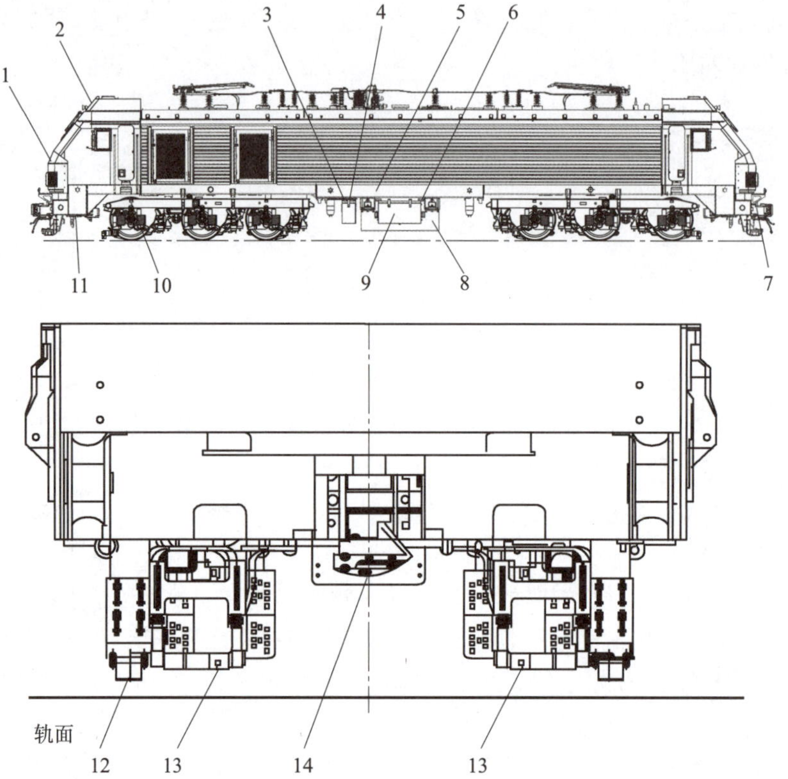

图 2.9 车下与车端设备布置

1—辅照灯及标志灯；2—前照灯；3—辅助电路入库插座；4—主入库插座；5—行灯插座；6—库用插座 DC 110 V；7—重联插座；8—牵引变压器；9—蓄电池柜；10—转向架；11—车下天线安装(含 12、13、14)
12—自动过分相线圈；13—机车信号接收线圈；14—机车电子标签

机车车下与端部主要设备功能：

(1)辅照灯及标志灯：机车前窗玻璃下部左右两侧各有一个白色标志灯(也称为辅照灯)和一个红色标志灯，其中辅照灯用于机车近距离的照明并提供白色信号标志，标志灯用于提供红色信号标志。

(2)前照灯：前照灯安装在机车两端司机室的顶部，为机车安全行驶提供必要的照明。

(3)辅助电路入库插座：当机车在车库内时，给辅助回路各电气设备提供三相 380 V/50 Hz 电源。

(4)主入库插座：当机车在库内动车时，给主电路提供电源。

(5)行灯插座：为车下照明提供 DC 110 V 电源。

(6)库用插座 DC 110 V：当机车在车库内时，给蓄电池充电和给车内控制系统提供直流

110 V 电源。

(7)重联插座:机车前窗玻璃下部各有一个重联插座,主要用于机车重联时传递控制指令和状态信息等。

(8)牵引变压器:牵引变压器采用车体下悬挂安装方式,安装在车体中部,其作用是将接触网上的 25 kV 高电压降为具有多种电压的低电压,经整流逆变后为机车各种电机、电器提供电源。

(9)蓄电池柜:蓄电池柜内布置有 48 节铅酸蓄电池,在蓄电池充电机不工作的情况下为机车提供控制电源。

(10)转向架:两台 C_0 转向架分别位于 1、2、3 位和 4、5、6 位牵引通风机的下方,中心距为12 320 mm。

(11)机车信号接收线圈:给信号安全系统提供地面信号,安装在车端排障器的后方,当轮缘磨耗后可把接收线圈对轨面的距离调整到规定值,每端两个。

(12)机车电子标签:根据相关的运输要求向外发射机车电子表示信号,安装在底架下牵引变压器面向司机室的方向。

3 牵引电传动系统

3.1 概 述

HXD2C 型电力机车电传动系统按 AC 25 kV/50 Hz 牵引供电制式设计，能适应我国铁路接触网电压范围较宽的特点。

该系统由 1 台牵引变压器、2 台牵引变流柜和 6 台牵引电机组成，系统可实现轴控，即同一转向架上 3 台牵引电机分别由独立的脉宽调制 VVVF 逆变器供电，提高了整车利用率。系统采用再生制动将机车能量反馈回电网，达到了节能的效果。

3.2 牵引电路

3.2.1 牵引电路结构

HXD2C 型电力机车电传动系统分别采用了东芝系统、庞巴迪系统和北车心(NECT)系统。

东芝电传动系统采用两组电路结构完全相同的变流器。牵引变压器的原边通过受电弓、主断路器得电，为两组电路结构完全相同的变流器提供电源。每组牵引变流器由 3 路独立的含四象限变流器、中间直流电路和 PWM 牵引逆变器的交—直—交电路构成。6 路牵引电路和控制电路相对独立，分别由牵引变压器的 6 个牵引绕组供电，再分别给 6 台牵引电机提供交流变频电源，由此实现单轴独立控制。再生制动过程则相反。装用东芝系统的机车牵引电路原理如图 3.1 所示。

庞巴迪电传动系统和北车心电传动系统牵引电路原理如图 3.2 所示。牵引变压器的原边通过受电弓、主断路器得电，为两组电路结构完全相同的变流器提供电源。每组牵引变流器由 2 个并联的四象限变流器、共用的中间直流电路和 3 个牵引逆变器及一个辅助逆变器的交直交电路构成。4 个并联的四象限变流器分别由牵引变压器的 4 个牵引绕组供电。6 组牵引逆变器和控制电路相对独立，分别为 6 个牵引电机提供交流变频电源，由此实现单轴独立控制。再生制动过程则相反。

牵引电路按其主要功能和电压等级可分为：网侧电路、四象限变流电路、中间直流回路、脉宽调制逆变电路、保护电路和库内动车电路等部分。

3.2.2 网侧电路

网侧电路原理如图 3.3 所示，其主要功能是从网侧获取电能，属于 25 kV 电路。每台电力机车网侧电路由 2 台受电弓、2 台车顶高压隔离开关、1 台带接地开关的主断路器、1 台避雷器、1 台高压电压互感器、1 台原边电流互感器、牵引变压器的原边绕组、1 台回流电流互感器和6个轴端接地装置等组成,从功能上可以分为网侧受流、网侧检测和网侧保护等。

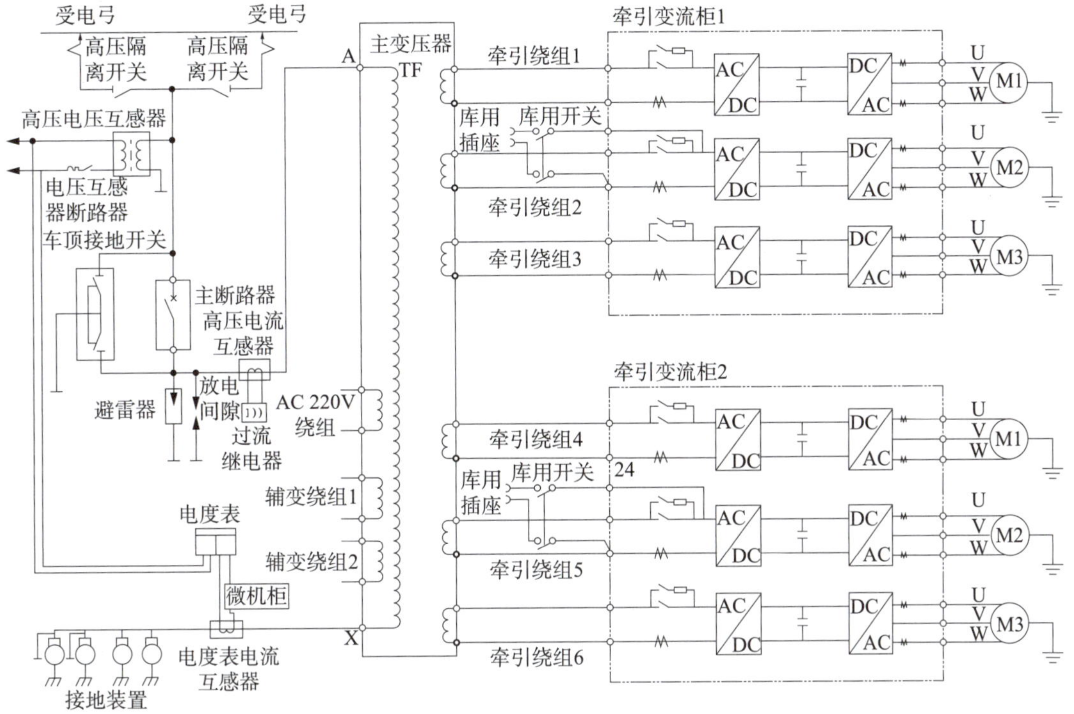

图 3.1 东芝系统牵引电路原理

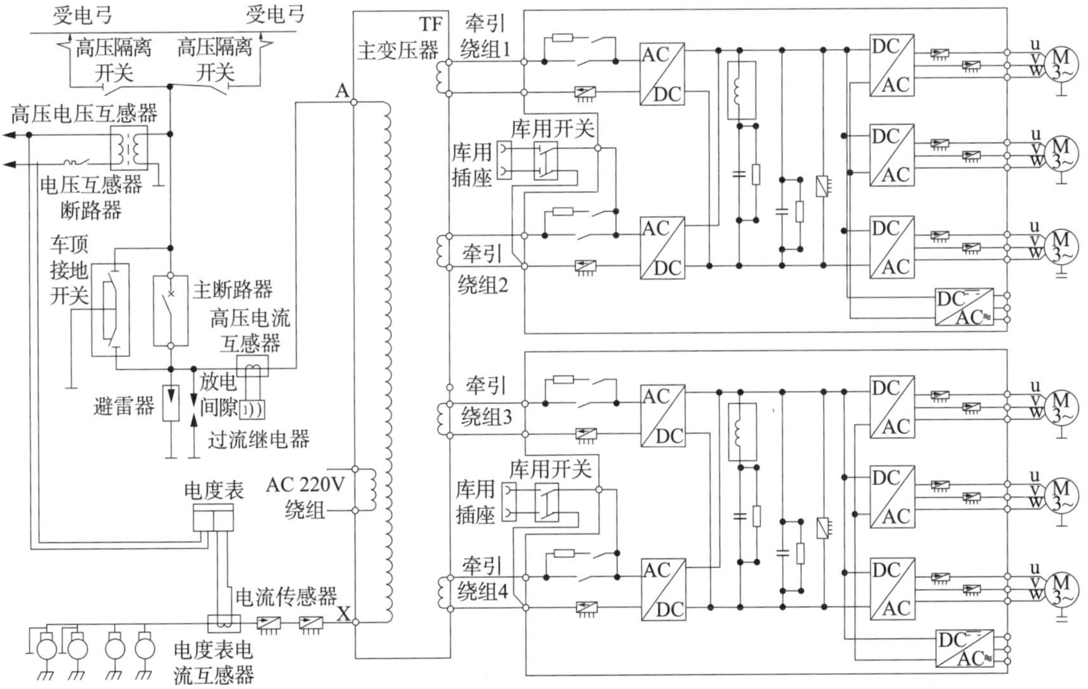

图 3.2 庞巴迪系统和北车心系统牵引电路原理

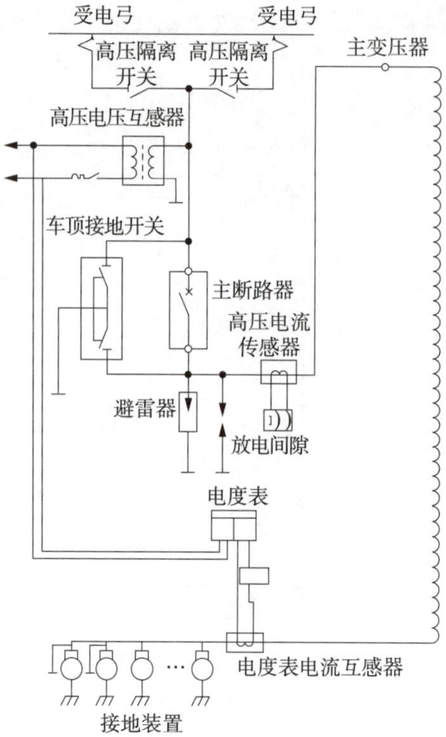

图 3.3　网侧电路原理

3.2.2.1　网侧受流过程

接触网电流通过受电弓，经高压隔离开关、主断路器、牵引变压器原边绕组给机车供电，再由牵引变压器原边低压端子经轴端接地装置、轮对、钢轨，返回变电所。

3.2.2.2　网侧检测

通过高压电压互感器、原边电流互感器和回流电流互感器等测量器件，向机车控制系统（TCMS）、牵引控制单元（TCU）和能耗表等提供网侧电压和电流信号。能耗表显示机车从电网取得的电能和机车再生制动向电网反馈的电能，同时还可以显示网压。

3.2.2.3　网侧保护电路

（1）网侧短路保护

当流经原边电流互感器的电流超过整定值时，主断路器将进行分断保护。

（2）网侧过压保护

网侧装有避雷器，主要用于抑制操作过电压及运行时的雷击过电压。

（3）网压监测保护

通过高压电压互感器的检测，在网压不正常的情况下，主断路器将进行分断，保护主电路相关设备的正常工作。

（4）网侧过流保护

通过原边电流互感器的检测，在电流超过整定值时，主断路器将分断保护。

（5）牵引变压器次边和牵引变流器短路保护

如果变压器二次线圈或牵引变流器发生短路时，牵引变流器内电流传感器在检测到短路的瞬间，触发分断主断路器的信号。

除网侧保护外，主电路的其他部分故障、辅助变流器故障时，也通过分断主断路器来实现保护。如遇主断路器失效而无法断开网流时，则采用强行降弓的方式切断网侧的电源。

3.2.3 四象限变流电路

四象限变流器在牵引工况下进行交—直变换，为中间直流回路提供电能；在再生制动工况时，四象限变流器进行直—交变换，将电能回馈给电网。

牵引电路中有 2 套独立的变流器。在每台牵引变流器中，由预充电电阻和短接接触器把四象限变流器和牵引变压器的次边牵引绕组连接起来，四象限变流器将交流电变换成直流电，并联向中间回路供电。四象限变流电路使得中间直流回路的电压保持稳定，并使变压器次边的功率因数接近于 1。

3.2.4 中间直流回路

中间直流回路由中间支撑电容、保护电路和接地检测电路等组成。

3.2.5 牵引逆变电路

逆变电路根据机车运行要求，将中间直流电压变换为所需要的频率和幅值的三相交流电压。每台牵引变流器包含 3 个牵引逆变器，每个牵引逆变器向同一台转向架上的其中 1 台牵引电机供电。

3.2.6 牵引变流器及牵引电机短路保护

牵引变流器可实现四象限变流器和牵引逆变器模块的过压和过流保护，当牵引电机端子或绕组内发生短路时，牵引逆变器模块或四象限变流器的触发脉冲将被封锁，并断开主断路器。

3.2.7 库用动车电路

DC 600 V 直流电由库内动车电源插座引入到机车的主传动系统，给中间直流回路充电。中间直流回路上的电压通过牵引逆变器在牵引电机上所产生力矩，驱动单个机车以约 5 km/h 的速度运行。此时机车由司机操纵台上的主控制器进行操纵。

3.3 牵引变压器

HXD_{2C} 型电力机车采用两种类型的变压器，其中一种变压器用于东芝系统的变流器，另一种变压器用于北车心和庞巴迪系统的变流器，采用轴向分裂、心式卧放、下悬式安装的一体化多绕组变压器，具有高阻抗、重量轻等特点；冷却采用了强迫油循环风冷方式，膨胀油箱置于车内，采用金属软管与变压器相连。

3.3.1　主要技术参数

牵引变压器的 6 个 1 450 V 牵引绕组分别用于两套牵引变流器的供电，2 个 399 V 辅助绕组分别用于辅助变流器的供电。1 个 220 V 辅助绕组给机车大部分 220 V 负载提供电源。牵引变压器主要技术参数见表 3.1、表 3.2。牵引变压器外形如图 3.6 所示。

表 3.1　东芝系统牵引变压器的主要技术参数

额定值 绕组	容量(kV·A)	电压(V)	电流(A)
高压绕组	9 060	25 000	362
牵引绕组 1～6	8 400	6×1 450	966
辅助绕组 1～2	610	2×399	759
220 V 辅助绕组	50	220	227

表 3.2　北车心和庞巴迪系统牵引变压器的主要技术参数

额定值 绕组	容量(kV·A)	电压(V)	电流(A)
高压绕组	9 170	25 000	367
牵引绕组 1～4	9 120	4×1 471	1 550
辅助绕组 1～2	—	—	—
220 V 辅助绕组	50	220	227

3.3.2　基本原理

变压器是依据电磁感应原理将一种电压的交流电能变成同频率的另一种或多种电压的交流电能制成的静止感应电器。东芝系统牵引变压器原理如图 3.4 所示，北车心和庞巴迪系统牵引变压器原理如图 3.5 所示。

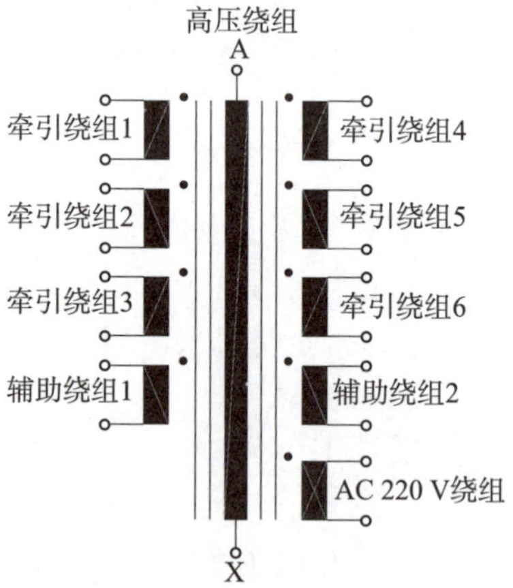

图 3.4　东芝系统牵引变压器原理

3.3.3　变压器外形及部件介绍

牵引变压器外形如图 3.6 所示。牵引变压器吊挂在机车中部地板下变压器安装梁上，冷却设备(冷却塔)安装在车内，它们之间用油管连接起来。储油柜安装在机械间内，它与变压器通过快速接头用软管连通。除高压 A 端子安装在油箱端部外，其余套管都在箱盖上。

3.3.4　主要部件介绍

(1)原边高压端子

原边高压端子用于原边 25 kV 电压的输入，如图 3.7 所示。

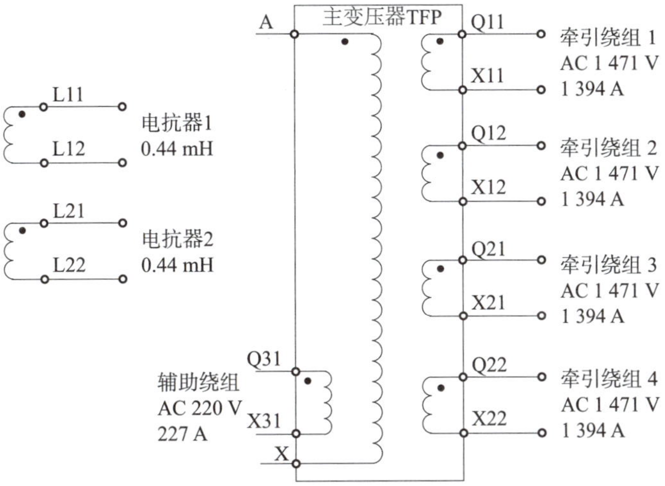

图 3.5　北车心和庞巴迪系统牵引变压器原理

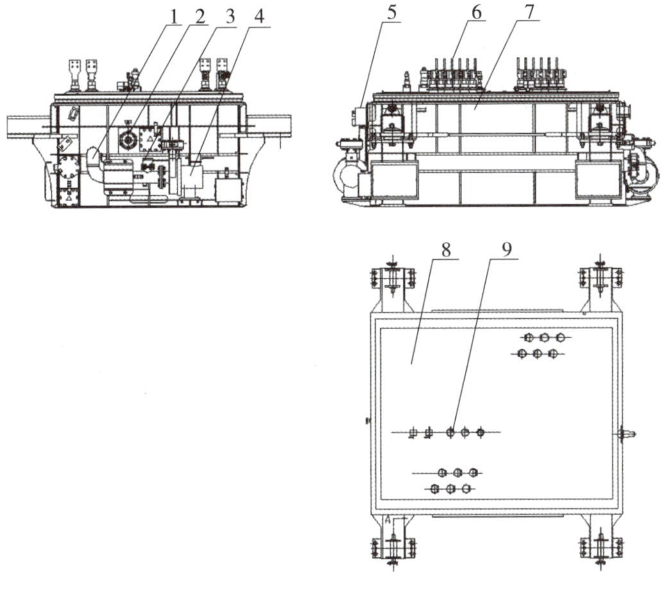

图 3.6　牵引变压器

1—油管；2—A 端子；3—油流继电器；4—油泵；5—压力释放阀；6—出线套管；
7—油箱；8—箱盖；9—温度传感器

(2)油泵

油泵的作用是确保冷却回路(如变压器，管路和冷却系统)中油的循环流动。油泵由异步电机和油路中的离心泵组成。

(3)吸湿器(含硅胶)

吸湿器的作用是为变压器“呼吸”干燥空气。这种呼吸是由于变压器中油温度变化时的热胀冷缩引起的。吸湿器中的硅胶起干燥作用。空气通过吸湿器进入变压器(由于油的热量收缩)。吸湿器外形如图 3.8 所示。

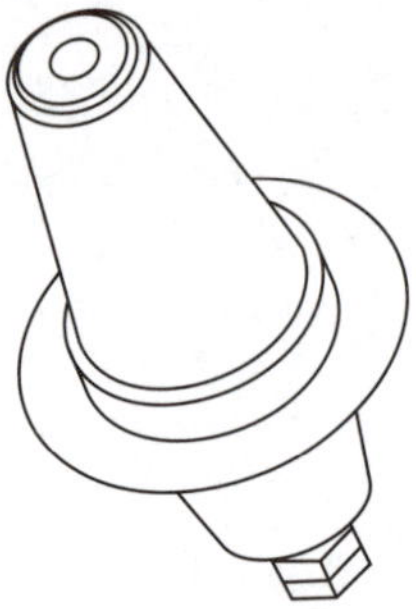

图 3.7　原边高压端子

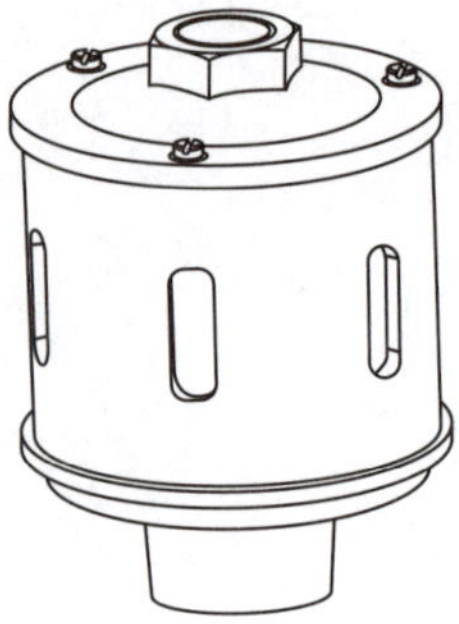

图 3.8　吸湿器

硅胶有两个作用：

①吸收空气内的水分；

②指示达到饱和度时的颜色变化。

(4)蝶阀

蝶阀被用于打开和关闭油回路。蝶阀外形如图 3.9 所示。

(5)注油/排油可锁定球阀

位置 1 处的可锁定的球阀被用于给变压器注油和排油。球阀外形如图 3.10 所示。

当处理油时,位置 2 处的可锁定的球阀被用于油循环。

为了确保在关闭位置处于锁定状态,用一个螺钉保护操作把手。

(6)油位指示器(目测油位用的可视玻璃管)

油位指示器用于指示膨胀油箱中变压器油的油位,如图 3.11 所示。

变压器被完全注满油。多出来的油由变压器上的膨胀油箱来放置,膨胀油箱通过连接软管与变压器相连。

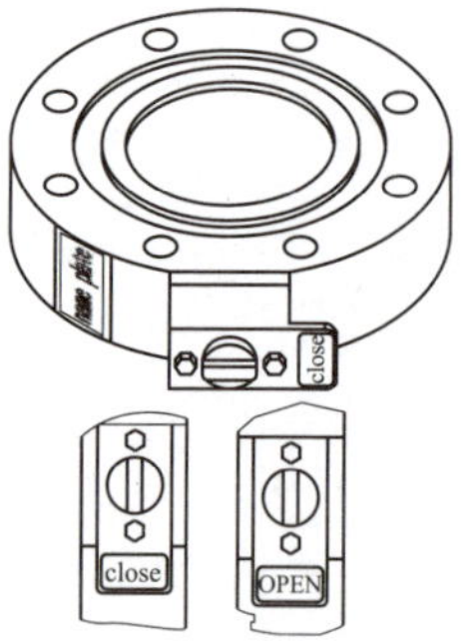

图 3.9　蝶阀

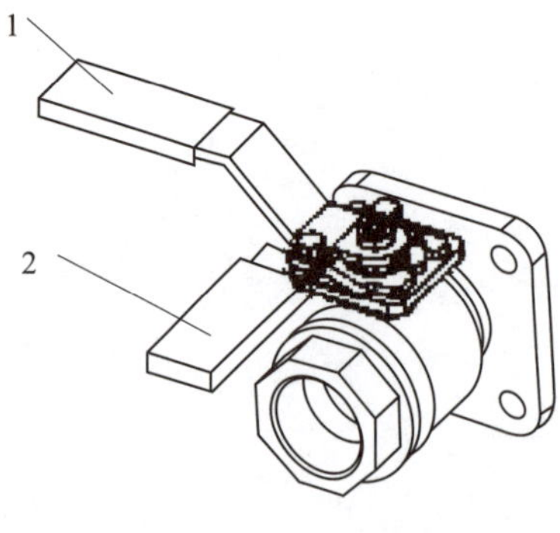

图 3.10　注油/排油可锁定球阀

1—关闭;2—打开

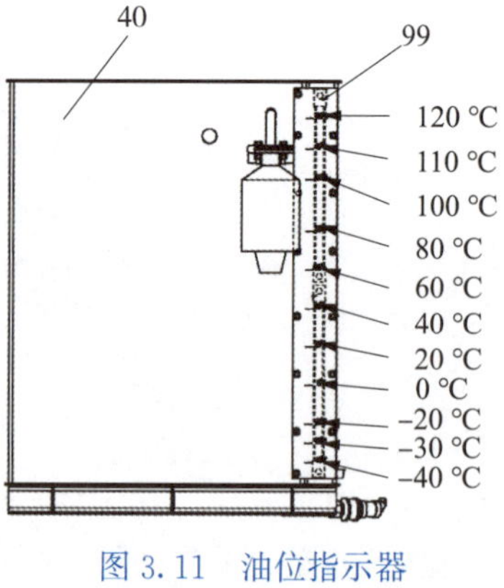

图 3.11　油位指示器

40—膨胀油箱;99—油位指示器

在注油过程中，当变压器油箱内充满后，油开始往膨胀油箱内流入。

在排油时(如漏油时)，首先膨胀油箱中的油位下降，然后，当膨胀油箱中的油排完时，变压器油箱中的油位将开始下降。

(7)油流继电器

油流继电器用于监测最小油流量，当油流动时带动浆片转动并触发一个微动开关。油流继电器如图 3.12 所示。

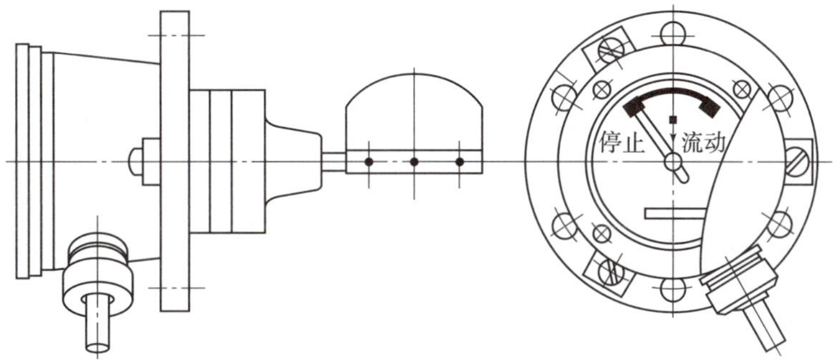

图 3.12 油流继电器

(8)压力释放阀

压力释放阀用于限制由意外引起的油箱内部压力的升高，当油箱内部压力超过 80 kPa (0.8 bar)时，压力释放阀将打开。压力释放阀如图 3.13 所示。

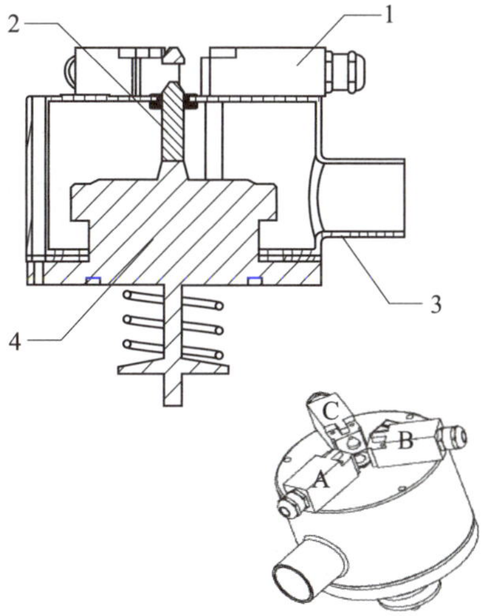

图 3.13 压力释放阀

1—开关(可选择的)；2—中心轴；3—油出口；4—安全阀

当压力释放阀打开时，中心轴将高于保护区域，立即给出一个可视的指示并打开开关(压力释放阀可以安装 3 个开关)。

当压力释放阀落下时，弹簧自动关闭阀。但是中心轴仍然处在高位直到人工复位。

(9)输出为 4～20 mA 的 Pt100 温度传感器

温度传感器的作用是测量变压器油的温度，输出信号对应相应的温度。输出信号的图形为一条 4～20 mA 的线性直流电曲线。Pt100 温度传感器外形如图 3.14 所示。

温度监测装置为一个连接到 4～20 mA 转换器的 Pt100 铂电阻。

(10)温度开关

温度开关的作用是监测变压器内部温度变化并做出迅速响应，且当达到设置温度时，会立即动作。温度开关如图 3.15 所示。

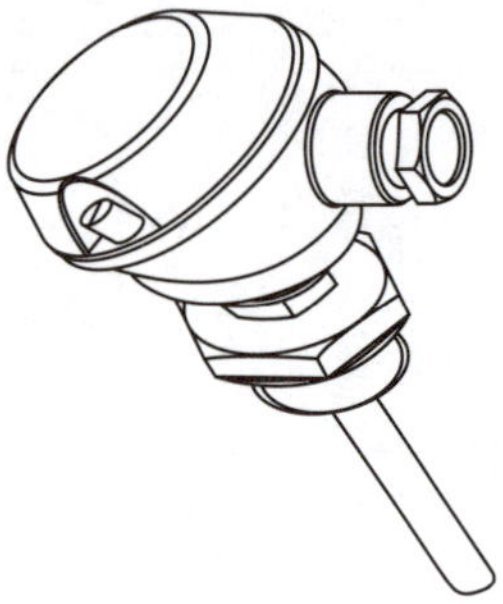

图 3.14　温度传感器

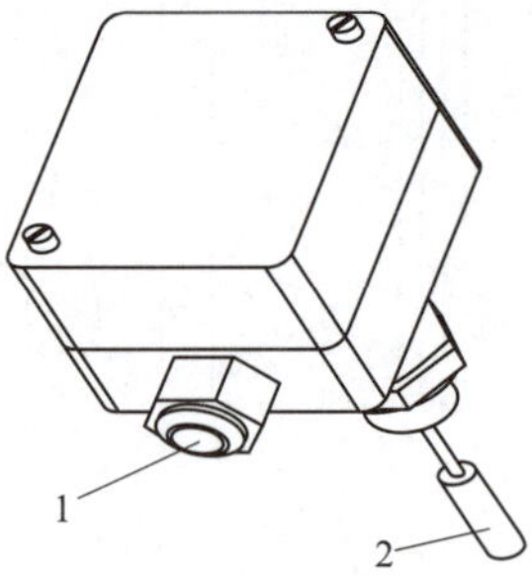

图 3.15　温度开关

1—过线螺母；2—温度传感器

3.4　牵引变流器

HXD2C 型电力机车在保持整车性能统一的前提下，可实现东芝系统、庞巴迪系统和北车心系统在机车上整体互换。HXD2C 型电力机车采用 2 台牵引变流柜，每台牵引变流柜包含两台牵引变流器，东芝系统每台牵引变流器包含 3 个四象限变流器和 3 个 VVVF 逆变器，庞巴迪系统和北车心系统每台牵引变流器包含 2 个四象限变流器和 3 个 VVVF 逆变器。

3.4.1　技术参数

3.4.1.1　东芝系统牵引变流器主要技术参数

标称输入电压	AC 1 450 V
输入频率	50 Hz
标称输入电流	AC 965 A
标称输入容量	1 280 kV · A
中间电压	DC 2 800 V
标称输出电压	AC 2 150 V
标称输出电流	AC 390 A
最大输出电流	AC 520 A
输出频率	0～97.7 Hz
冷却方式	强迫水循环冷却

3.4.1.2 庞巴迪系统牵引变流器主要技术参数

标称输入电压	AC 1 471 V
标称输入电流	1 394 A(25 kV) 1 550 A(22.5 kV)
标称输入频率	50 Hz
中间电压	DC 2 800 V
最高运用中间电压	DC 3 200 V
标称输出电压	2 150 V
标称输出电流	390 A
最大输出电流	520 A
控制电压	DC 110 V
控制电压波动范围	DC 77～137 V
冷却方式	强迫水循环冷却

3.4.1.3 北车心系统牵引变流器主要技术参数

标称输入电压	AC 1 471 V
标称输入电流	1 394 A(25 kV) 1 550 A(22.5 kV)
标称输入频率	50 Hz
中间电压	DC 2 800 V
最高运用中间电压	DC 3 200 V
标称输出电压	2 150 V
标称输出电流	390 A
最大输出电流	520 A
控制电压	DC 110 V
控制电压波动范围	DC 77～137 V
冷却方式	强迫水循环冷却

3.4.2 基本原理介绍

如图 3.16、图 3.17 和图 3.18 所示，25 kV/50 Hz 交流接触网与牵引变流器的能量传输通过牵引变压器间接完成。牵引变流器中的四象限变流器通过预充电单元和短接接触器与牵引变压器的次边绕组连接。牵引变流器工作时将牵引变压器次边绕组单相交流电转变为恒定的直流电供给中间直流回路。中间直流回路中包含有中间支撑电容，二次谐振电路(其中东芝变流柜没有)，接地检测电路。通过脉宽调制 VVVF 逆变器，中间直流回路中的电能被转换为频率、电压可调的三相交流电，提供给三相异步牵引电动机。

3.4.3 内部原理简介

3.4.3.1 预充电电路

如图 3.19 所示，预充电单元由一个预充电接触器和一个预充电电阻组成。当牵引变流器投入运行时，首先通过预充电单元对中间支撑电容进行充电，当中间直流电压达到其理论终值(牵引绕组的峰值电压)的 85%后，再闭合短接接触器后释放预充电接触器，预充电完成。

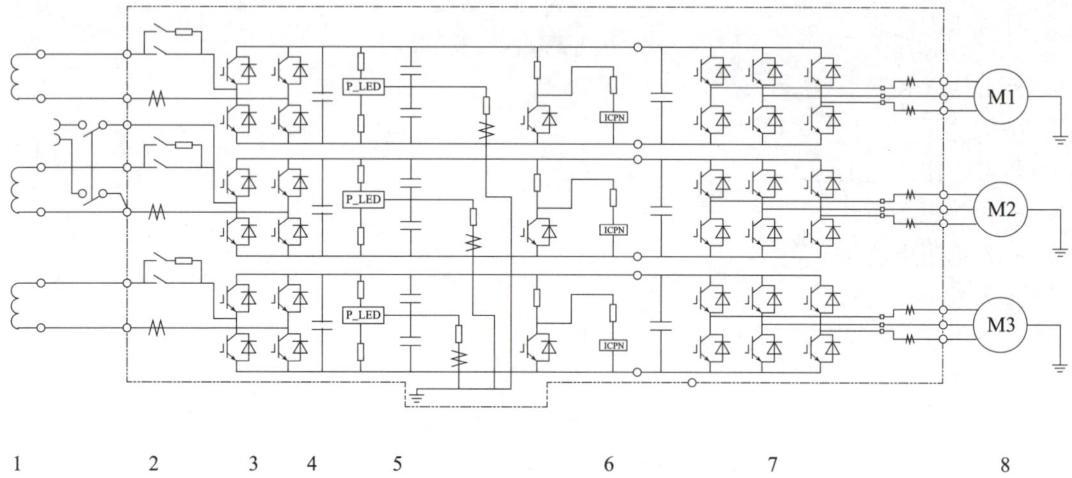

图 3.16 东芝变流器原理

1—牵引变压器；2—预充电电路；3—四象限变流器；4—中间直流回路支撑电容；
5—接地检测电路；6—斩波保护电路；7—VVVF 逆变器；8—牵引电动机

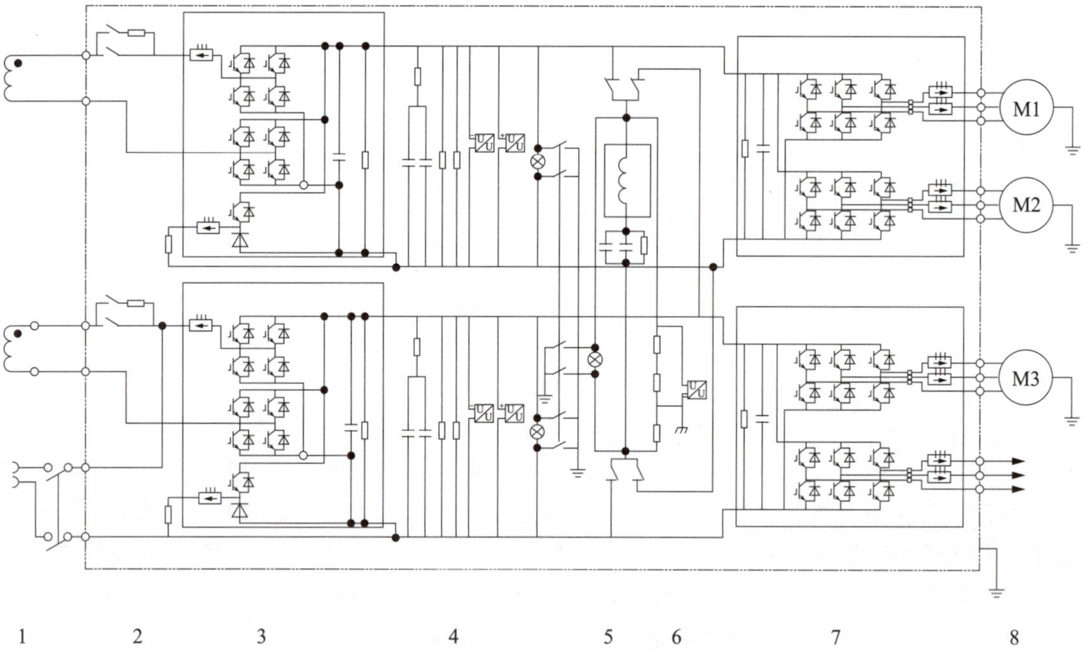

图 3.17 庞巴迪变流器原理

1—牵引变压器；2—预充电电路；3—四象限变流器；4—中间直流回路；
5—二次谐振电路；6—接地检测电路；7—VVVF 逆变器；8—牵引电动机

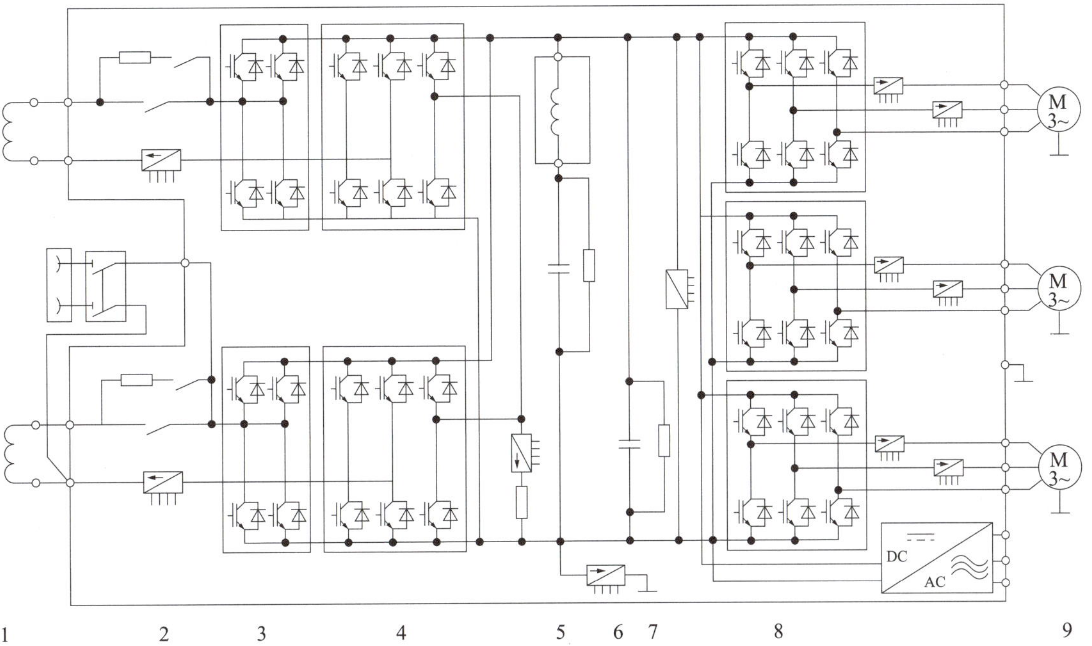

图 3.18　永济变流器原理

1—牵引变压器；2—预充电电路；3—四象限变流器；4—带斩波的四象限变流器；
5—二次谐振电路；6—接地检测电路；7—中间直流回路支撑电容；8—VVVF 逆变器；9—牵引电动机

3.4.3.2　四象限变流器(4QC)

在每台变流器中每个四象限变流器由两个并联的桥臂组成。四象限变流器将来自牵引变压器的单相交流输入电压转换为直流电压供给中间直流回路。通过对电压和电流间相位角的控制，能实现整流器在全部四个象限内工作。

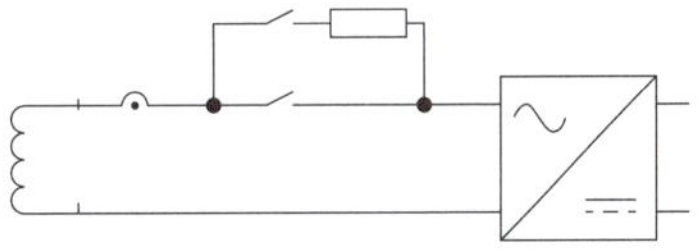

图 3.19　四象限变流器的输入原理

图 3.20 为四象限等效电路，在牵引工况 U_{so} 和 I_s 同相位，此时 U_{pmcf} 的相位滞后 I_s，再生制动时，U_{so} 和 I_s 反相位，U_{pmcf} 的相位超前 U_{so}。由于变压器的牵引绕组电压 U_{so} 和漏感 L_s 是一定的，那么只要控制了 U_{pmcf} 的幅值和相位，就控制了 I_s 的幅值和相位；反之，只要控制了 I_s 的幅值和相位，也就控制了 U_{pmcf} 的幅值和相位。在实际控制中，通常采用双闭环控制方式，通过控制 U_{pmcf} 的相位来实现 U_{so} 和 I_s 同相位，从而使交流侧电网的基波功率因数为 1；通过调节 U_{pmcf} 的相位来改变 I_s 的幅值，来稳定直流侧电压 U_c。

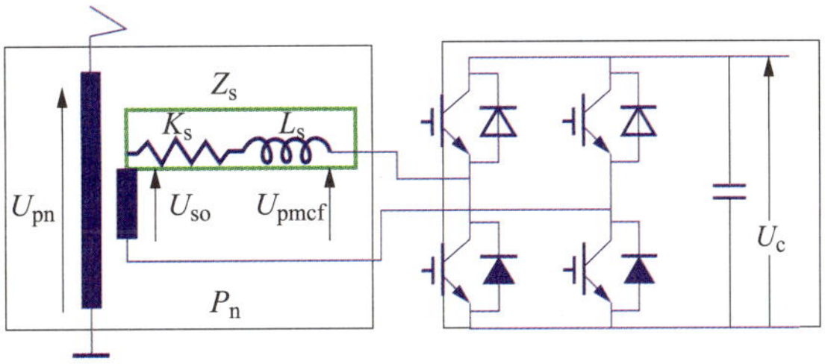

图 3.20　四象限变流器等效电路

3.4.3.3　中间直流回路

中间直流电路由中间电压支撑电容、二次滤波 LC 谐振电路（东芝系统无），放电保护回路、硬短路保护电路和接地保护电路组成。

(1)中间电压支撑电容

在功率模块的直流测均并联中间电压支撑电容，和功率模块以复合母排的方式进行连接。

(2)二次滤波电路

二次滤波电路由二次滤波电抗器 L 和二次滤波电容器 C 组成谐振电路，谐振频率为 100 Hz，谐振电抗器置于牵引变压器中，谐振电容器置于牵引变流柜中。

(3)过压抑制电路

中间直流环节并联有过压抑制电路，由耗能电阻和 IGBT 功率元件串联组成，当机车进入电制动工况，牵引变流器完成能量回馈；制动时如果中间电压升高，此时通过控制 IGBT 的开断进行放电耗能；如果中间回路继续上升至设定安全阀值，则判定为牵引变流器故障，机车会自动切除主接触器以避免故障扩大。

(4)放电电路

中间直流支撑电容及二次滤波电容均装有放电电路，当机车入库停车或停车维修时，关断主接触器使变流器断电，此时放电电路使中间回路电容在设定的时间范围内放电至安全值以内。

(5)接地检测

东芝系统接地故障检测电路由跨接在中间直流电路的两个串联分压电阻和中点电压流检测的电压传感器组成。串联分压电阻串联中点接地，中点电流检测信号送 TCU 内的检测电路判断主电路是否接地。在正常工况下，传感器测得的电压值等于直流支撑电压的 1/2。当电压出现变动时，接地检测电路动作，主断路器断开，然后故障中间直流电路也将断开。重新合上主断路器后，机车可以降功率运行。

庞巴迪系统接地故障检测电路由跨接在中间直流电路的三个串联分压电阻和中点电压检测的电压传感器组成。串联分压电阻串联中点接地，中点检测信号送 TCU 内的检测电路判断主电路是否接地。在正常工况下，传感器测得的电压值等于直流支撑电压的 1/3。当电压出现变动时，接地检测电路动作，主断路器断开，然后故障中间直流电路也将断开。重新合上主断路器后，机车可以降功率运行。

北车心系统接地故障检测电路由跨接在中间直流电路的负端直接接地。当发生接地时，接地电流传感器检测到相应电流后隔离相应变流器。

3.4.3.4　VVVF 逆变器

VVVF 逆变器由三个相模块组成。逆变器在输出端 U、V、W 处提供一个变频变压的三相交流电源。

如图 3.21 所示，在原理上，可以将 IGBT 视为开通和关断非常迅速的开关。有了这种模块，可以将 3 个输出端 U、V、W 与中间直流回路相连，其开通或者关断的模式必须保证逆变器的输出为三相正弦交流电。

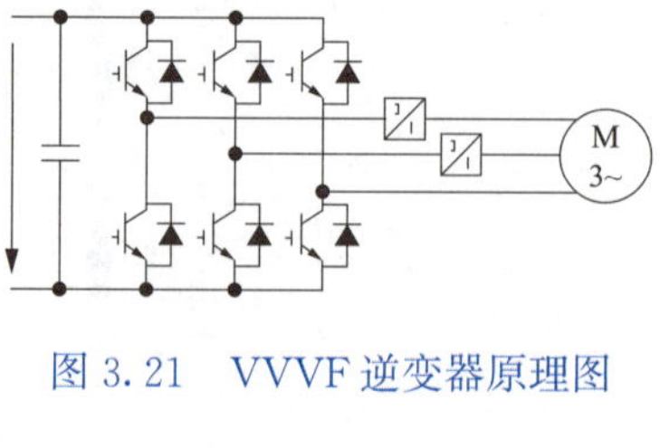

图 3.21　VVVF 逆变器原理图

3.4.4 牵引变流器主要部件

功率模块是构成变流器的核心部件，是由上下桥臂的两组 IGBT 元件和反并联二极管构成，还包括冷却元件的水冷散热片和控制 IGBT 栅极电压的驱动电路。

四象限变流单元是由 U 相、V 相两个功率模块构成，逆变器单元由 U 相、V 相、W 相三个功率模块构成，即功率模块数量是由相单元决定的。

由于变流单元和逆变单元的电流值要求不同，因此四象限变流单元是由两个 IGBT 元件并联后组成功率模块，逆变单元则是由单个 IGBT 元件构成功率模块，因此四象限变流单元和逆变单元的功率模块不能互换，但采用的 IGBT 元件相同，额定值都是 4 500 V/900 A，因此模块内的元件是可以互换的。

(1)四象限变流单元

通过对四象限变流单元中开关元件 IGBT 的 PWM 控制，将由变压器二次侧绕组引出的 1 450 V/50 Hz 的交流电压整流为 2 800 V 直流电压。

(2)中间直流电路

中间直流电路是四象限变流单元和电机侧逆变单元之间的中间环节。在三相交流传动系统中，中间直流电路起着很重要的作用。

中间直流电路主要作用：

①在网侧整流器和电机侧逆变器之间实现瞬时功率平衡；

②储能电容向牵引电动机提供基波无功功率和高次谐波的通路；

③牵引变流器换流能力直接受中间电路电压的影响，逆变器的调制电压质量也取决于其平衡程度，因此对它要求较高。

(3)逆变单元

逆变电路是由 U、V、W 三相逆变单元构成的。将 PWM 整流单元输出的直流电转换为交流电来驱动牵引电机。通过改变逆变电路的输出电压和输出频率来控制牵引电机的转矩和转速。机车的牵引电动机 M1～M3 分别由牵引变流柜 1 的 3 个 PWM 逆变器单独供电，M4～M6 分别由牵引变流柜 2 的 3 个 PWM 逆变器单独供电，实现牵引电动机的独立控制。由于机车六根动轴的轮径差、轴重转移及空转等可能引起负载分配不均匀，都可以通过牵引变流器的控制进行适当的补偿，以实现最大限度地发挥机车牵引力。

3.5 牵引电机

牵引电机是逆变器供电的三相鼠笼式异步牵引电动机，该电机为滚抱结构，单端内置式齿轮输出；采用强迫外通风，冷却风从传动端进入非传动端排出；采用普通轴承加接地电刷的防电蚀结构，传动端轴承用油润滑，非传动端轴承用脂润滑，脂润滑的轴承使用中可补油脂，废油脂可通过排油口排出。牵引电机装有温度传感器和速度传感器，温度传感器检测定子温度，此传感器位于非传动端侧端部。速度传感器安装在非传动端侧的电机端盖上。

3.5.1 基本原理介绍

异步电机的主要运行原理：定子通上三相交流电后，在气隙中产生旋转磁场，该磁场切割转子导条后在转子导条中产生感应电流，带电的转子导条处于气隙旋转磁场中将产生电动力，使转子朝定子旋转磁场的同一方向旋转。由于转子导条中的电流是因转子导条切割由定子绕组产生的气隙磁场感应产生的，所以转子转速只能低于气隙旋转磁场的转速，永远不可能与其同步，否则转子导条与气隙磁场同步旋转，转子导条不再切割磁场产生感应电流和产生电动力，转子也不可能旋转，所以称按这种原理运行的电机为异步电动机。

异步电机的调速原理：现在机车用异步牵引电机调速普遍采用变频变压调速技术。

改变定子频率即可改变电机转速，随着定子频率的增加，电机转速相应增加，如果电压不增加，将导致电机磁场减弱，电机转矩将降低，电机磁场降到很低时，电机不能输出足够的转矩，不能满足负载要求；另一方面，低频启动时，如果电压很高，将导致电机过分饱和。因此异步电机变频时，电压也应在一定范围内保持一定比例的变化，这种调速方式称之为变频变压调速。异步牵引电机变频调速主要采用了恒转矩变频调速（恒磁通变频调速的一个区段，磁通和电流不变）、恒磁通变频调速、恒功率变频调速等调速方式。

异步电机牵引与再生制动原理：在 $0<s<1$ 的范围内，电磁转矩与转子转向相同，它拖动转子旋转，电机从逆变器吸收电能转换为机械能，克服机车阻力驱动机车运行，处于电动机运行状态。$s=1$ 为启动运行状态。在 $s<0$ 的范围内，转子转向与定子旋转磁场一致，转子转速 n 大于电机同步转速 n_1，电磁转矩与转子转向相反，它阻碍转子旋转，电机将机车机械能转换为电能传送给逆变器，对机车产生制动转矩，电机处于发电机运行状态，称之为再生制动。

3.5.2 技术参数

HXD2C 型电力机车采用的异步牵引电动机型号为 YJ170A（东芝系统和北车心系统）和 4FIA7058（庞巴迪系统）。如无特殊说明，与轮径有关的技术参数是基于新轮考虑的，主要技术参数如下：

额定功率	1 250 kW
额定电压	2 150 V
额定电流	380 A（基波）
额定转速	1 499 r/min
启动转矩	11 148 N·m
额定转矩	7 960 N·m
额定频率	50.6 Hz
额定功率因数	0.93
额定效率	95%
恒功率转速范围	1 499～2 888 r/min（48.1～97.7 Hz）
极数	4 极
定子绕组接法	Y
绝缘等级	200 级

冷却方式	强迫通风，风量 1.26 m^3/s（风压≥1 500 Pa）
工作制	连续 S1
悬挂方式	滚抱式
质量	2 700 kg

3.5.3 电机结构

异步牵引电机的结构如图 3.22 所示。异步牵引电机主要由定子、转子、端盖、轴承、测速装置和主动齿轮等部分组成。定子的作用是产生旋转磁场并从机械上支撑整个电机，它的主要零部件有定子铁芯、定子绕组等。转子是用来产生感应电势和电磁转矩，以实现能量转换的主要部件，它由转子铁芯、导条、端环和转轴等组成。端盖用于支撑转子和实现电机内部与外部的隔离，方便电机转子的安装。轴承是连接静止的定子和旋转的转子的部件，使得转子旋转时不与定子相擦，实现电机定子和转子稳定的、转动灵活的机械连接。传动端轴承采用齿轮箱油润滑，非传动端轴承采用脂润滑，脂润滑的轴承使用中可补脂，废油脂可通过排油口排出。测速装置用于测量电机转子转速，将转速信号传送给控制系统，是实现异步牵引电机转速调节的重要环节。端盖与定子间通过轻过盈配合的止口连接并由螺栓固定。传动端采用圆柱滚子轴承 NU330E；非传动端采用双轴承结构，承受径向力的为圆柱滚子轴承 NU320E，承受轴向力的为四点接触球轴承 QJ318。三种轴承均为外圈带绝缘，均采用脂润滑。

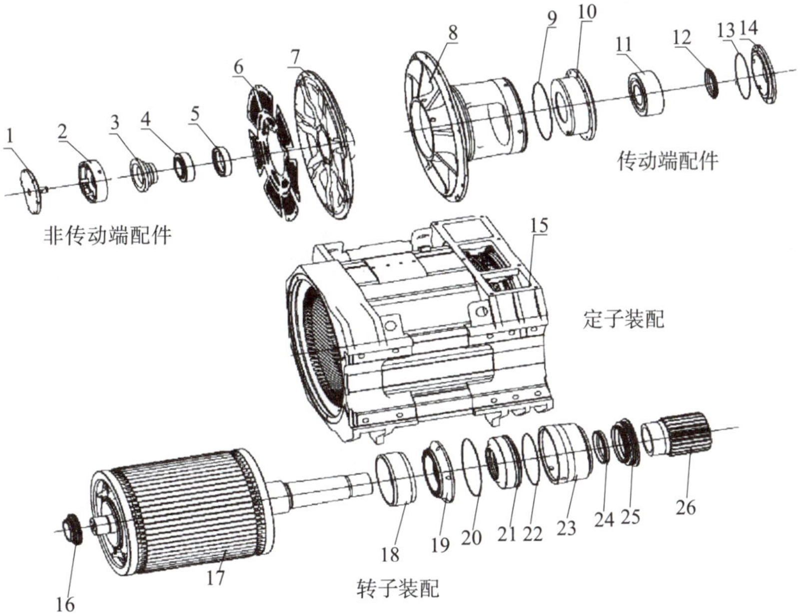

图 3.22 牵引电机结构

1—传感器盖；2—传感器座；3—测速齿盘；4—封环；5—非传动端轴承；6—出风罩；7—非传动端端盖；8—传动端端盖装配；9—O 形密封圈；10—轴承套；11—传动端轴承 12—挡圈；13—O 形密封圈；14—轴头盖板；15—定子装配；16—前内封环；17—转子；18—封环 B；19—封环三；20—O 形密封圈；21—后封环；22—O 形密封圈；23—后防护环；24—挡圈；25—后外封环 B；26—齿轮

3.5.3.1 定　子

定子绕组为成型硬绕组，每个绕组由薄膜绕包的电磁线绕成，对地绝缘采用少胶云母和聚酰亚胺薄膜作为主绝缘，绕组成型后嵌进定子槽中；为了得到足够的机械强度、良好的电气性能与优良的热稳定性，定子绕组用端箍固定，定子联线后进行整体真空压力浸漆，整个电机的绝缘等级为 200 级；电机内部全部为硬连线，三相绕组用电缆线从接线盒引出，经安装在机座上的线夹固定后与机车相连；定子铁心由冷轧硅钢板叠压，由筋板与两端压圈焊接成为一个整体，焊完后真空退火消除应力处理。定子结构如图 3.23 所示。

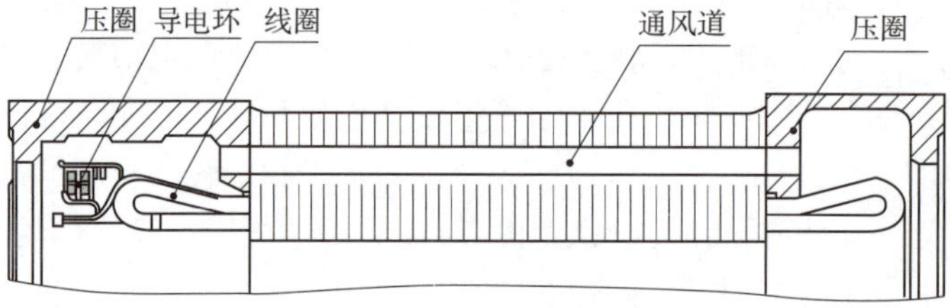

图 3.23 定子结构

3.5.3.2 转　子

转子采用坚固的鼠笼式结构。转轴为高强度合金圆钢锻造后经过数控机加工和多次探伤检查；两端压圈为锻造后加工，中间导磁体部分为硅钢片冲制后叠压；导条为特殊铜合金拉制，端环为特殊铜合金一次锻造后经机加工而成。转子结构如图 3.24 所示。

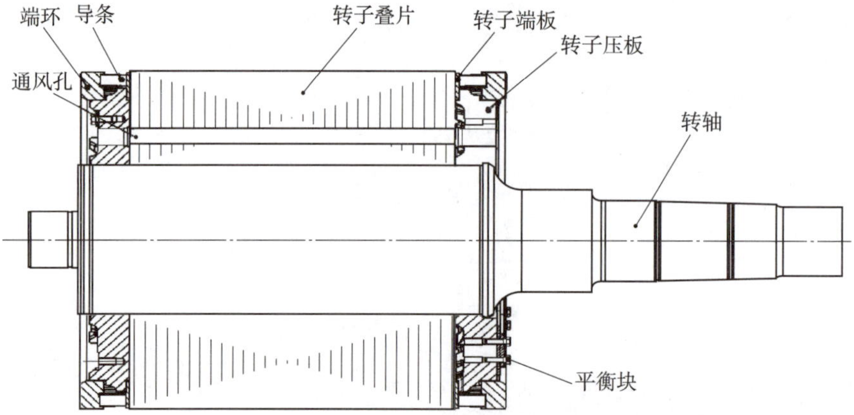

图 3.24 转子结构

3.5.3.3 轴承及润滑结构

电机传动端、非传动端结构如图 3.22 所示。

电机非传动端采用润滑脂润滑，并设计有加脂通道，可定期补脂。一般机车每运行 150 000 km时，在电机非传动端补充润滑脂 35～50 g，废油脂可通过排油口排出。

电机传动端轴承采用润滑油润滑，与小齿轮共用润滑油。电机传动端采用改进型密封结构密封，可防止油进入电机外体，也防止被污染的冷却空气(灰尘)进入变速箱。

3.5.3.4 电机运行中转速的检测

电机在运行中的速度检测，由安装在电机非传动端外部的测速传感器和内部的测速齿盘配合来完成。测速传感器为有源、磁电式、双通道，实现控制功能。

3.5.3.5 温度监测装置

在定子铁芯齿部安装有温度传感器 Pt100，用于检测电机的温度，Pt100 信号传送给控制系统，由控制系统监控电机定子铁芯温度，以及防止电机过热。

3.5.3.6 主动齿轮

主动齿轮压装在电机转轴传动端侧。

3.5.3.7 通风系统

电机为强制通风，空气通过柔性风道从牵引通风机传输至电机的进风口，柔性风道属于整车的范围，不是电机的一部分。在电机内部，通风道分为三路：一路为定子冲片通风孔，一路为定转子间的气隙，一路为转子冲片通风孔。冷却空气通过各通风道流经产生热损耗的零件，如定子线圈、定子叠片、转子叠片、转子绕阻和轴承等。电机通风如图 3.25 所示。出风口位于电机的非传动端侧，为轴向取向。

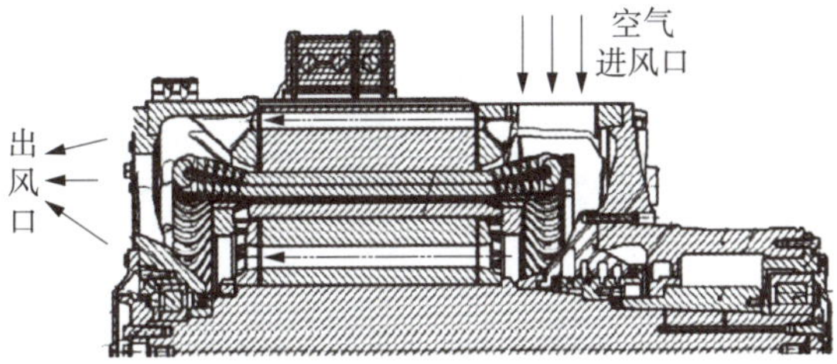

图 3.25 电机通风示意

3.6 典型故障分析及处理

机车牵引封锁时：

3.6.1 故障说明

机车运行过程中，牵引手柄处于牵引级位时牵引逆变器无输出电流，牵引电机无牵引力输出。

3.6.2 故障分析

机车牵引封锁故障的原因主要有牵引条件不满足、牵引系统相关电器部件故障及制动机故障等触发系统封锁保护动作。

(1)微机柜、低压柜等牵引系统的辅助电器存在故障触发封锁保护动作。

(2)制动缸压力自动上升等制动机相关故障触发系统封锁保护动作。

(3)系统检测到网压过高或过低，采取保护动作封锁牵引逆变器输出的同时断开主断路器；系统检测到变压器油温过高，采取保护动作封锁牵引逆变器输出。

3.6.3 处理方法

(1)调速手柄离开零位时,中间电压如果低于 2 800 V,按下自复位按钮,重新启动。

(2)“即断”红灯亮,封锁牵引和制动。及时缓解“停放制动”,不能缓解时检查非操纵端停放制动按钮和制动柜的停放制动手动隔离阀是否正常。

(3)查看微机柜、低压柜相应断路器状态,断开时闭合。

(4)APU 故障时,进入微机显示屏“开放状态”画面进行切除操作后维持运行。

(5)制动机故障造成机车牵引封锁,操纵制动柜转换塞门切换制动柜至备用制动模式,检查制动屏各塞门位置及各插座状态正常,断开蓄电池 30 s 后重新闭合再次启动。

(6)机车制动缸压力自动上升造成机车牵引封锁,侧压直接制动控制器(小闸)缓解机车制动缸压力,操纵制动柜转换塞门切换制动柜至备用制动模式,断开蓄电池清零后重新闭合再次试验。

(7)网压过高造成机车牵引封锁,观察接触网网压表显示是否在正常范围之内,当原边网压高于 32 kV 且持续 10 s 或者高于 35 kV 且持续 10 ms 时,牵引逆变器实施保护封锁输出同时断开主断路器。

(8)变压器油温过高造成机车牵引封锁,检查变压器油温是否正常,当主变压器油温高于 95 ℃时,机车降功 30%运行,当主变压器油温高于 105 ℃时,机车降功 50%运行,当主变压器油温高于 115 ℃时,断开主断路器,若发生两路油流故障,封锁牵引。

4 高压电器

4.1 概　　述

HXD2C 型电力机车装用的高压电器包括受电弓、主断路器、高压接地开关、高压隔离开关、高压电压互感器、高压电流互感器、接地电流互感器、避雷器和高压电缆总成等。网侧电路中高压电器对应的位置如图 4.1 所示。

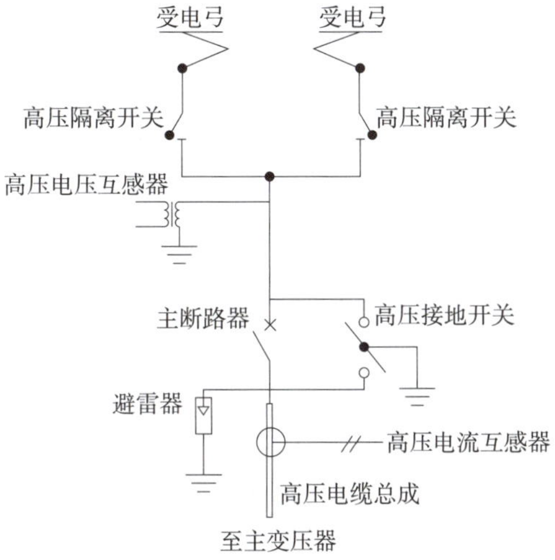

图 4.1　高压电器位置示意

4.2 受 电 弓

HXD2C 型电力机车采用 DSA200 型单臂受电弓，通过受电弓支持绝缘子安装于电力机车车顶。受电弓升弓时，压缩空气通过车内各阀进入受电弓升弓装置的气囊，升起受电弓，使受电弓滑板与接触网接触，将电流从接触网引入机车，供车内的电气设备使用。降弓时，排出升弓装置气囊内的压缩空气，使受电弓落下。

4.2.1 主要技术参数

设计速度	200 km/h
额定工作电压	25 kV
额定工作电流	1 000 A
静态接触压力	(70±10) N

升弓时间	≤5.4 s
降弓时间	≤4 s
落弓保持力	≥120 N
最高工作高度(含 400 mm 高绝缘子)	2 941 mm
最低工作高度(含 400 mm 高绝缘子)	1 029 mm
落弓位高度(含 400 mm 高绝缘子)	729 mm(754 mm 上臂最高处)
质量(不包含受电弓支持绝缘子)	130 kg

4.2.2 结构组成

受电弓结构如图 4.2 所示，主要由底架、铰链机构、弓头、升弓装置及空气管路等部分组成。

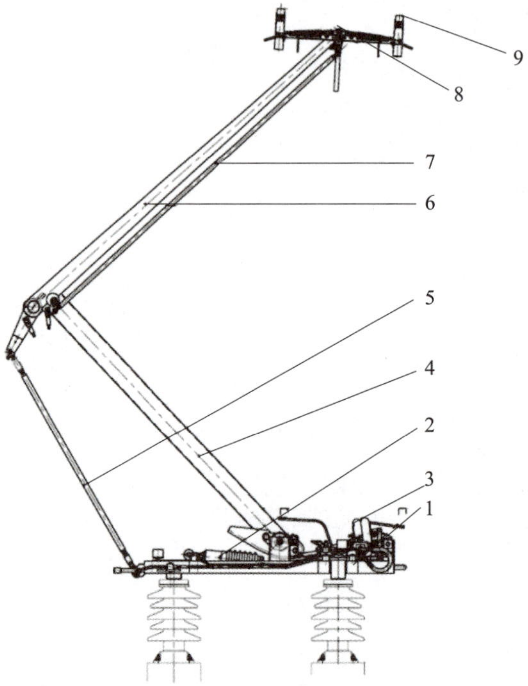

图 4.2 受电弓结构

1—底架；2—阻尼器；3—升弓装置；4—下臂；5—下导杆；6—上臂；7—上导杆；8—弓头；9—滑板

4.2.2.1 底架部分

受电弓底架由型材(钢材)组焊而成，是整个受电弓的基座部分。受电弓底架结构如图 4.3 所示。受电弓通过受电弓支持绝缘子和安装座固定在车顶上。底架上有 3 个电源引线连接点和升弓用气路，还装有自动降弓用快速排气阀、ADD 试验阀和 ADD 关闭阀。快速排气阀用于检测气路压力，当滑板发生破裂或滑板磨损超限漏气时，快速排气阀将受电弓升弓装置中的空气排出，实现自动降弓。ADD 试验阀可以人为检测自动降弓装置是否有效。当自动降弓装置发生故障时，可通过 ADD 关闭阀切除该装置。另外在底架上还安装有升弓装置、下臂、下导杆、支持绝缘子、管路等支座。

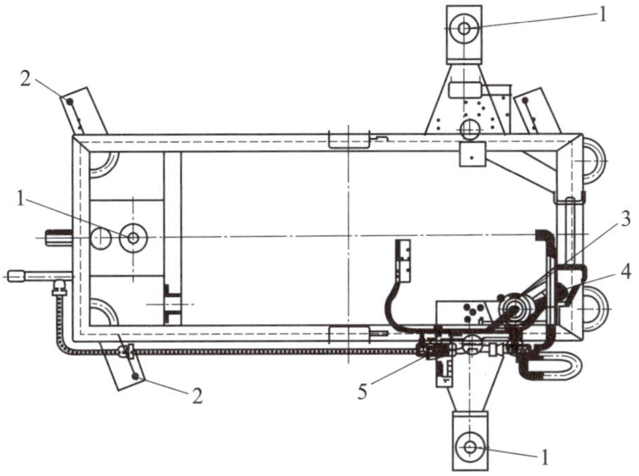

图 4.3 受电弓底架

1—安装座；2—电源引线连接点；3—自动降弓用快速排气阀；4—ADD 试验阀；5—ADD 关闭阀

4.2.2.2 铰链机构

铰链机构是实现受电弓弓头升降运动的机构，DSA200 型受电弓由两个四铰链机构组成。下部四铰链机构由下臂、上臂的 T 形部分、推杆和底架组成，其作用是当下臂转动时使弓头上升或下降，并保持其运动轨迹基本为一铅垂线。上部四铰链结构由上臂框架部分、弓头导杆及弓头支架组成，其作用是使滑板在整个运动高度始终保持水平状态。连接各主要构件的铰链座都装有滚动轴承，并采用金属软导流线进行短接，以防止电流对轴承的损耗。

下臂为钢管，支承受电弓重量，传递升降弓力矩，其长度也决定了受电弓的工作高度，其结构如图 4.4 所示，内有空气管路，通过管接头和软管连接，作为自动降弓装置气路。

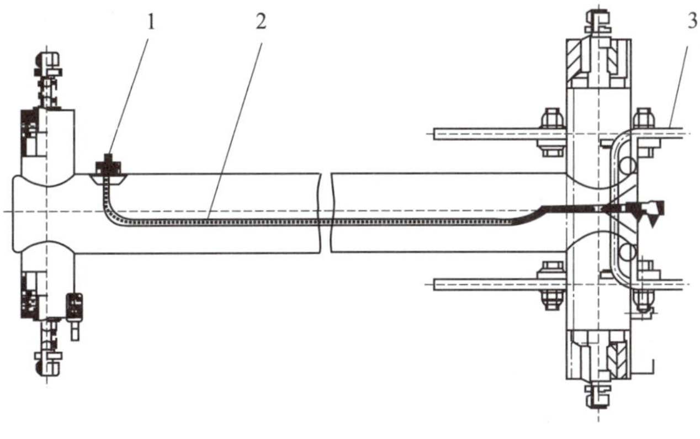

图 4.4 下臂结构

1—管接头；2—空气管路；3—钢索导轨

上臂为铝合金框架，用于支承弓头重量，传递向上压力，保证受电弓工作高度。

4.2.2.3 弓头部分

弓头部分由弓头支架装置、滑板组成。弓头结构如图 4.5 所示。

弓头支架上端用螺栓与滑板相连，弓头支架通过两个横向弹簧与上臂相连，保证横向弹性。滑板安装在弓头支架上，滑板中有气腔，通有压缩空气，如果滑板磨损到极限或出现断裂时，自动降弓装置发生作用，受电弓会迅速自动降下。

4.2.2.4 升弓装置及空气管路

如图 4.6 所示，升弓装置为受电弓的动力装置，主要由气囊式气缸和导盘组成。导盘通过钢索连接在下臂钢索轨道上。进气时气囊胀大，推动导盘向其前方运动，导盘和钢索轨道间拉紧的钢索带动下臂绕轴向上转动，受电弓升起。排气时气囊式气缸回缩，受电弓降弓。

空气管路是提供压缩气体的管路系统，其一端与升弓装置的气囊连接，为受电弓提供工作气压，另一端通过绝缘软管连接到车内供风设备，实现受电弓的升、降弓控制。

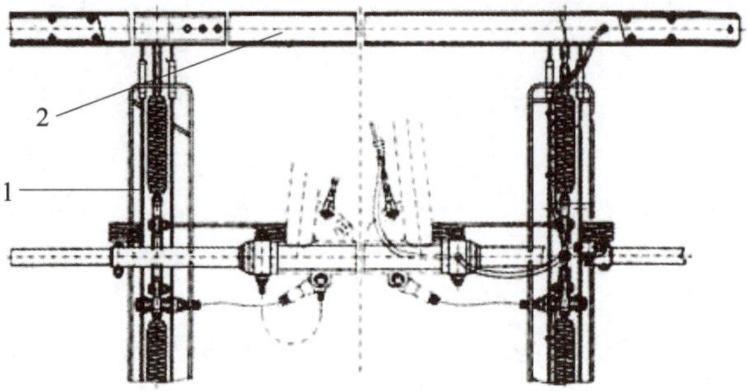

图 4.5 弓头结构

1—弓头支架装置；2—滑板

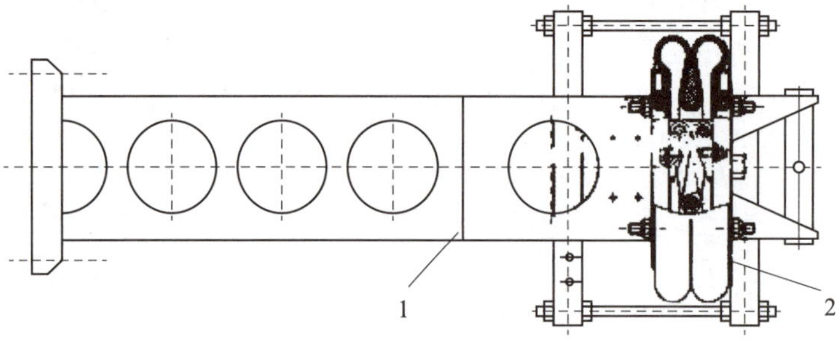

图 4.6 升弓装置的结构

1—导盘；2—气囊式气缸

4.2.2.5 气源控制阀组

图 4.7 为升弓气源控制阀组布置。升弓气源控制阀组安装在顶盖下，用于调节受电弓升、降弓时间和静态接触压力等参数。空气过滤器可提高升弓气源的质量。单向节流阀用于调整升弓时间。精密调压阀用于调节受电弓工作压力，精确度为±2 kPa，每 10 kPa 的压力变化将导致 10 N 的接触力变化。压力表可显示工作压力并对其进行粗略控制。单向节流阀可以限制降弓速度，如果精密调压阀出现故障，安全阀具有保护气路的作用。

4.2.2.6 缓 冲 器

缓冲器安装在底架和下臂轴套之间，主要由阻尼器、防尘盖、保护套、接头、锁紧螺母等组成。安装时通过锁紧螺母可调节并锁定缓冲器的长度，其结构如图 4.8 所示。

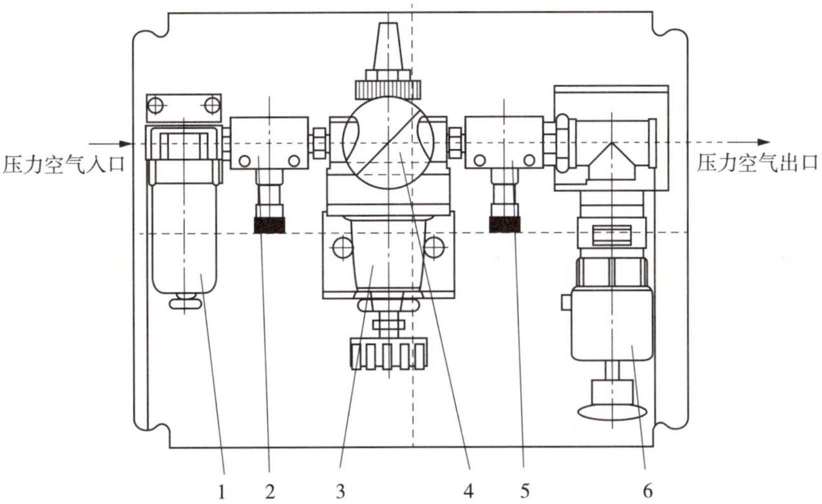

图 4.7 升弓气源控制阀组布置

1—空气过滤器；2—单向节流阀(调节升弓时间)；3—精密调压阀；4—压力表；5—单向节流阀(调节降弓时间)；6—安全阀

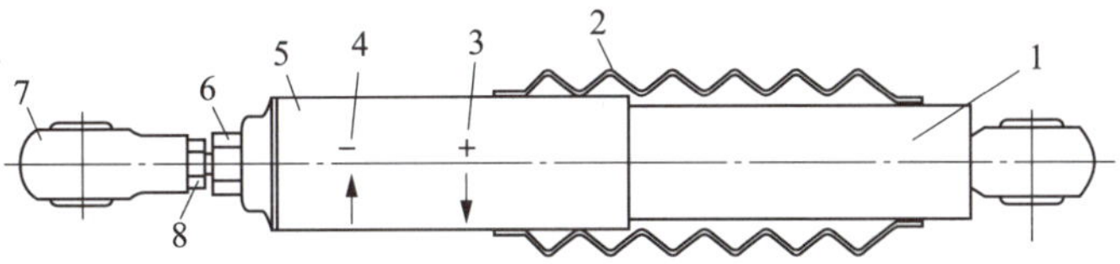

图 4.8 缓冲器

1—阻尼器；2—保护套；3—右拧方向；4—左拧方向；5—防尘盖；6—锁紧螺母(气缸)；7—接头；8—锁紧螺母(接头)

4.2.3 工作原理

4.2.3.1 升降弓原理

受电弓升降弓气动原理如图 4.9 所示。

受电弓升弓时，升弓电空阀得电，气路打开，压缩空气通过电空阀，经空气过滤器、升弓节流阀、G1/4 精密调压阀、气压表、降弓节流阀、安全阀、压缩空气绝缘管通过车顶、到升弓气囊，构成升弓气路使受电弓升起。

受电弓降弓时，升弓电空阀失电并开启排气阀进行排气，升弓气路关闭。受电弓靠自重降弓。

4.2.3.2 自动降弓装置工作原理

自动降弓装置由滑板上的管道、快速排气阀、ADD 试验阀、ADD 关闭阀及导管组成。

当滑板上的管道出现漏气，使管道压缩空气排出，压力下降，导致升弓装置压缩空气从快速排气阀排出，迫使受电弓快速下降。如果快速排气阀与滑板间的导管断裂，可用关闭阀使自动降弓装置停止工作。当滑板出现小裂缝不会影响受电弓正常工作时，少量漏气可由快速排气阀遏制。试验阀是用来模仿管道漏气，观察快速排气阀动作设置的装置。自动降弓装置压缩空气流程如图 4.10 所示。

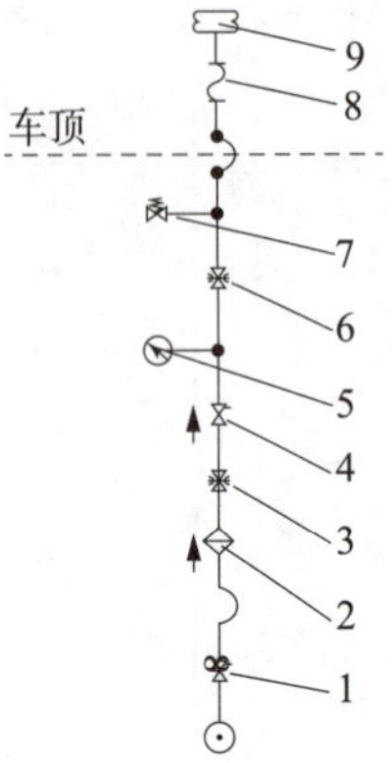

图 4.9　受电弓气动原理

1—电空阀；2—空气过滤器；3—升弓节流阀；
4—精密调压阀；5—气压表；6—降弓节流阀；
7—安全阀；8—压缩空气绝缘管；9—升弓气囊

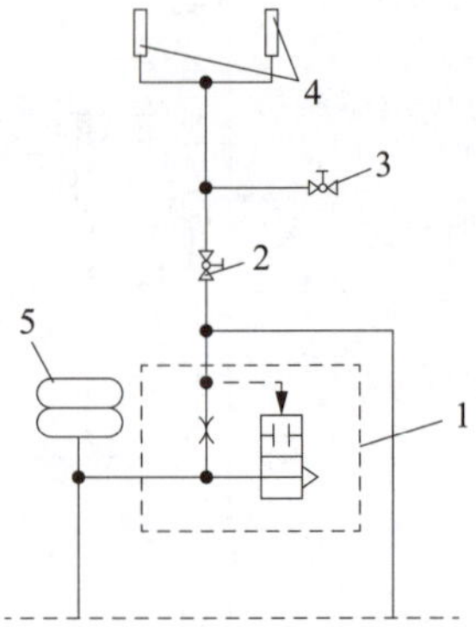

图 4.10　自动降弓装置压缩空气流程图

1—快速排气阀；2—关闭阀；3—试验阀；
4—滑板；5—升弓装置(气囊)

4.3　主断路器

HXD2C 型电力机车主断路器为 22CBDL 型交流真空断路器，外形如图 4.11 所示。其安装在机车顶盖上，是机车连通、分断网侧 25 kV 电源的总开关，也是机车上重要的电气保护设备。当机车发生过载、网侧短路或接地保护等故障时，能迅速、可靠、安全地切断机车总电源，保护机车设备。22CBDL 型真空断路器与 35KSDL 型高压接地开关配合安装使用。

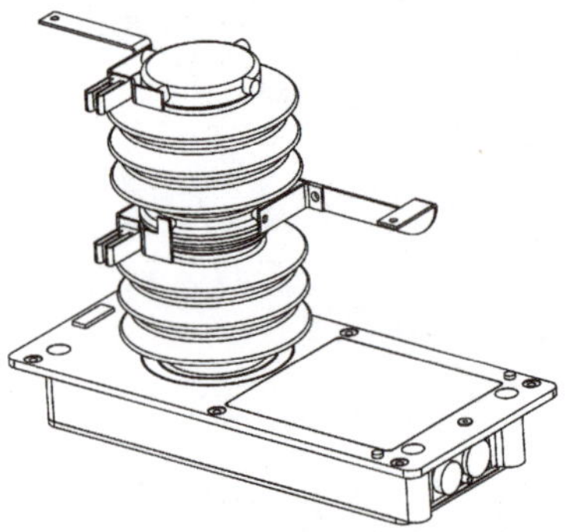

图 4.11　22CBDL 型真空断路器外形

4.3.1　主要技术参数

额定电压	30 kV
额定频率	50 Hz
额定电流	1 000 A
额定短路接通能力	50 kA
额定短路开断能力	20 kA
开断容量	600 MV·A
额定短时耐受电流	20 kA(1 s)
开断时间	≤40 ms
闭合时间	≤100 ms
机械寿命	250 000 次
质量	约 105 kg

4.3.2　结　　构

22CBDL 型真空断路器的结构如图 4.12 所示。两个绝缘子上下垂直安装在基座上。真空包安装在上绝缘子中。铜铬合金铸件浇注在上绝缘子上，不仅作为断路器的主要接线端，而且支撑着高压接地开关(35KSDL)的接地夹。一根传动杆位于下绝缘子的内腔。当电磁阀得电时，断路器闭合；当电磁阀失电时，与真空包安装在一起的分断机构使断路器断开。控制和监测设备安装在基座中。

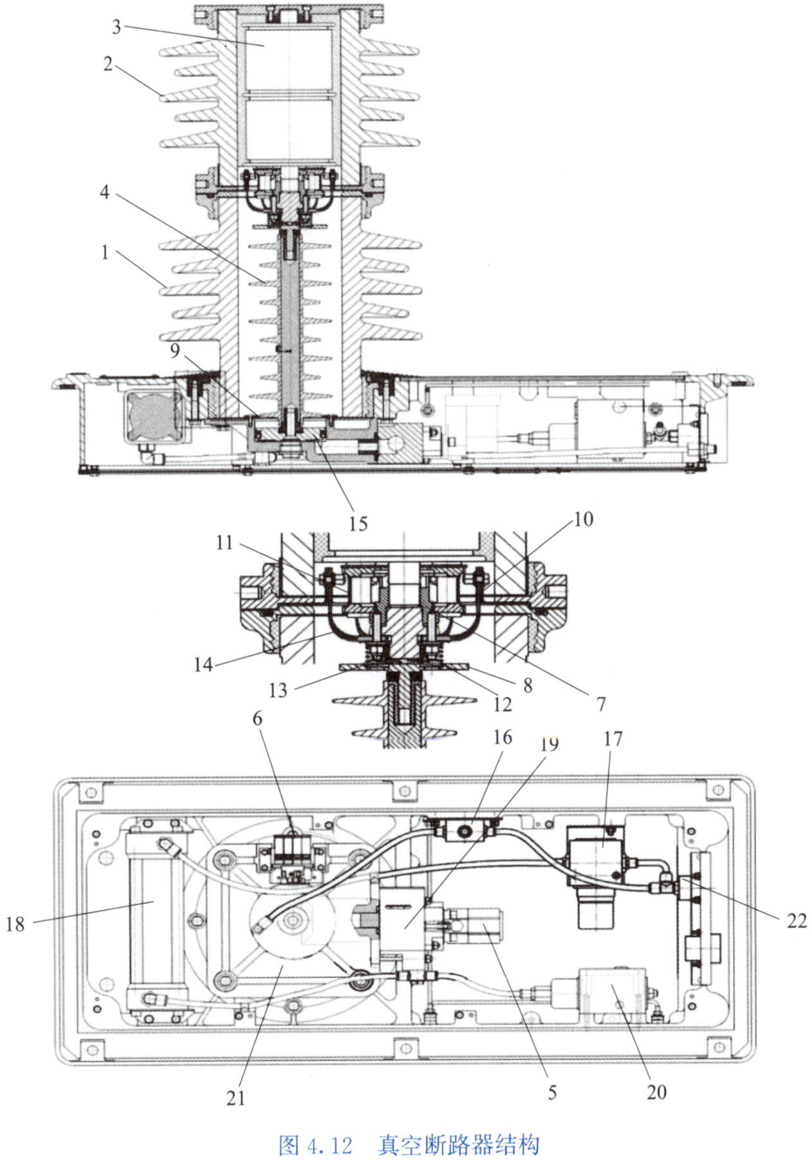

图 4.12　真空断路器结构

1—下绝缘子；2—上绝缘子；3—真空包；4—传动杆；5—电磁阀；6—辅助触头；7—压紧环；8—传动盘；9—活塞限位环；10—弹簧座；11—弹簧；12—弹簧；13—连接块；14—软连线；15—活塞；16—节流阀；17—调压阀；18—储气缸；19—转换阀；20—压力开关；21—气缸；22—进气接头

4.3.3 工作原理

22CBDL 型真空断路器工作原理如图 4.13 所示。

压缩空气经空气过滤器过滤后到调压阀，调压阀将压力调整为 483 kPa 后送入储气缸。

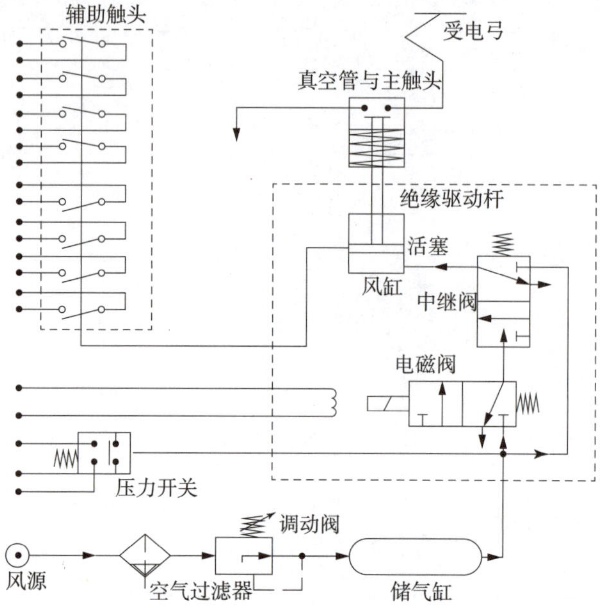

图 4.13 真空断路器工作原理

4.3.3.1 闭 合

闭合时，电磁阀线圈得电打开电磁阀，储气缸中的压缩空气一路经电磁阀进入中继阀的控制腔，打开中继阀，另一路通过中继阀送入风缸，驱动活塞、传动杆和真空包的动触头上移，使真空断路器闭合。

4.3.3.2 断 开

断开时，电磁阀线圈失电，电磁阀和中继阀均在弹簧的作用下复位，将风缸内的压缩空气释放，传动杆和真空包的动触头在机械装置的弹力作用下，向下移动，在小于 40 ms 的时间内将真空断路器断开。

压力开关与电磁阀电气串联，当压缩空气压力降到 345～358 kPa 时，压力开关打开，电磁阀线圈失电，真空断路器自动断开。要想重新闭合真空断路器，压缩空气压力必须达到 370～395 kPa。

4.4 高压接地开关

HXD2C 型电力机车采用与 22CBDL 型真空断路器配套的 35KSDL 型高压接地开关，其安装在电力机车顶部，主要功能是把主断路器两侧的电路接地。高压接地开关保证了机车的安全操作，当工作人员进行机车检查或维护时，保证工作人员的人身安全。35KSDL 型高压接地开关如图 4.14 所示。

4.4.1 主要技术参数

额定电压	30 kV
额定电流	400 A
峰值耐受电流	20 kA
短时耐受电流	8 kA/1 s
闸刀与触头弹簧片接触长度	≥20 mm
操纵力	≤150 N
机械寿命	20 000 次
质量	约 20 kg

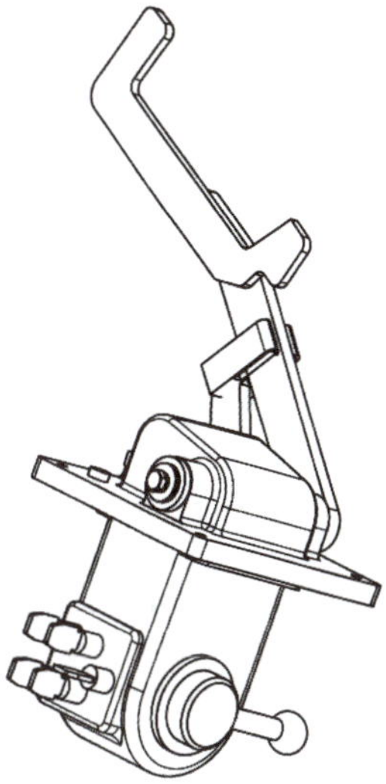

图 4.14 高压接地开关

4.4.2 动作原理

转动手柄可带动闸刀旋转，当手柄一端旋转 180°时，闸刀也相应从“工作”位旋转 68°到“接地”位或者从“接地”位旋转 68°到“工作”位。锁组装用来控制传动机构能否转动。锁分为蓝色和黄色，仅在蓝色锁被蓝色钥匙打开后，操纵杆才能从“工作”位旋转到“接地”位，此时把黄色钥匙从锁中拔下，操纵杆就被锁定在此位置，将主断路器输入输出端同时接地。

4.4.3 操作方式

4.4.3.1 接　　地

旋转用于受电弓锁闭的蓝色钥匙至“受电弓降下”位，拔出钥匙并插入高压接地开关的蓝色锁内；

旋转蓝色钥匙，拉出手柄并旋转至“接地”位；

旋转并拔出黄色钥匙，此时高压接地开关被锁定在“接地”位。可以打开各高压部分门锁或车顶天窗。

4.4.3.2 操　　作

旋转拔出黄色钥匙，并插入高压接地开关的黄色锁内；

旋转黄色钥匙，拉出接地开关手柄并旋转置“工作”位；

旋转并拔出蓝色钥匙，插入受电弓开关锁内，并旋转到“受电弓上升”位置。

4.5 高压隔离开关

每台 HXD2C 型电力机车车顶装有两台 DJHG2-1000/25 型高压隔离开关，其主要作用是当受电弓和车顶绝缘子发生故障时，将故障设备隔离，避免造成其他事故。

高压隔离开关如图 4.15 所示。当受电弓故障并在降弓后，可在车内打开锁固机构，转动手柄，转动绝缘子随之转动，打开隔离闸刀。

4.5.1 主要技术参数

额定电压	25 kV
额定电流	1 000 A
工频耐压	75 kV/1 min
短时耐受电流	20 000 A
机械寿命	20 000 次
驱动方式	手动

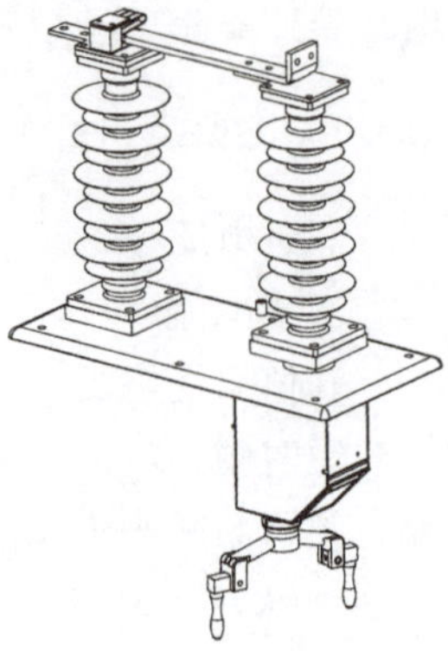

图 4.15 高压隔离开关

4.5.2 结　　构

高压隔离开关结构如图 4.16 所示。

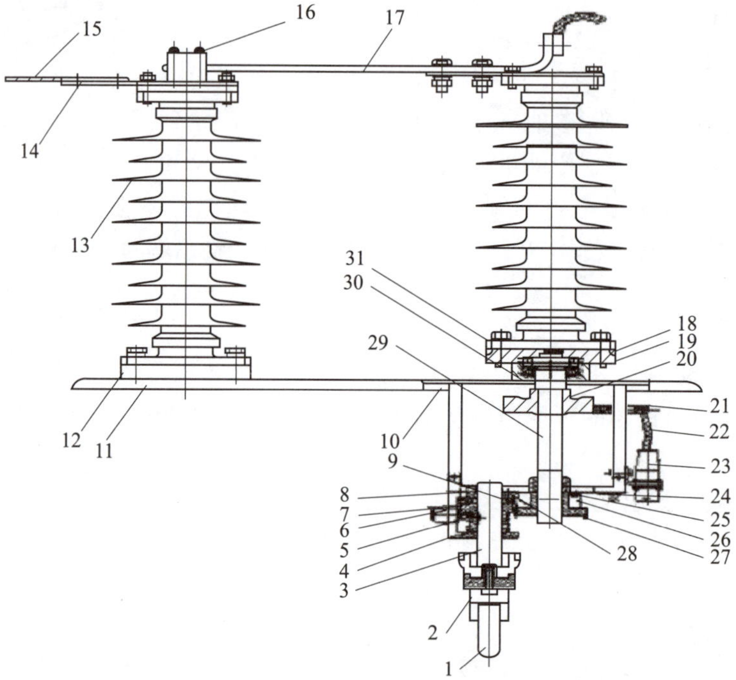

图 4.16 高压隔离开关结构

1—手柄；2—驱动手把；3—主动轴；4—传动箱体；5—复位弹簧；6—控制锁；7—定位齿轮；8—主动轴安装架；9—定位销；10—安装座；11—安装盘；12—绝缘子安装板；13—绝缘子；14—连接座；15—车顶铜排软线；16—弹性触片；17—开关动杆；18—油封；19—轴承；20—凸轮；21—触动开关；22—导线；23—四芯插座；24—限位挡块；25—螺钉；26—挡块；27—止转齿轮；28—定位槽；29—从动轴；30—轴承座；31—法兰

4.5.3 工作原理

图 4.16 中开关动杆位置，表示了高压隔离开关处于闭合状态的各部件位置关系。当高压隔离开关处于闭合状态时，控制锁的锁舌伸入主动轴安装架内，卡合于主动齿轮的下部，此时，设置在主动齿轮上表面的定位销嵌合在主动轴安装架上设置的其中一个定位槽内，则主动齿

轮不能向下移动，无法向下拉动手把，也就是无法转动定位齿轮，因此止转齿轮不能转动，其上设置的挡块与固定在箱体内下部的其中一个限位挡块的调节螺钉相抵靠，凸轮与触动开关的触头不相接触，四芯插座将高压隔离开关的闭合信息转换为电信号传至控制装置。此时，从动轴不能转动，可动绝缘子不能转动，开关动杆卡合于连接座的两个弹性触片内，高压隔离开关处于闭合状态，不能对其进行断开操作。

高压隔离开关从闭合状态到断开状态各部件的位置关系：当控制锁的锁舌退回时，就可以对高压隔离开关进行断开操作，即向下拉动手把，压缩复位弹簧，由主动轴带动定位齿轮向下移动，定位齿轮的定位销从上述闭合状态的定位槽中脱出，该定位齿轮与止转齿轮相啮合，通过旋转驱动手柄使主动轴旋转，则定位齿轮带动止转齿轮一起旋转，在复位弹簧作用下定位齿轮上表面的定位销卡入另一侧的定位槽中，同时，止转齿轮的限位挡块从与上述一侧的所述螺钉相抵靠位置，转至与另一侧的挡块上设置的螺钉相抵靠。在止转齿轮被驱动旋转的同时，从动轴带动可动绝缘子、开关动杆一起旋转。

高压隔离开关从闭合状态到断开状态时，凸轮与从动轴一起旋转至与触动开关的触头相接触，通过四芯插座将高压隔离开关的断开信息转换为电信号。

高压隔离开关不带灭弧装置，不具有开断电流的能力，它的所有动作都必须在主断路器处于分断状态时进行。

4.6 高压电压互感器

HXD2C 型电力机车在车顶安装一台户外全封闭式高压电压互感器，用于测量接触网电压，并为电度表提供电压信号。

4.6.1 主要技术参数

变压比	25 000 V/100 V
额定频率	50 Hz
额定功率	30 VA
精确度等级	1 级
绝缘等级	E 级

4.6.2 结　　构

高压电压互感器采用户外环氧树脂与硅橡胶复合绝缘支柱式结构，主要由线圈、铁芯、套管、铝法兰安装盘等组成，外形如图 4.17 所示。

线圈和铁芯套装后经干燥处理，套入主体绝缘柱内。线圈在主体绝缘柱内竖式放置。高压一次侧 A 端嵌件在主体绝缘柱上部引出，低压二次线圈出头由互感器下部套管引出。高压一次侧 N 端出头由互感器下部套管引出连接片与安装法兰可靠连接，避免由于悬浮电位造成放电现象。在互感器下部装有熔断器，对互感器二次回路进行过电流保护。外部伞裙采用硅橡胶材料，具有良好的憎水性，能有效地防止污闪故障的发生。

4.6.3 工作原理

高压电压互感器是一种利用电磁感应原理把一次侧的高电压变换为标准测量电压的特种变压器。它的主要作用是：(1)给测量仪器、仪表或继电保护、控制装置提供信息；(2)使测量、保护和控制装置与高电压相隔离。高压电压互感器的一次绕组并联接在车顶 25 kV 高压线路上，N 端子接地(轨道电路)，二次绕组外部接有测量仪表等设备，为低压部分。接线原理如图 4.18 所示。

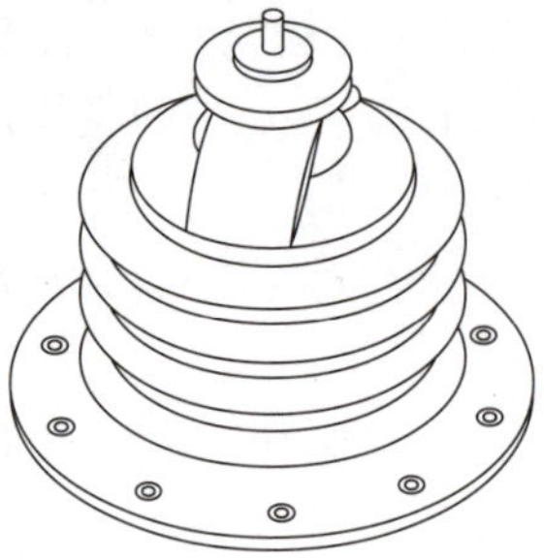

图 4.17　高压电压互感器外形

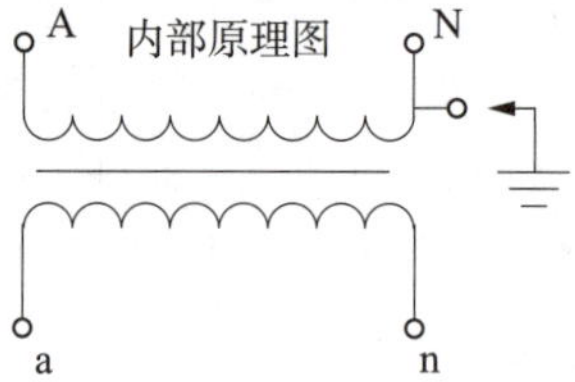

图 4.18　接线原理

4.7 高压电流互感器

HXD2C 型电力机车在牵引变压器原边前端的高压电缆上套装一台高压电流互感器。高压电流互感器采用环氧树脂真空浇注户内母线式电流互感器，主要用作短路电流的检测，是保护用互感器，用以驱动过流继电器动作，因而对其饱和度有较高要求。

4.7.1 主要技术参数

额定电压	25 kV
额定频率	50 Hz
额定电流比	400 A/5 A
二次额定负荷	25 VA
精确度等级	1 级
温升限值	50 K

4.7.2 外形结构

高压电流互感器外形如图 4.19 所示。

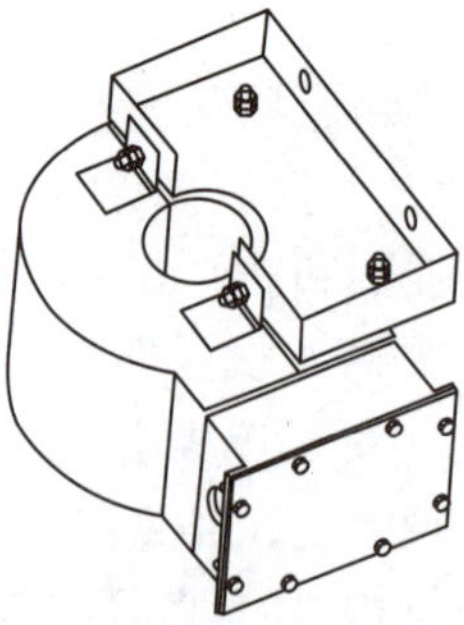

图 4.19　高压电流互感器外形

4.7.3 基本原理

电流互感器是利用电磁感应原理，通过一次绕组与二次绕组的安匝平衡来把大电流变换为标准测量电流。它起到了电气隔离的作用，避免了直接测量线路的危险。电流互感器是测量仪表、继电保护等二次设备获取一次回路电流信息的传感器，电流互感器将高电流按比例转换成低电流。高压电流互感器一次侧接在一次系统，二次侧接过流继电器。

4.8 接地电流互感器

HXD2C 型电力机车在车内安装一台环氧树脂真空浇注户内母线式接地电流互感器。接地电流互感器安装在变压器的原边末端，用以测量牵引变压器高压绕组输出端的线路电流。

4.8.1 主要技术参数

额定电流比	400 A/5 A
额定频率	50 Hz
二次额定负荷	15 VA
精确度等级	1 级

4.8.2 外形结构

接地电流互感器结构如图 4.20 所示。

4.8.3 基本原理

电流互感器是利用电磁感应原理，通过一次绕组与二次绕组的安匝平衡来把大电流变换为标准测量电流。它起到了电气隔离的作用，避免了直接测量线路的危险。电流互感器是测量仪表、继电保护等二次设备获取一次回路电流信息的传感器，电流互感器将高电流按比例转换成低电流。接地电流互感器一次侧接在一次系统，二次侧接电度表。

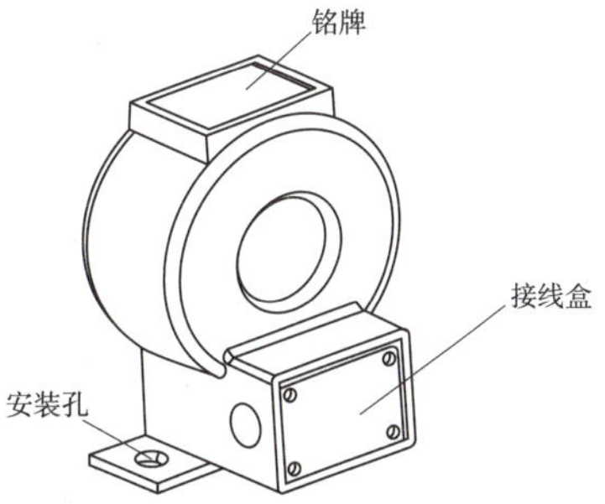

图 4.20 接地电流互感器结构

4.9 避 雷 器

HXD2C 型电力机车采用的是复合外套无间隙金属氧化物避雷器，安装在机车车顶，用于保护机车电气设备免受大气过电压及操作过电压侵害，降低系统跳闸率及事故率。避雷器的主体元件采用硅橡胶外套密封，具有优良的耐污性能和防爆性能，且体积小、重量轻。避雷器的外形如图 4.21 所示。

图 4.21 避雷器外形

4.9.1 主要技术参数

额定频率	50 Hz
持续运行电压	31.5 kV
额定电压	42 kV

标称放电电流	10 kA
直流参考电压(1 mA 下)	≥58 kV
谐波冲击电流下残压	≤118 kV
雷电冲击电流下残压	≤105 kV
操作冲击电流下残压	≤89 kV
绝缘外套表面爬电距离	≥1 000 mm

4.9.2 基本原理介绍

避雷器元件内装有非线性电阻片(氧化锌阀片),其具有优良的伏安特性,实现对过电压的限制。当系统出现过电压时,氧化锌电阻片呈现低电阻状态,吸收一定的过电压能量,过电压被限制在允许值以下,对电气设备提供可靠保护;在系统正常工作电压下,氧化锌电阻片呈现高电阻状态,避雷器仅流过很小的泄漏电流,起到与系统绝缘的作用。

4.10 高压电缆总成

高压电缆总成包括 1 个 25 kV 高压套管、1 根 25 kV 电缆和 1 个 T 型连接器,将车顶受电弓上的高压电流引到车底的牵引变压器。为了保证其可靠性,高压电缆与 25 kV 高压套管之间为不可拆卸连接,安装机车顶盖前可将 25 kV 高压套管挂在安装座上,高压电缆和牵引变压器之间采用传统的 T 形连接器活动连接,拆装方便、简单。外形结构如图 4.22 所示。

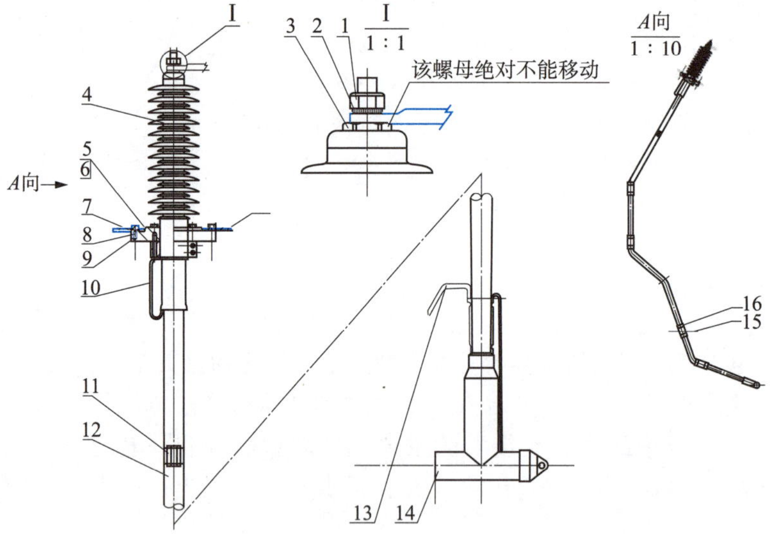

图 4.22 高压电缆总成外形结构

1—螺母;2—NL 垫圈 20;3—大螺母 M20;4—25 kV 高压套管;5—螺栓 M8×55;6—NL 垫圈 8;7—平密封垫;8—半圆密封垫;9—穿顶法兰;10—接地线;11—标识;12—25 kV 电缆;13—接地线;14—T 形连接器;15—固定板;16—套筒

4.10.1 主要技术参数

额定电压	25 kV
额定频率	50 Hz
额定电流	400 A
交流耐受电压	64 kV/1 min
局部放电	37.5 kV 时≤5 pC

4.10.2 结　　构

如图 4.22 所示，25 kV 高压套管主要为安装在车顶外部的电气部件和车内部件间提供导电连接。高压套管壳体由脂环族树脂制成，具有良好的抗污染层和物理特性。

高压电缆的材料满足低烟、无卤、阻燃的特性，且具有良好的机械和电气性能，在安装时不需要采取其他保护措施。

T 形连接器用来连接高压电缆和牵引变压器 A 端子。

4.11 典型故障分析及处理

受电弓隔离或不升起时：

4.11.1 故障说明

机车启动时，闭合升弓扳键，受电弓不能升起，或机车运行中受电弓隔离。

4.11.2 故障分析

受电弓在机车启动时不能升起的主要原因有气动柜蓝色钥匙处在隔离位、辅助压缩机不能正常启动或辅助风缸塞门没有开放。机车运行中受电弓隔离的主要原因有受电弓本身故障或压力监测传感器保护动作，受电弓自行降落。

4.11.3 处理方法

机车启动时受电弓不升起故障处理：

(1)检查微机屏“开放状态”画面，查看受电弓 PANT1 及 PANT2，如 PANT1/PANT2 在隔离位，将其恢复正常。

(2)检查气动柜蓝色钥匙、总风供风塞门和受电弓隔离阀位置，将其置于正常开通位。

(3)冬季气温过低，也会造成接班后受电弓无法升起，可将微机柜预热开关置于预热位，加热 10～15 min 重新再试。

(4)以上处理均无效时，断开蓄电池开关 30 s 清零后再重新升弓。

机车运行中受电弓隔离处理：

(1)首先停车，断开主断路器，降下受电弓。

(2)利用微机屏隔离故障受电弓。

(3)按照高压安全联锁的要求将高压隔离开关钥匙解锁,将钥匙插入高压隔离开关的钥匙孔压紧并转动。

(4)解锁后将隔离开关手柄沿垂直方向向下拉动后,用力转动手柄约 90°,使隔离开关从"合"位转动到"分"位,再将转动手柄向上推动复位,取出高压隔离开关钥匙并按高压安全联锁的要求逐级复位。

(5)将故障受电弓升弓塞门关闭。

(6)升起另一受电弓,维持运行。

5 辅助电气系统

5.1 概　　述

电力机车辅助电气系统主要为机车主电路设备提供冷却，为空气制动系统提供风源，调节司乘人员环境等。辅助电气系统的正常工作与否直接影响到主电路的工作状态，是机车稳定、安全运行的关键。HXD2C 型电力机车配备了相应的辅助机组和辅助设施，构成了辅助电气系统。按每个辅助机组/辅助设施的使用要求，辅助电气系统分成下面四个负载组：

(1)辅助逆变器变频变压供电支路，负载包括牵引通风机组和冷却塔风机组。

(2)辅助逆变器恒频恒压供电支路，负载包括压缩机、水泵、油泵、空调等。

(3)辅助供电 220 V/50 Hz 支路，负载包括司机室插座、前窗玻璃加热器、压缩机干燥器加热等。

(4)蓄电池充电机直流负载供电支路，负载包括蓄电池、照明灯、辅助压缩机等。

HXD2C 型电力机车辅助电气系统包括东芝系统、庞巴迪系统和北车心系统。

5.2 辅助变流器

5.2.1 东芝系统(东芝公司)

HXD2C 型电力机车(东芝系统)的辅助电路主要包括辅助逆变电路、辅助滤波电路和 220 V 辅助负载电路，辅助电路中的电器件主要由辅助变流器(与牵引变流器一体)、滤波柜、低压电器柜及辅助机组等组成。该系统采用冗余设计，保障了机车的正常运用。辅助电路如图 5.1 所示。

每台机车有两组辅助变流器，额定容量均为 230 kV · A，由牵引变压器的两个辅助绕组供电，辅助绕组的输出电压为 399 V。

辅助变流器 1 的输出，经过辅助滤波柜，给牵引风机电动机和冷却塔风机电动机供电。辅助变流器 2 的输出，经过辅助滤波柜，给空气压缩机、牵引变压器油泵、司机室空调、牵引变流器内部的水泵以及辅助变流器风机供电。同时辅助变流器 2 的输出还经三相变压器将电压变为 AC 220 V，给微波炉和司机室插座提供 220 V 电源，保证供电的可靠性。

在辅助变流器 1 或 2 发生故障的情况下，TCMS 将自动断开其相应的输出接触器，再闭合故障转换接触器，把发生故障的辅助变流器的负载切换到另一套辅助变流器上，由另一套辅助变流器对全车的辅助负载供电。

5.2.1.1 辅助变流器结构

辅助变流器集成在牵引变流柜中，辅助变流器和牵引变流器共用一个变流柜骨架。结构和组成如图 5.2 所示。

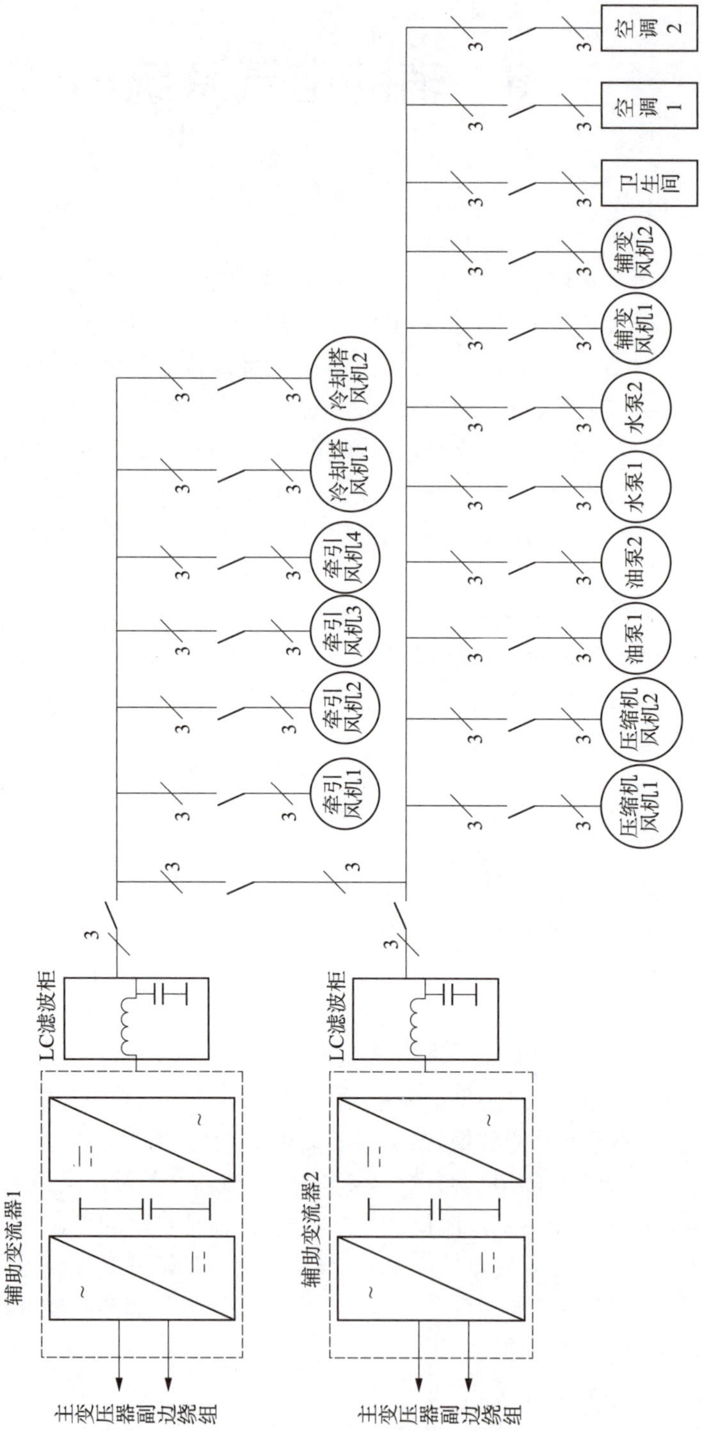
辅助变流器1
辅助变流器2
主变压器副边绕组
主变压器副边绕组
LC滤波柜
LC滤波柜
牵引风机1
牵引风机2
牵引风机3
牵引风机4
冷却塔风机1
冷却塔风机2
压缩机风机1
压缩机风机2
油泵1
油泵2
水泵1
水泵2
辅变风机1
辅变风机2
卫生间
空调1
空调2

图 5.1 辅助电路

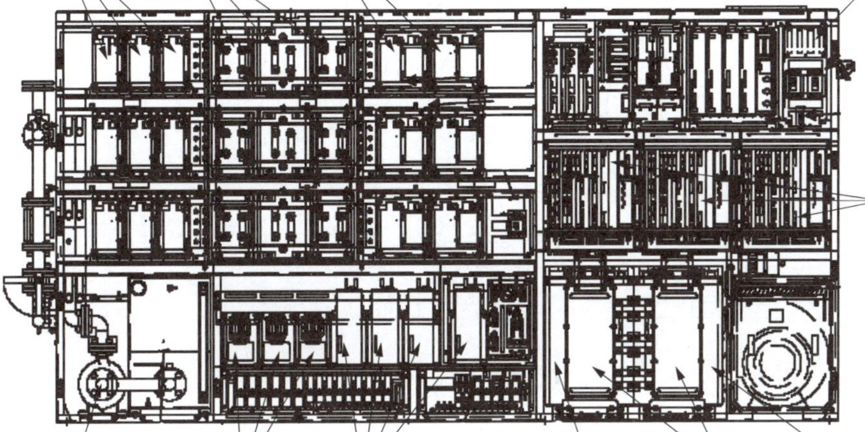

图 5.2 变流柜设备配置

5.2.1.2 辅助变流器参数

额定输入电压	AC 399 V
额定输入电流	AC 576 A
输出电压谐波含量(滤波后)	≤5%

VVVF 辅助变流器主要技术参数：

输出电压	三相 3.8～380 V
输出频率	0.5～50 Hz
额定输出容量	230 kV·A
波形	正弦波

CVCF 辅助变流器主要技术参数：

输出电压	三相 380 V
输出频率	50 Hz
额定输出容量	230 kV·A
波形	正弦波

5.2.1.3 滤 波 柜

滤波柜是用于将辅助变流器输出的三相 PWM 波,经过由交流电抗器和交流电容组成的 LC 低通滤波器,输出标准的正弦波。

滤波柜的上部装有两台交流电抗器,下部装有两台交流电容器。滤波柜的出线口为柜体下部,具体结构如图 5.3 所示。

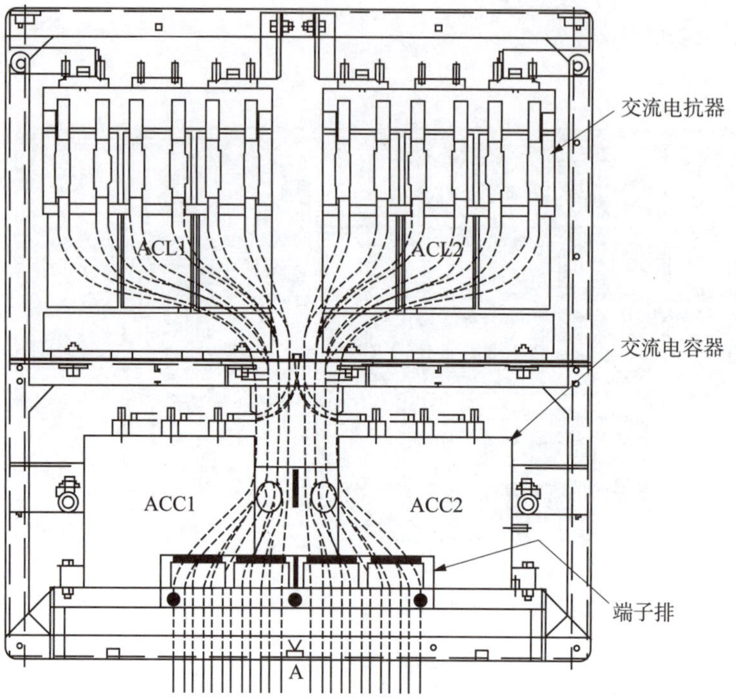

图 5.3　滤波柜外形

5.2.1.4　滤波柜参数

输入电压	AC 3.8 ～380×(1±10%) V(PWM 矩形波)
输出电压	AC 3.8 ～380×(1±10%) V(正弦波)
输出频率	0.5～50 Hz
输出波形	正弦波
输出电压波动范围	AC 342～418 V
冷却方式	自然冷却
电抗器个数	2 组
电感值	0.38 mH/个
电容器个数	2 组
电容值	300 μF/个

5.2.2　庞巴迪系统(庞巴迪公司)

HXD2C 型电力机车(庞巴迪系统)的辅助电路主要由辅助电源电路、辅助供电电路和 220 V 辅助负载电路组成,与东芝系统机车相比,除辅助电源电路略有差异外,辅助供电电路和220 V 辅助负载电路完全相同。HXD2C 型电力机车(庞巴迪系统)的辅助电源电路采用 DC-AC 的变换模式实现电源的变换输出,从牵引变流系统中间回路取 2 800 V 直流电压,经逆变回路转为三相交流电源,再通过滤波柜内的降压变压器和滤波电容输出稳定的三相交流电源。辅助电源电路原理如图 5.4、图 5.5 所示。

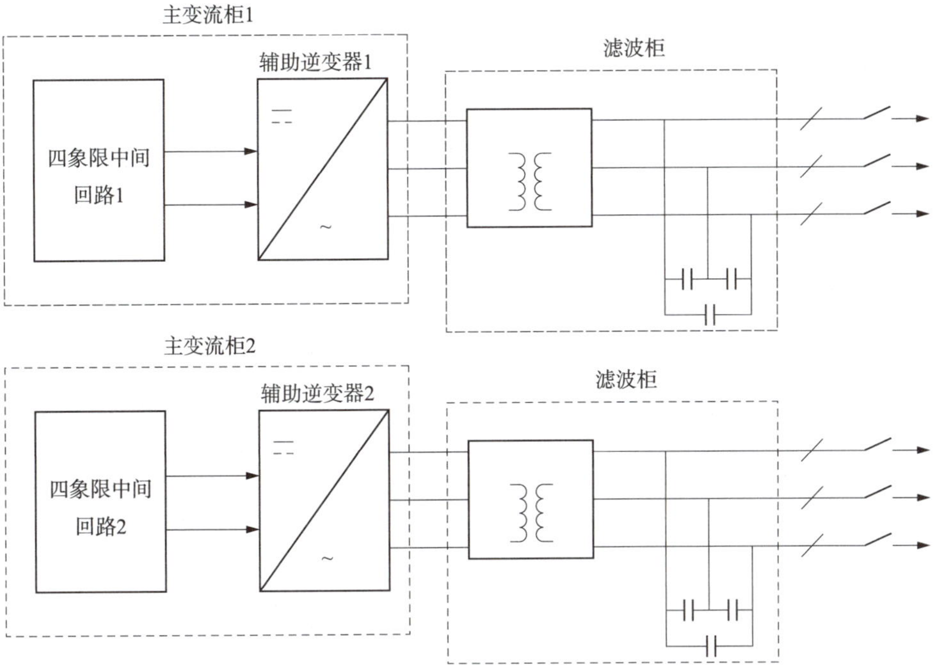

图 5.4　辅助电路图 1

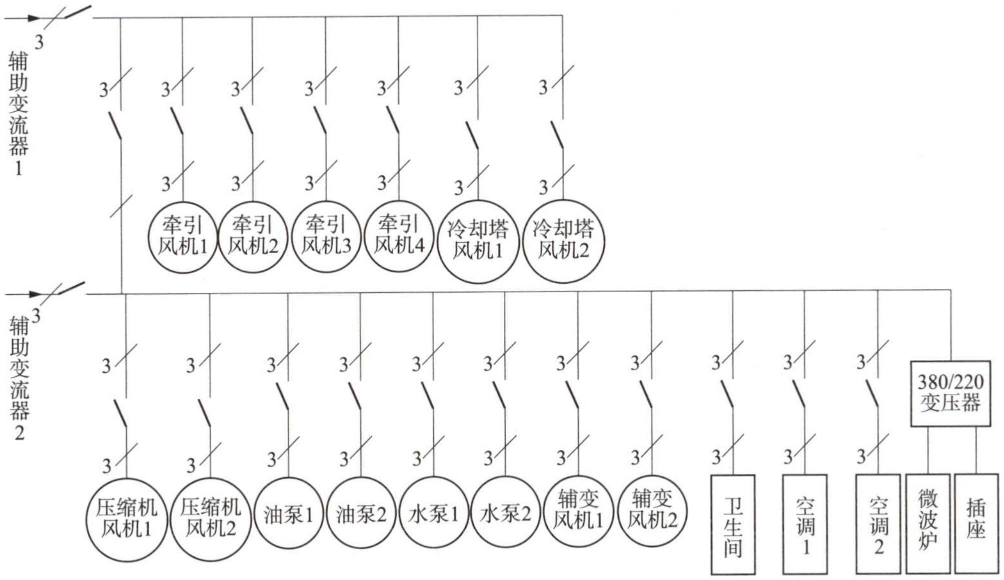

图 5.5　辅助电路图 2

机车有 2 组辅助变流器，分别集成在牵引变流柜中，采用 DC-AC 变换，其输入取自牵引变流器的中间电路。在正常情况下，辅助变流器 1 工作在 VVVF 方式，辅助变流器 2 工作在 CVCF 方式，分别为机车辅助电动机供电。当某一套辅助变流器发生故障时，不需要切除任何辅助负载，另一套辅助变流器可以按照 CVCF 方式给整车的所有负载供电。辅助变流器 2 的输出还经三相变压器将电压变为 AC 220 V，给微波炉和司机室插座提供 220 V 电源，保证供电的可靠性。

5.2.2.1　辅助变流器结构

HXD2C 型电力机车(庞巴迪系统)辅助变流器集成在牵引变流柜中，辅助变流器和牵引变流器共用一个变流柜骨架。结构和组成如图 5.6 所示。

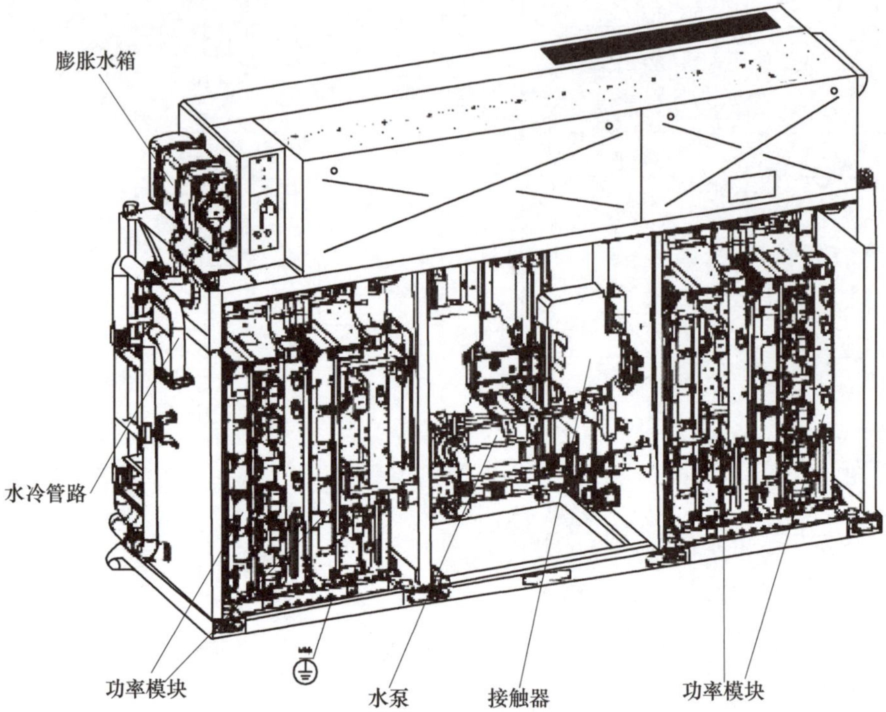

图 5.6　变流柜设备配置

5.2.2.2　辅助变流器参数

额定输入电压	DC 2 800 V
额定输入电流	DC 85 A
输出电压谐波含量(滤波后)	≤5%
电压最大变化率	500 V/μs
尖峰电压	≤1 000 V
全谐波畸变率(THD)	≤8%

VVVF 辅助变流器主要技术参数：

输出电压	三相 3.8～380 V
输出频率	0.5～50 Hz
额定输出容量	230 kV·A
波形	正弦波

CVCF 辅助变流器主要技术参数：

输出电压	三相 380 V
输出频率	50 Hz
额定输出容量	230 kV·A
波形	正弦波

5.2.2.3　滤波柜结构

HXD2C 型电力机车(庞巴迪系统)装有两台滤波柜,每台滤波柜内集成有一台带次边漏感的三相变压器和一台三相滤波电容器。辅助逆变器输出 PWM 电源经过变压器进行降压,然后由变压器的集成漏感和滤波电容组成的低通滤波器滤除 PWM 电源中的谐波分量,输出三相准正弦电源。滤波柜的外形结构如图 5.7 所示。

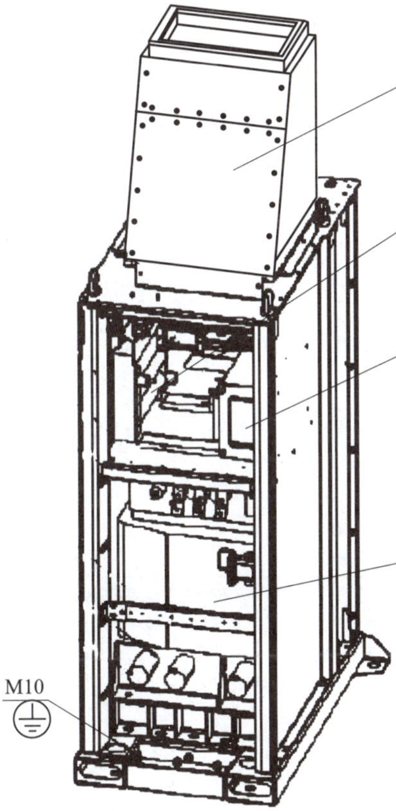

图 5.7　滤波柜组成和结构

5.2.2.4　滤波柜参数

额定输入电压	AC 1 295 V
额定输出电压	三相 3.8～380 V
输出频率	0.5～50 Hz
额定输出容量	230 kV·A
波形	正弦波
全谐波畸变率(THD)	≤8%

冷却方式　　　　　　　　强迫风冷
通风风量　　　　　　　　0.5 m^3/s

5.2.3 北车心系统(永济新时速公司)

HXD2C 型电力机车(北车心系统)的辅助电路主要有辅助电源电路、辅助供电电路和 220 V 辅助负载电路。辅助电路中的电器件主要有辅助变流器(与牵引变流器一体)、滤波柜辅助机组等组成。该系统采用冗余设计,保障了机车的正常运用。北车心系统辅助电路与东芝系统辅助电路相比,除辅助电源电路略有差异外,辅助供电电路和 220 V 辅助负载电路完全相同,同庞巴迪辅助电路相比,电路结构相同,具体电气原理如图 5.4、图 5.5 所示。

HXD2C 型电力机车(北车心系统)的辅助电源电路采用 DC-AC 的变换模式实现电源的变换输出,从牵引变流系统中间回路取 2 800 V 直流电压,经逆变回路转为三相交流电源,再通过滤波柜内的降压变压器和滤波电容输出稳定的三相交流电源。

机车有 2 组辅助变流器,分别集成在牵引变流柜中,采用 DC-AC 变换,其输入取自牵引变流器的中间电路。机车正常运行时,辅助变流器 1 工作在 VVVF 方式,辅助变流器 2 工作在 CVCF 方式,分别为机车辅助电动机供电。当某一套辅助变流器发生故障时,不需要切除任何辅助负载,另一套辅助变流器可以按照 CVCF 方式给整车的所有负载供电。辅助变流器 2 的输出还经三相变压器将电压变为 AC 220 V,给微波炉和司机室插座提供 220 V 电源,保证供电的可靠性。

5.2.3.1 辅助变流器结构

北车心系统辅助变流器集成在牵引变流柜中,辅助变流器和牵引变流器共用一个变流柜骨架。结构和组成如图 5.8 所示。

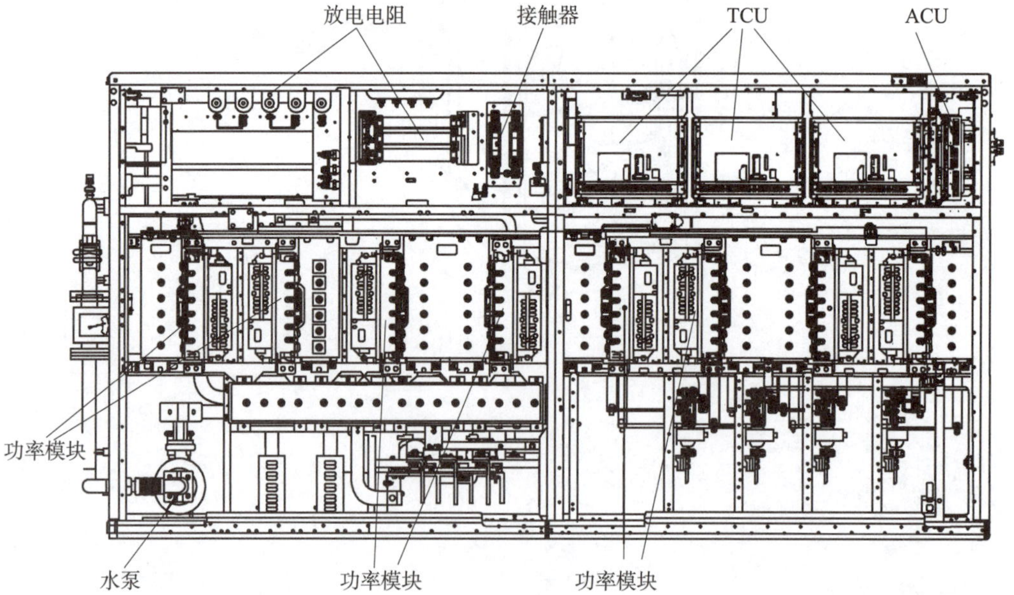

图 5.8 变流柜组成和结构

5.2.3.2 辅助变流器参数

变换模式	DC-AC
标称容量	230 kV·A
最大容量	250 kV·A
标称输入电压	DC 2 800 V
最高输入电压	DC 3 200 V
CVCF 输出电压	380 V/50 Hz
VVVF 输出电压	0～380 V
VVVF 输出频率	0.2～50 Hz
开关频率	750 Hz
输出电压谐波含量 THD	≤5%
电压不平衡率	<5%
电压最大变化率	500 V/μs
尖峰电压	≤1 000 V
冷却方式	强迫水循环风冷

5.2.3.3 滤 波 柜

每台机车有一个滤波柜，每个滤波柜由两组完全相同的滤波电路组成，共用一个冷却风机进行冷却。辅助逆变器输出 PWM 电源经过变压器进行降压，然后由变压器的集成漏感和滤波电容组成的低通滤波器滤除 PWM 电源中的谐波分量，输出三相准正弦电源。滤波柜的外形结构如图 5.9 所示。

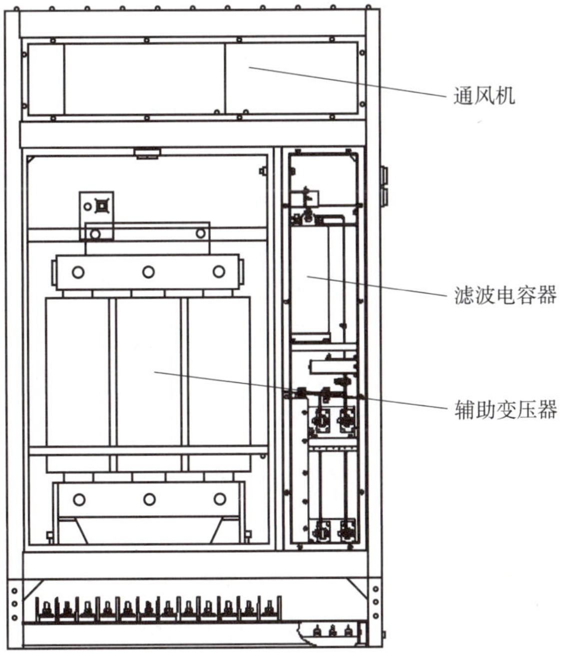

图 5.9 滤波柜外形

5.2.3.4 滤波柜参数

额定输入电压	AC 1 295 V
额定输入电流	AC 105 A
最大输入电流	AC 155 A
额定输出电压	AC 380 V
额定输出电流	AC 350 A
最大输出电流	AC 524 A
标称容量	230 kV·A
最大容量	250 kV·A
短路电压	20%
效率	≥97%
绝缘等级	A
联结组别	Dyn-11
冷却方式	强迫风冷

5.3 充电机柜

5.3.1 充电机柜电气技术参数

HXD2C 型电力机车采用 TGY06 型充电机柜，其主要技术参数如下：

额定输入电压	AC $220\times(1^{+25\%}_{-30\%})$ V/50 Hz
快速充电电压	DC $115.2\times(1\pm1\%)$ V
浮充电压	DC $108.0\times(1\pm1\%)$ V
DC 110 V 输出功率	4×2.5 kW
DC 24 V 输出功率	2×400 W

5.3.2 充电机柜原理说明

充电机柜主要有两个部分的功能，一个是为机车内部电器提供控制电压，即充电机功能，AC/DC 模块将单相交流 220 V 电源变为直流 110 V 电源，为机车提供 110 V 电源，并为蓄电池组充电，同时充电机柜上的 DC/DC 模块将机车上的直流 110 V 电源变为直流 24 V 电源，为应急灯、仪表等设备提供电源；充电机柜的另外一个功能是针对 110 V 输出和 24 V 输出进行一定的低压配电。充电机柜功能如图 5.10 所示。

5.3.3 充电机柜构造说明

充电机柜上半部分由 4 个 AC/DC 充电模块、1 个监控单元以及 2 个对外输出连接器组成。每个 AC/DC 充电模块为 DC 110 V/22.5 A，即充电机柜的总容量为 DC 110 V/90 A。相对独立的 110 V 充电模块并联输出，并保证了输出的均流，使得该充电机柜完全不同于传统的集中式充电机柜：第一，模块式组合电源柜大大延长了平均故障间隔时间，部分模块的损坏不会导致整个充电机瘫痪，提高了充电系统的可靠性；第二，模块式组合充电机柜可缩短平均修复时间，维修方便，只需更换故障模块。DC/DC 模块将输入的 110 V 同样经过高频开关稳压方式输出 DC 24 V，内部有两个相对独立的转换系统，这两个系统同样是并联输出，满足机车上 24 V 负载的使用，两个转换系统互为热备份，提高了工作的可靠性。此外监控单元将主要负责对 110 V 模块、24 V 模块进行管理，提供状态显示、故障记录、故障查询、充电管理等功能。

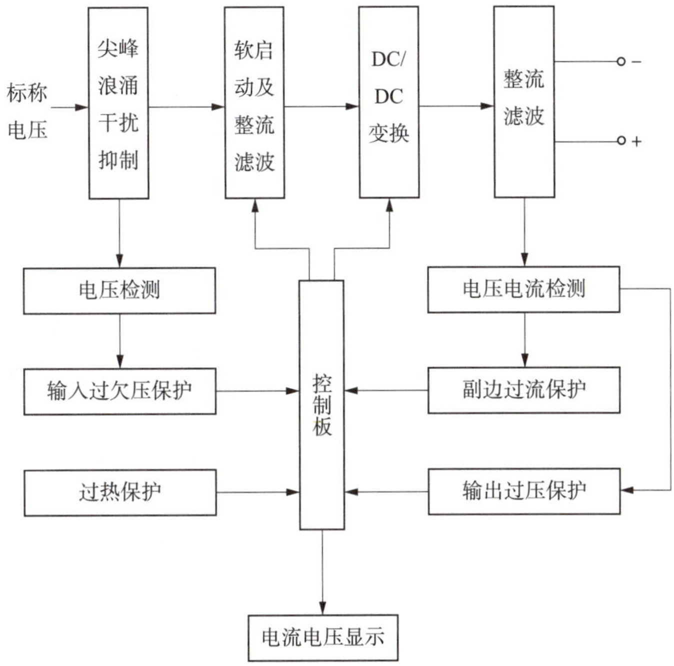

图 5.10 充电机柜功能框图

充电机柜的下方主要是低压配电部分和 24 V 电源，提供 110 V 输出电压配电、24 V 输出电压配电等功能，包括安装在柜门上的对外输出断路器、安装在柜内的电器装配组件，在电器装配组件的最下方还有专供外部大线接线所用的接线端子。

5.4 蓄电池柜

每台机车有三个蓄电池柜，蓄电池柜一、蓄电池柜二及蓄电池柜三联合起来为机车升弓和升弓前机车用电，如为照明、通风、控制、信号等提供稳定的直流电源。

5.4.1 技术参数

标称电压	96 V
最低电压	77 V
最高电压	137.5 V

5.4.2 工作原理

HXD2C 型电力机车采用阀控式免维护铅酸蓄电池作为控制系统启动和后备电源，每节蓄电池标称电压 2 V，容量为 170 A・h。每节车上装有 48 节蓄电池串联，标称电压 96 V，采用浮充电方式工作。机车中的 48 节单体蓄电池串联相接组成机车控制电路所需的 96 V 直流电源系统，其额定安时量仍为单体安时量，即 170 A・h。

5.4.3 构造说明

蓄电池柜一安装一个控制面板和 15 个蓄电池，如图 5.11 所示。

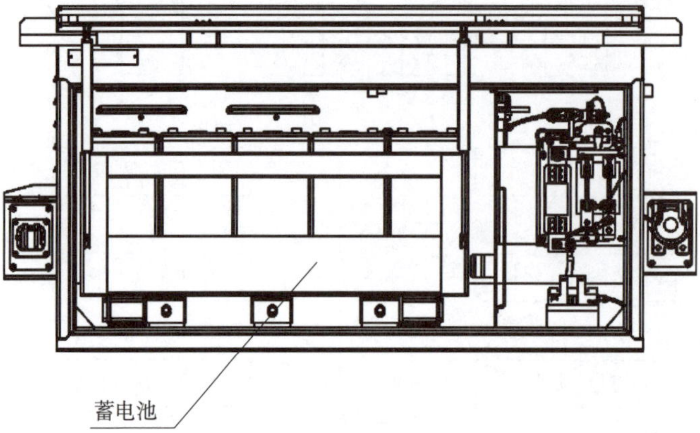

图 5.11　蓄电池柜一

蓄电池柜二安装 21 个蓄电池，如图 5.12 所示。

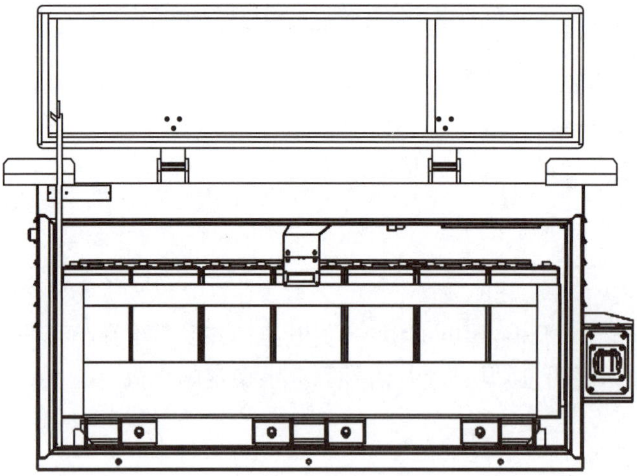

图 5.12　蓄电池柜二

蓄电池柜三安装 12 个蓄电池，如图 5.13 所示。

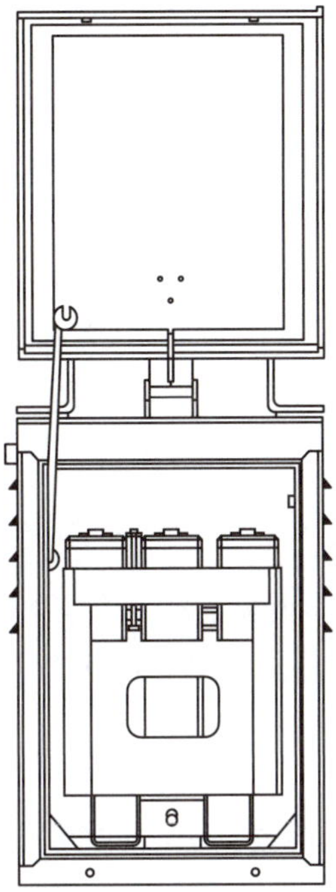

图 5.13　蓄电池柜三

5.5　辅助机组

三相负载机组主要是由风机类负载组成，主要包括 4 台牵引通风机组、2 台冷却塔风机组。

5.5.1　牵引通风机组

牵引通风机组的主要作用是冷却牵引电机，以保证其正常工作和运行。

5.5.1.1　牵引通风机组技术参数

风量	2.9 m^3/s
风压	3 800 Pa
额定转速	2 950 r/min
额定轴功率	16.6 kW
额定电压	400 V
电机额定效率	87%
电机功率因数	0.87
电机极数	2 极
绝缘等级	H 级
质量	245 kg

5.5.1.2　牵引通风机组结构

牵引通风机组由一台 YT200L1-2/FVF200W-2 型电动机驱动，外形如图 5.14 所示。

5.5.1.3 牵引通风机组基本原理

牵引通风系统采用独立通风方式，在机车机械间内前后各设两台牵引通风机组，由一台牵引通风机组电动机驱动一台离心通风机。

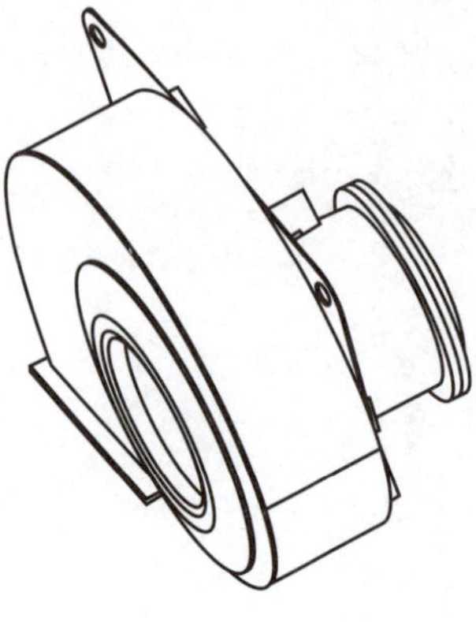
图 5.14 牵引通风机组外形

离心式通风机主要由叶轮、蜗壳和集流器、电动机等组成。蜗壳为焊接结构，又称螺线形机壳。叶轮选用焊接结构，由叶片、前轮盘、后轮盘焊成一体，然后与轮毂铆接而成，安装在蜗壳内，叶片型式为直线形后向叶片，由 3 mm 钢板冲压成型，共 12 片。

牵引通风机组电动机由定子、转子、端盖等组成。机座采用焊接结构，端盖采用铸件，传动端轴承采用 6310-2RS1/C3WT，非传动端轴承采用 6310-2RS1/C3WT。

叶轮在蜗壳内通过锥轴直接装在电机轴上，并用锁紧垫与螺栓连接紧固，蜗壳通过电动机法兰盘与电机连接起来。

5.5.2 冷却塔风机组

冷却塔风机组的主要作用是给冷却塔散热器进行散热，以保证牵引变压器和牵引变流器的正常工作和运行。

5.5.2.1 冷却塔风机组技术参数

风量	6.5 m^3/s
风压	1 570 Pa
额定转速	2 945 r/min
额定轴功率	20 kW
额定电压	380 V
电机额定效率	91.7%
电机功率因数	0.863
电机极数	2 极
绝缘等级	F 级
质量	274 kg

5.5.2.2 冷却塔风机组结构

冷却塔风机组主要由叶轮、风筒、电动机、接线盒等组成。风筒采用焊接结构。叶轮采用 ZL104 铝铸造结构。外形如图 5.15 所示。

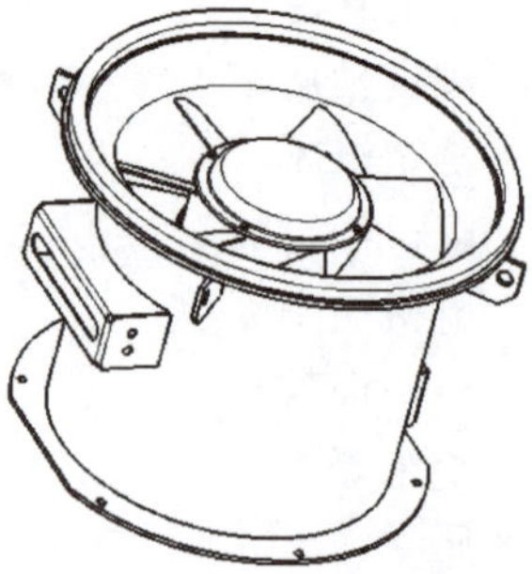
图 5.15 冷却塔风机组外形

5.5.2.3 冷却塔风机组基本原理

冷却塔通风系统采用独立通风方式，在机车机械间内前后各设一台冷却塔风机组，由一台冷却塔风机组电动机驱动一台轴流通风机。

轴流通风机主要由叶轮、风筒、电动机、接线盒等组成。风筒采用焊接结构。叶轮采用 ZL104 铝铸造结构。

叶轮在蜗壳内通过键连接装在电机轴上，并用锁紧垫与螺栓连接紧固。

冷却塔风机组电动机由定子、转子、端盖、轴承等组成。机座采用焊接结构，侧面有引出线，端盖采用铸件。三相绕组为 Y 形联结，轴承采用 6309-2RS1/C3WT。

5.6 机车照明

5.6.1 机车外部照明

前照灯、辅助照明灯、标志灯安装位置示意如图 5.16 所示；底架照明灯安装在机车底架下部。

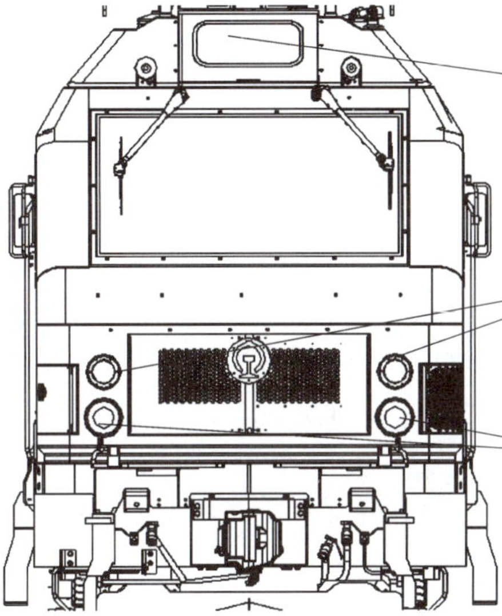

图 5.16 前照灯、辅助照明灯和标志灯布置

5.6.1.1 前 照 灯

前照灯选用双氙灯，安装于机车两端司机室的顶部。为机车安全行驶提供必要的照明。

前照灯由两组氙灯单元、安装板、调节螺母柱等部件构成。安装板是将灯具安装在机车上的部件；调节螺母柱是用来调节氙灯单元照射方向的装置，可进行水平方向、垂直方向的调节；机车得电后，通过司机室的开关装置，前照灯可实现强光、弱光的相互转换。主要技术参数如下：

光源	氙灯
灯泡平均寿命	≥2 500 h
额定工作电压	DC 110 V
额定功率	2×50 W
发光强度	基准轴上的发光强度≥2 000×10^3 cd

5.6.1.2 标志灯及辅助照明灯

标志灯及辅助照明灯布置在机车的司机室前端导流罩的左右两侧，如图 5.16 所示。其中辅助照明灯用于机车近距离照明，外形如图 5.17 所示。标志灯呈红色，为机车提供信号，标志灯外形如图 5.18 所示。

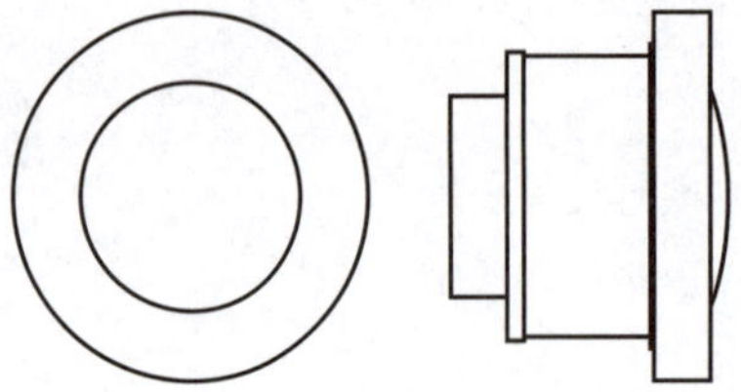

图 5.17　辅助照明灯外形

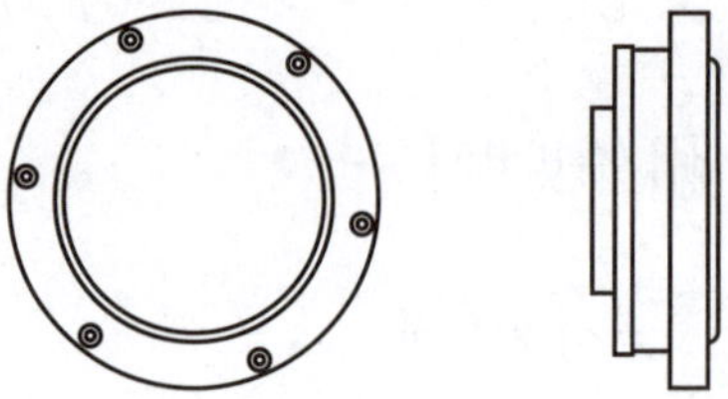

图 5.18　前标志灯外形

标志灯主要技术参数：

额定电压	DC 110 V
电压适应范围	DC 77～137 V
光源	LED
在光轴上的发光强度	＞15 cd

辅助照明灯主要技术参数：

额定电压	DC 24 V
电压适应范围	DC 18～31 V
光源	卤素 H4 灯泡
在光轴上的发光强度	12 000～18 000 cd

5.6.1.3　底架照明灯

底架照明灯安装在机车底架下部，为检查、修理底架下部设备提供照明，其外形如图 5.19 所示。

主要技术参数：

额定工作电压	DC 110 V
电压适应范围	77～137 V
功率	13 W
光源	节能灯管
灯泡平均寿命	不低于 2 000 h
光照范围	≥2 m

5.6.2　机车内部照明

5.6.2.1　司机室顶灯

司机室顶灯外形为长方形，嵌入式吸顶安装，如图 5.20、图 5.21 所示。

5.6.2.2　阅 读 灯

阅读灯安装在司机室顶棚上。主要用于不妨碍阅读照明且需要光线集中照射和光线可调节的地方。阅读灯的外形如图 5.22 所示。

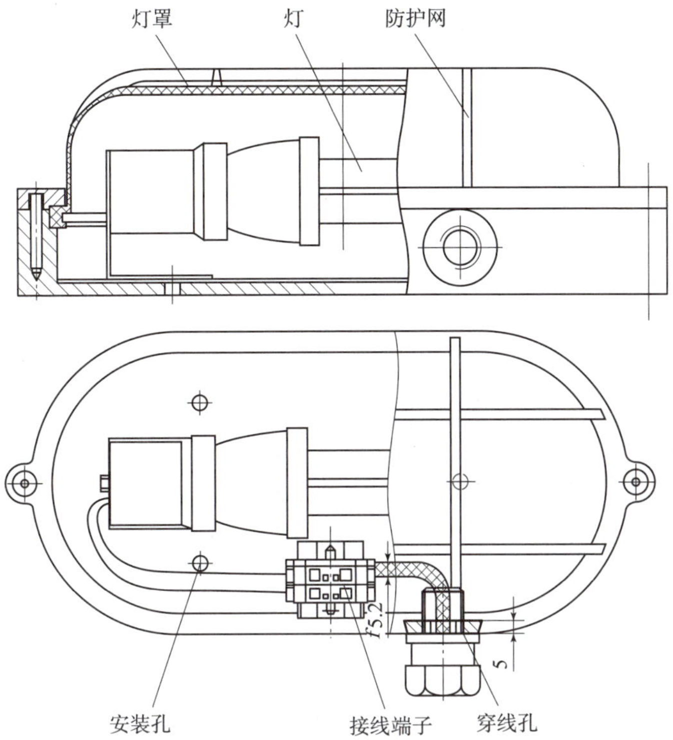

图 5.19 底架照明灯结构

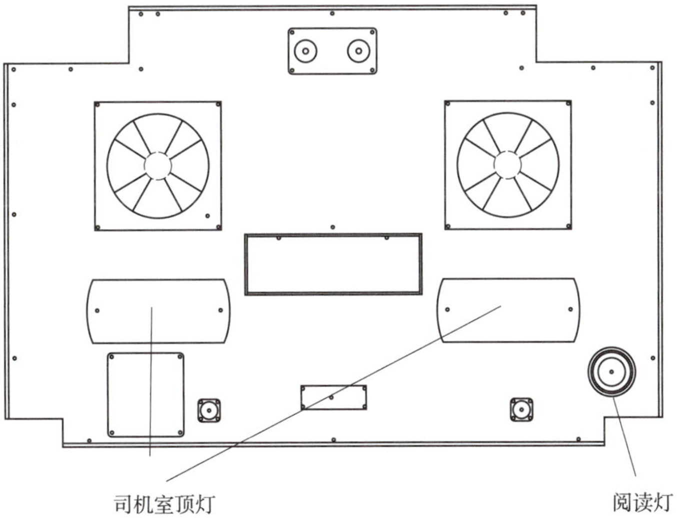

图 5.20 司机室照明设备在司机室天花板位置

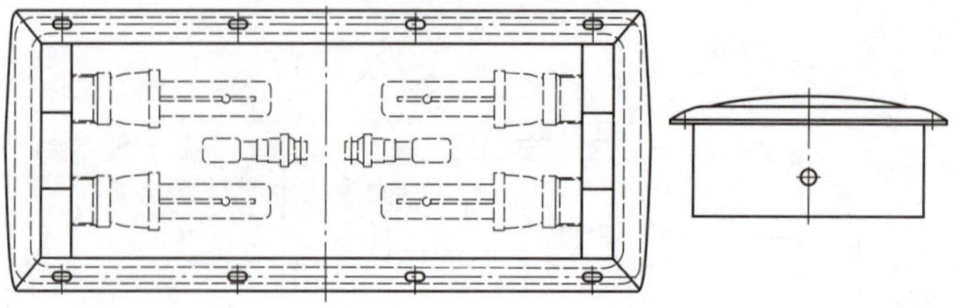

图 5.21　司机室顶灯的外形

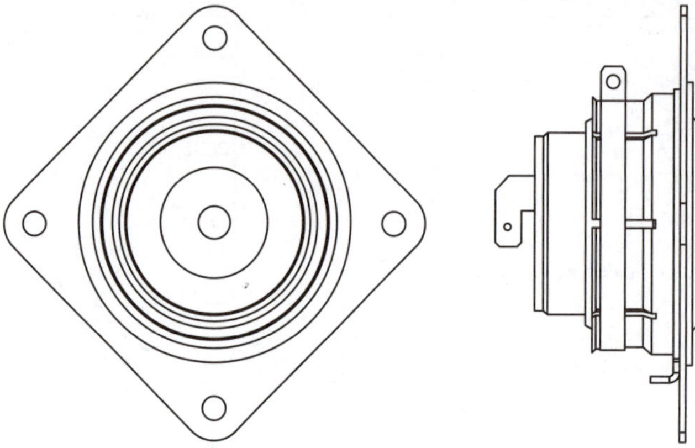

图 5.22　阅读灯的外形

主要技术参数：

司机室顶灯	DC 110 V/46 W
阅读灯	DC 24 V/3 W

5.6.2.3　机械间照明灯

机械间照明灯安装在顶盖下部以及生活间的顶部，主要用于车内机械间走廊照明和生活区照明。机械间照明灯外形如图 5.23 所示。

主要技术参数

型号	DP-4
额定电压	DC 110 V
电压适应范围	77～137.5 V
额定功率	2×13 W
光源	节能灯管

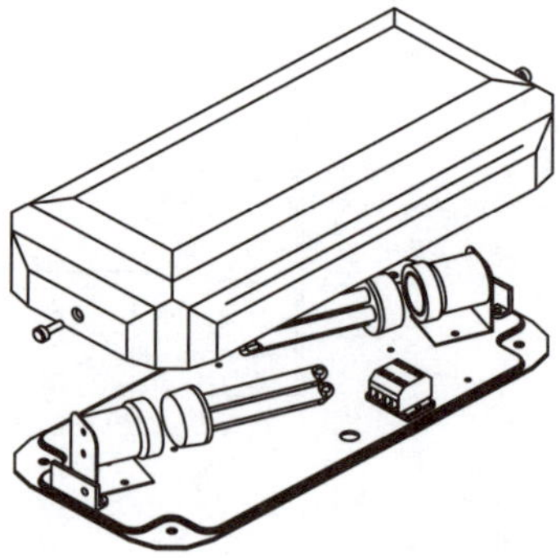

图 5.23　机械间照明灯的外形

5.7　辅助电器

5.7.1　卫 生 间

卫生间布置在机械间内，采用先进的微机控制技术，用于收集和暂存人体排泄物，卫生间内部还装有洗手台、镜子、脚炉等，为司乘人员提供一个舒适的环境。

5.7.1.1　卫生间技术参数

产品型式	压力冲水式集便器整体卫生间
主电源单相	AC 220 V/50 Hz，功率 2.5 kW
控制电源	DC 110 V，功率 2 kW
气源	0.75～1 MPa
水箱容积	50 L
污物箱容积	60 L
每次冲洗耗水量	0.6～1 L
冲洗时间	不大于 10 s

5.7.1.2　卫生间结构

整体卫生间由箱体和内部设备组成。箱体外部是用复合板制成，内部用玻璃钢制成。箱体外部安装有门、控制面板、排气扇和灯开关等。箱体内部有压力冲水式坐便器、不锈钢污物箱、不锈钢水箱、玻璃钢洗手池、灯、加热器等组成。

卫生间下部的污物箱内有温控器和加热棒。当污物箱的温度小于 3 ℃时加热棒开始自动加热，当温度大于 8 ℃自动停止加热。排污管和上水管包有拌热线。当车外温度低于 3 ℃时，可按下卫生间的手动加热按钮，拌热线给排污管和上水管加热，使排污管和上水管的温度保持在 3～10 ℃之间。排污管接口是铁路上使用的标准排污接头（符合 DIN2828），使排污快捷和方便。上水管接口是铁路上使用的标准上水接头（符合 TB/T 112 标准），使上水方便。卫生间箱体外部是复合板，内部为白色玻璃钢，明亮干净，清洗容易。

卫生间内安装有一个电压 AC 220 V、功率 1 000 W 的暖风机，供卫生间取暖。卫生间箱体侧部开有检修门，使整个卫生间检修方便。卫生间结构如图 5.24 所示。

5.7.2　冷藏箱、微波炉

为适应长大交路运输的需要，HXD$_{2C}$ 型电力机车上还配备了冷藏箱、微波炉，冷藏箱、微波炉安装在机械间，冷藏箱采用 DC 110 V 供电，微波炉采用 AC 220 V 供电。

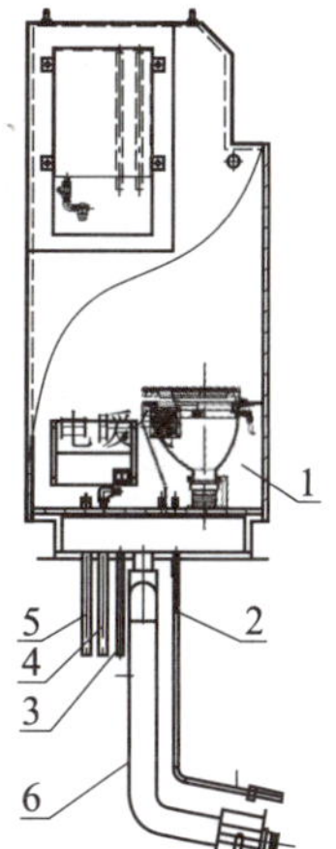

图 5.24　卫生间结构

1—整体卫生间；2—上水管；3—污物溢流管；4—排水管；5—水箱溢流管；6—排污管

5.8　典型故障分析及处理

辅助变流器故障时：

5.8.1　故障说明

机车运行过程中，司机显示屏显示“APU1 或 APU2 辅助变流器故障”。

5.8.2　故障分析

引起“APU1 或 APU2 辅助变流器故障”故障的原因主要包括：辅助变流器实际发生故障

不能工作、某个辅助负载发生接地或其他线路故障引起辅助变流器保护。

5.8.3 处理方法

(1)微机屏显示 APU1 或 APU2 故障,但机车实际运行正常,此种情况不做处理维持机车运行,在下一站点进行故障处理。

(2)微机屏显示 APU1 或 APU2 故障,导致主断路器断开不能重新闭合情况,根据微机屏显示切除 APU1 或 APU2,检查机车若能闭合主断路器正常运行,则维持运行。

(3)微机屏切除故障 APU1 或 APU2,机车依然不能闭合主断路器正常运行时,断开微机柜 APU1 和 APU2 自动开关 30 s 后再闭合,检查机车能否闭合主断路器正常运行。

(4)机车仍不能恢复正常时考虑辅助负载故障,采取逐个切除各个辅机及相关用电设备来判断故障位置,确定故障位置后切除相应的故障负载维持运行。

(5)以上操作均不能排除故障时,断开蓄电池闸刀开关 30 s,重新上电检查机车运行状况。

6 通风、冷却系统

6.1 概　　述

通风冷却系统是电力机车上一个重要部分，它的主要作用是对机车上需要进行散热的电气设备（或热交换器）进行强迫通风冷却，使其工作温度在许可范围内，从而保证机车的可靠工作。

司机室空调通风系统的作用是为司机提供一个舒适的工作环境。

6.2 机车通风方式

机车采用独立通风系统，整车通风系统主要有 6 种通风支路：牵引电机通风系统、冷却塔通风系统、滤波柜通风系统、机械间通风系统、压缩机通风系统、司机室空调通风系统。

装用东芝系统的机车通风系统如图 6.1 所示，装用庞巴迪系统的机车通风系统如图 6.2 所示，装用北车心系统的机车通风系统如图 6.3 所示。

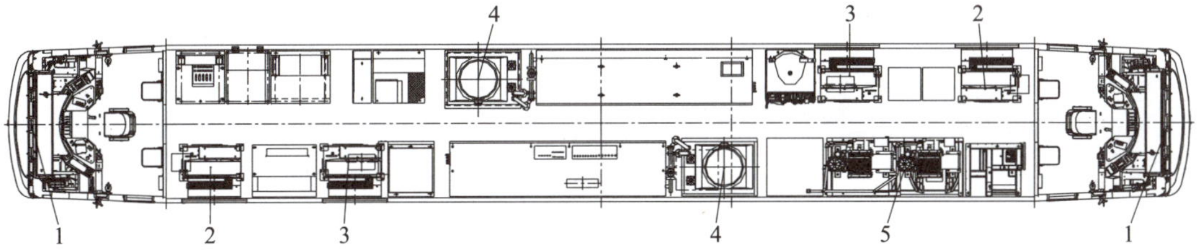

图 6.1　通风系统示意（装用东芝系统机车）

1—司机室空调通风系统；2—牵引电机通风系统＋机械间通风系统；3—牵引电机通风系统；4—冷却塔通风系统；5—压缩机通风系统

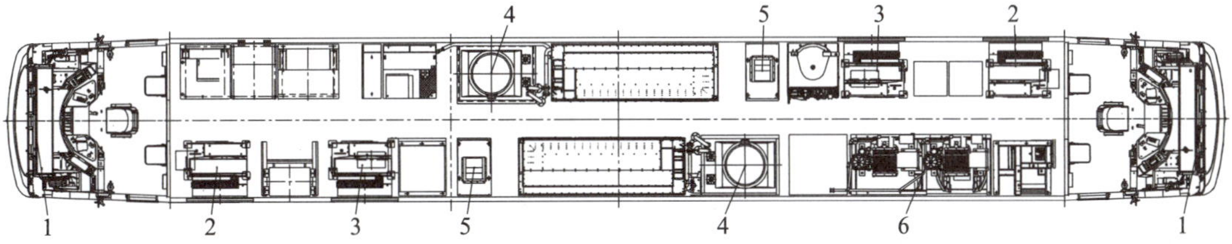

图 6.2　通风系统示意（装用庞巴迪系统机车）

1—司机室空调通风系统；2—牵引电机通风系统＋机械间通风系统；3—牵引电机通风系统；4—冷却塔通风系统；5—滤波柜通风系统；6—压缩机通风系统

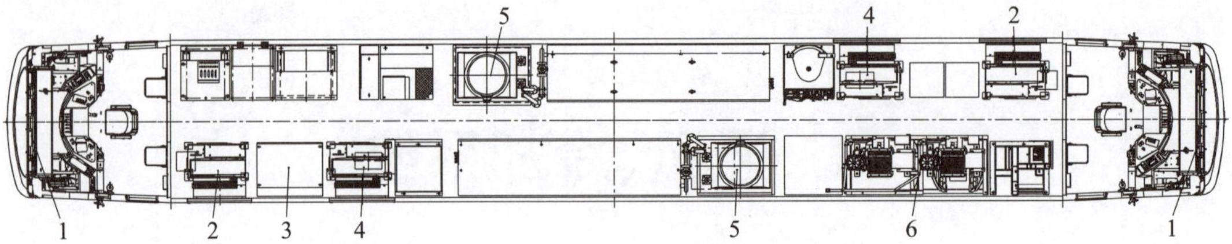

图 6.3　通风系统示意(装用北车心系统机车)

1—司机室空调通风系统;2—牵引电机通风系统+机械间通风系统;3—滤波柜通风系统;
4—牵引电机通风系统;5—冷却塔通风系统;6—压缩机通风系统

6.2.1　牵引电机通风系统

牵引电机通风系统主要用于冷却机车牵引电机,整车共有 6 个牵引电机,在机车机械间内前后斜对称各设两台牵引通风机,其中 1、4 位牵引通风机分别给 1、6 位牵引电机进行冷却,2、3 位牵引通风机分别给 2 和 3 位牵引电机及 4 和 5 位牵引电机进行冷却。

牵引电机通风系统冷却空气的走向如下:

车外空气→车体侧墙百叶窗→过渡风道→牵引通风机→风机支架风道→软风道→牵引电机→车底大气。

牵引电机通风系统如图 6.4 所示。

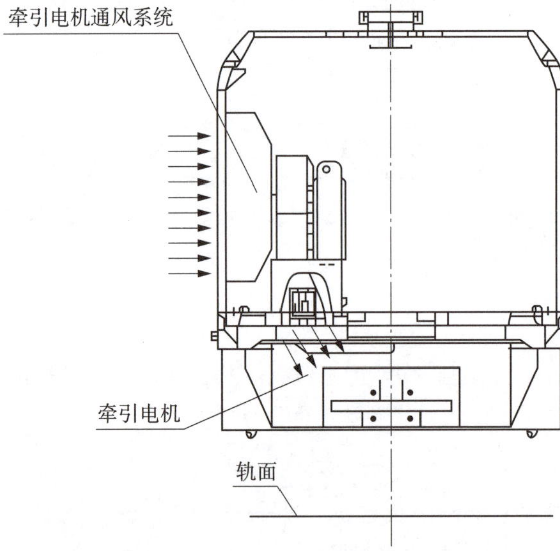

图 6.4　牵引电机通风系统示意

牵引通风机由辅助变流器提供变频、变压电源。机车控制系统根据牵引电机的温度,自动调节其运行电压和频率,来改变风机的转速,以使风量适合于牵引电机当时的冷却需要。

6.2.2 冷却塔通风系统

冷却塔通风系统主要通过油、水等传热介质冷却机车牵引变流器和牵引变压器。

冷却塔通风系统冷却空气的走向如下：

车外空气→车顶通风口过滤网→冷却塔风机→板翅式复合散热器→车底大气。

冷却塔通风系统如图 6.5 所示。

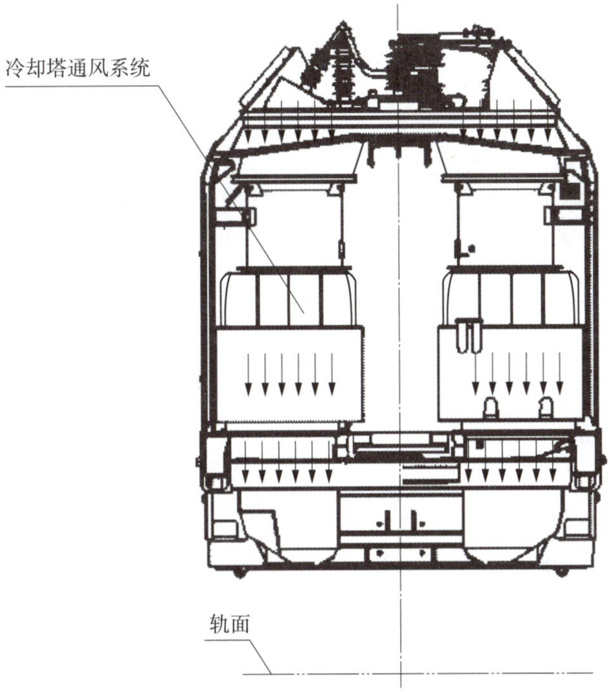

图 6.5 冷却塔通风系统示意

冷却塔风机由辅助变流器提供变频、变压电源。机车控制系统根据牵引变压器支路的油温和牵引变流器支路的水温，自动调节其运行电压和频率，来改变风机的转速，以使风量适合于牵引变压器和牵引变流器当时的冷却需要。

6.2.3 滤波柜通风系统（装用庞巴迪系统机车）

滤波柜通风系统采用独立通风方式，每台机车在机械间安装 2 台滤波柜，滤波柜通风机将空气从车顶百叶窗吸入，经过渡风道进入滤波柜，冷却发热元器件后，排向车下大气。滤波柜通风系统冷却空气的走向如下：

车外空气→车顶百叶窗→车顶风道→滤波柜→车体台架风道→车底大气。

滤波柜通风系统如图 6.6 所示。

6.2.4 滤波柜通风系统（装用北车心系统机车）

滤波柜通风系统有两种通风模式：夏季散热模式、冬季保温模式。

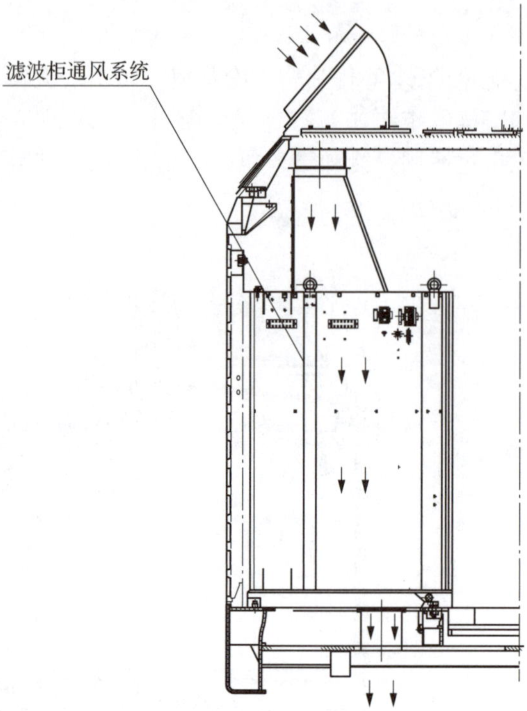

图 6.6　滤波柜通风系统示意

滤波柜通风系统夏季散热通风模式时，空气的走向如下：

夏季：车内空气→滤波柜→滤波柜风机→车顶风道→车顶防雨罩→车外大气。

滤波柜通风系统冬季保温通风模式时，空气的走向如下：

冬季：车内空气→滤波柜→滤波柜风机→机械间。

滤波柜通风系统如图 6.7 所示。

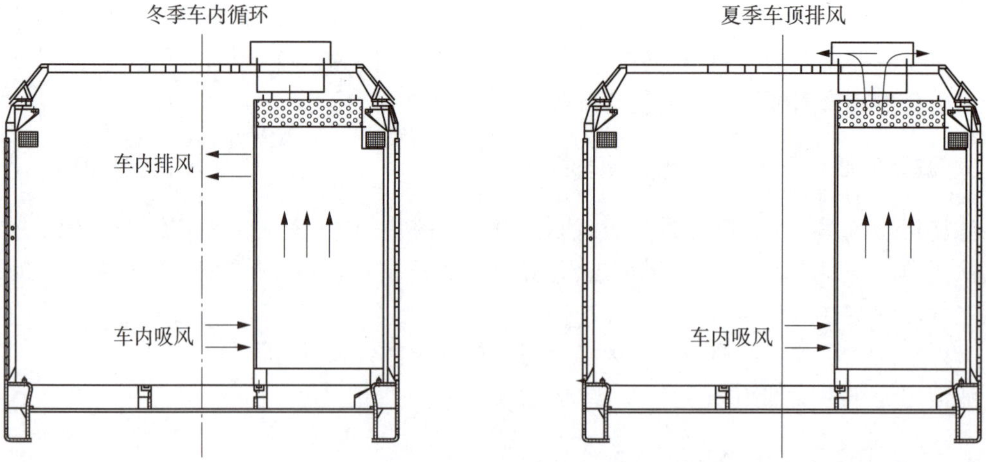

图 6.7　滤波柜通风系统示意

6.2.5　机械间通风系统

机械间通风系统采用独立通风方式，在1位、4位牵引电机通风系统风道上设有旁风口。空气从侧墙百叶窗吸入，经过渡风道、旁风口、三级过滤器进入机械间，空气质量可达到G4级，从而给机械间补风，使机械间保持微正压。另外，在车体顶盖设有3个排风口，利用机械间内外压差将机械间内的空气排到车外，带走机械间热量并维持机械间压力平衡。可根据实际情况调节机械间补风口大小（调节风量）和顶盖排风口开启关闭的数量，以满足机械间用风需要。

机械间通风系统空气走向如下：

车外空气→车体侧墙百叶窗→过渡风道→通风机→三级过滤器→机械间。

机械间通风系统如图6.8所示。

6.2.6　压缩机通风系统

压缩机通风系统采用车内循环方式，压缩机电机轴上装有风扇，风扇将车内空气从进风口吸入，经压缩机散热后，再排到车内。

压缩机冷却空气的走向如下：

车内空气→压缩机风机→压缩机散热器→机械间。

压缩机通风系统如图6.9所示。

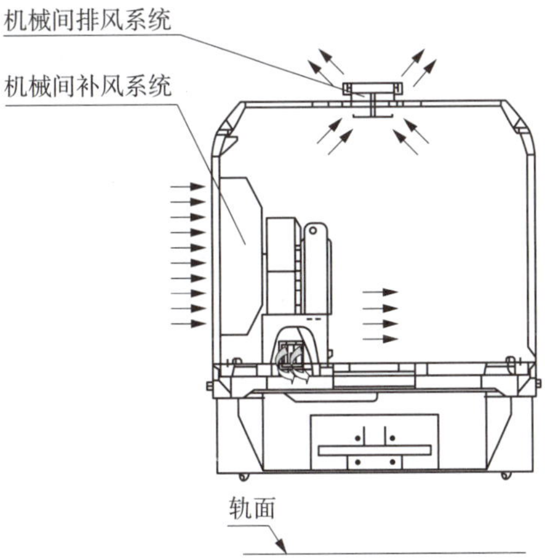

图6.8　机械间通风系统示意

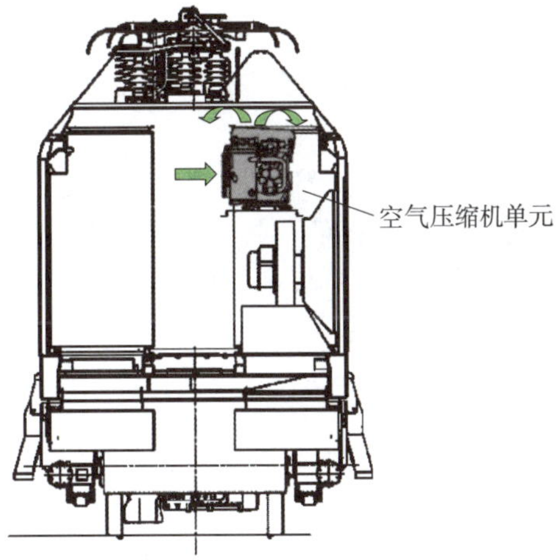

图6.9　压缩机通风系统示意

6.2.7　司机室空调通风系统

司机室空调机组位于司机室前端，空调通风支路有两个独立的空气支路：空气处理系统和压缩冷凝系统，即通常所说的室内空气循环和室外空气循环。

司机室空调通风系统如图6.10所示。

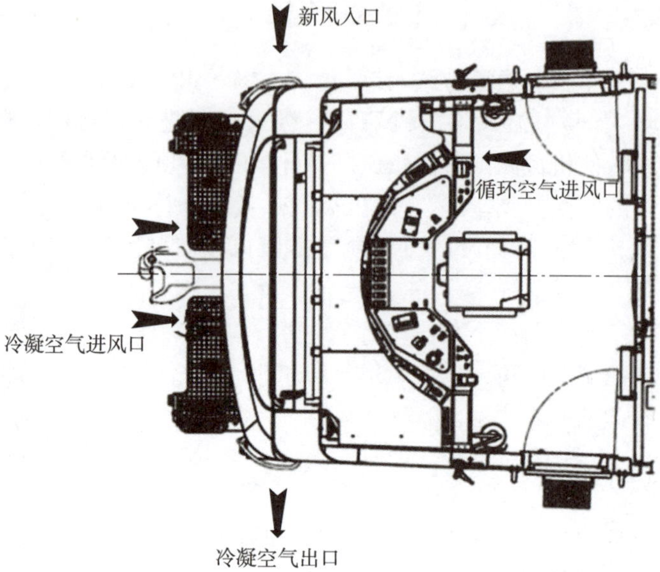

图 6.10　司机室空调通风系统示意

(1)室内空气循环

室内空气循环中,新鲜风从机车前鼻端一侧吸入,通过机组侧壁开口处进入空气处理单元,以保证司机室内空气新鲜;司机室回风通过操纵台上的空调软管,经机组侧壁开口处进入空气处理单元;新鲜风与回风的混合风经过空气过滤器、蒸发器及加热器由送风风机吸入,混合空气在一个内部风道中进行一定程度的压缩,并由机组后侧的送风口吹出至司机室,从而形成一个室内循环。

(2)室外空气循环

室外空气循环的空气从机车前鼻端中部进入,经空调主机单元的冷凝器后,被冷凝风机吸入机组,再由压缩冷凝单元底面上的出口被吹出,最后从前鼻端的另一侧排出车外。

(3)空调主要技术参数

制冷量	4.5 kW
制热量	6 kW
通风量	700 m^3/h ,480 m^3/h
新风量	≥60 m^3/h
噪声	≤78 dB(A)
电源	
压缩机、冷凝风机、电加热器	3 AC 400 V 50 Hz
控制回路、通风机	DC 24 V
机组外形尺寸	410 mm(宽)×540 mm(高)×1 348 mm(长)
机组质量	150 kg
输入功率	3.5 kV・A(制冷),6.5 kV・A(制热)

6.3　过滤除尘装置

过滤除尘装置是机车通风系统的一个重要组成部分。机车过滤除尘装置有侧墙百叶窗和车顶百叶窗两种。

侧墙百叶窗共设 4 组，安装在侧墙上，为牵引通风和机械间通风系统服务。车顶百叶窗共设 2 组，安装在顶盖滤波柜进风口处，为滤波柜通风系统服务。

6.3.1　侧墙百叶窗

侧墙百叶窗采用竖式结构，在其前部设有前部导流体，中间设有中部漩流体，后部设有后部出风体，下部设有沉积室，在沉积室的下部前方设有排尘排水口，外界空气在前部导流体的进风口处加速，加速后的灰尘和水滴因含有较高的冲量而进入中部漩流体和后部出风体并减速，由于本身的重力而下坠至沉积室，随即排出，实现免维护和自清洁。

侧墙百叶窗过滤原理如图 6.11 所示。

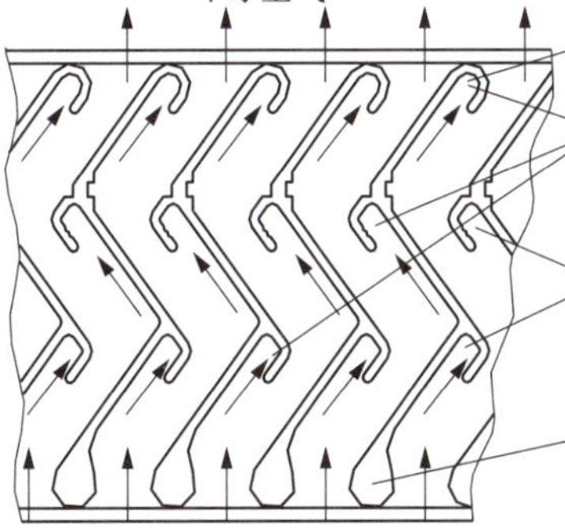

图 6.11　侧墙百叶窗过滤原理

侧墙百叶窗主要由框架、滤芯、不锈钢合页以及防开锁等组成，框架采用铝板压型焊接结构，滤芯主要由滤材、卡子、门楣等组成，滤芯通过铆钉固定在框架上。侧墙百叶窗采用不锈钢合页定位在车体侧墙通风口上，用锁固定，为防止其在开启状态自由摆动，在下部设有防开锁。

侧墙百叶窗结构如图 6.12 所示。

6.3.2　车顶百叶窗

每台滤波柜(装用庞巴迪系统机车)通风系统在车顶进风口处安装有车顶百叶窗，每台机车设有两组。

车顶百叶窗的过滤原理：进入风道的空气在进风件的风口处加速，加速后的灰尘和水滴因含有较高的冲量而进入过滤件 1 和过滤件 2 并减速，由于本身的重力而下坠至沉降室，排到车顶侧墙外侧。车顶百叶窗具有低压降、低噪声、免维护、重量轻的优点。车顶百叶窗原理如图 6.13 所示，车顶百叶窗结构如图 6.14 所示。

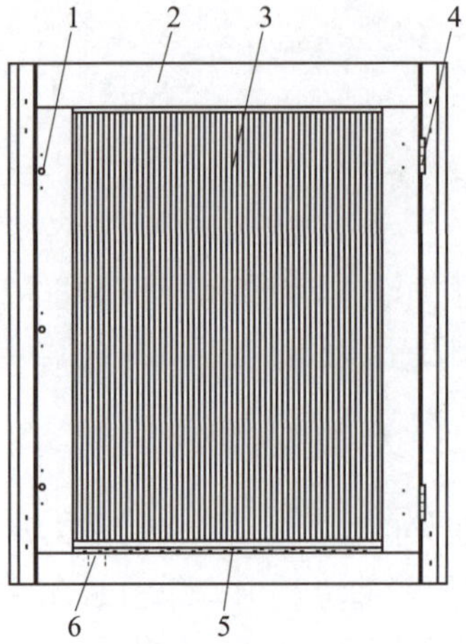

图 6.12　侧墙百叶窗结构

1—转舌锁；2—框架；3—滤芯；4—不锈钢合页；5—排尘排水口；6—防开锁

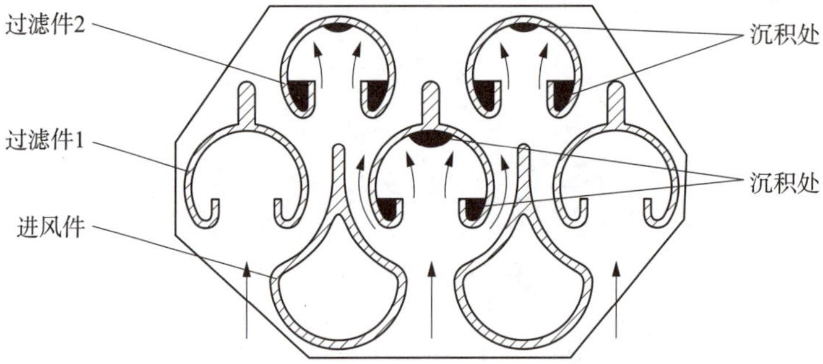

图 6.13　车顶百叶窗原理

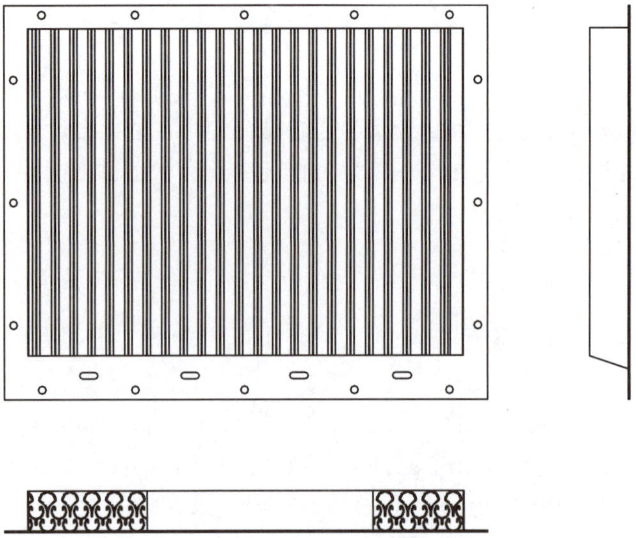

图 6.14　车顶百叶窗结构

6.4　典型故障分析及处理

冷却塔冷却回路异常时：

6.4.1　故障说明

机车运行过程中，冷却塔冷却回路散热不良，司机室显示屏显示“水压异常”、“油泵故障”或“冷却塔风机异常”。

6.4.2　故障分析

冷却塔冷却回路散热不良故障原因主要包括：水泵自身故障，致冷却液流量未达到额定值；膨胀水箱冷却液液位低；油泵自身故障，致油流量未达到额定值；膨胀油箱油位低；冷却塔风机自身故障，致空气流量未达到额定值；冷却塔散热器空气侧污染严重，增加空气侧系统阻力，致空气流量降低。

6.4.3　处理方法

（1）检查水泵有无渗漏，观察水泵是否运转正常，有无异音，有无异常振动，如有则进行更换。

（2）检查膨胀水箱冷却液液位，如果低于正常标记范围，应查明原因后补充冷却液，使液位在正常标记范围内。

（3）检查油泵有无渗漏，观察油泵是否运转正常，有无异音，有无异常振动，如有则进行更换。

（4）检查膨胀油箱油位，如果低于油位指示器的相应温度，应查明原因后补油，使油位在油位指示器的相应温度范围。

（5）检查冷却塔风机是否运转正常，有无异音，如有则进行更换。

（6）检查整个冷却塔受污染情况，特别是空气入口和出口、复合散热器、冷却塔风机等，清洗受污染的部件，如清理车顶百叶窗、清理复合散热器上表面、清理冷却塔风机内部（特别是叶片处）积灰、污垢等杂质，保证空气畅通。

7 微机网络控制系统

7.1 概　　述

HXD2C 型电力机车的微机网络控制系统由系统通信网络、微机网络控制系统硬件和机车控制电路构成。该型电力机车上的微机网络控制系统分别采用了东芝系统、庞巴迪系统和北车心系统技术平台，本章在机车网络系统结构、系统通信网络和微机网络控制系统硬件中分别对上述三个技术平台进行逐一介绍。

7.2 机车网络系统结构

7.2.1 东芝网络系统结构

HXD2C 型电力机车东芝网络系统结构采用基于 RS-485 总线、MVB 总线和以太网的微机网络控制系统。车辆级网络以 TCMS 主机为中心，分别与显示屏 DDU、牵引控制单元 CI，辅助控制单元 APU 通过 RS-485 接口进行通信，构成星形网络。TCMS 主机与制动控制单元 BCU 通过 RS-485/MVB 网关将 RS-485 信号转变成 MVB 信号，实现两单元间的通信。列车级网络采用总线式 10 Mbit 以太网进行信息传输。

微机网络控制系统以单台机车为一个单元，包括主处理单元 1 套(TCMS 主机)，牵引控制单元 6 组(CI1～CI6)，辅助控制单元 2 组(APU1 和 APU2)，司机显示屏 2 组(DDU1 和 DDU2)，制动控制单元 1 组(BCU)，制动显示屏 2 组(BDU1 和 BDU2)。网络系统拓扑结构如图 7.1 所示。

7.2.2 庞巴迪网络系统结构

HXD2C 型电力机车庞巴迪网络系统结构采用基于 MVB 总线、WTB 总线和以太网的微机网络控制系统。每台车有两个机车控制单元 VCU，分别与数字量输入/输出单元 DX、模拟量输入/输出单元 AX、牵引变流器控制单元、辅助控制单元 AUX、制动控制单元 BCU 通过 MVB 总线进行通信；机车控制单元与显示屏通过以太网进行通信；列车级网络采用 WTB 进行信息传输，通过 TCNGW 网关完成列车级信息与车辆级信息的转换。

微机网络控制系统为分布式控制技术，即分布采集及执行、中央集中控制与管理的模式，包括机车控制单元 2 个(VCU1 和 VCU2)，数字量输入/输出单元 6 个(DX)，模拟量输入/输出单元 4 个(AX)，整流控制单元 4 组(LC1～LC4)，逆变控制单元 6 组(MC1～MC6)，辅助控制单元 2 组(AUX1 和 AUX2)，司机显示屏 2 组(DDU1 和 DDU2)，制动控制单元 1 组(BCU)，制动显示屏 2 组(BDU1 和 BDU2)。网络系统拓扑结构如图 7.2 所示。

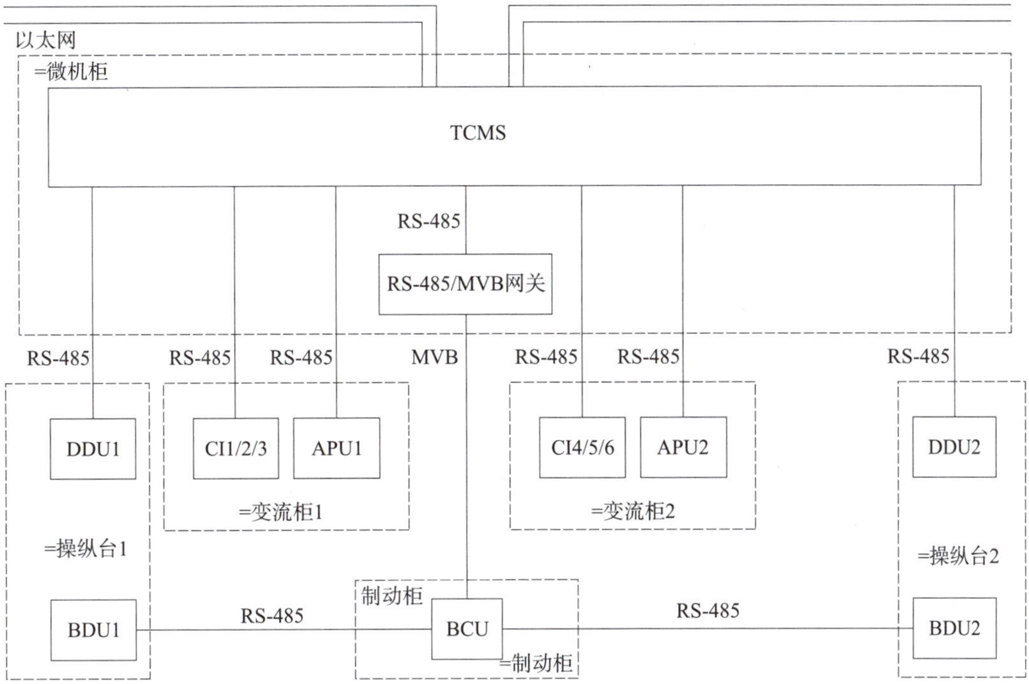

图 7.1　东芝网络系统拓扑结构

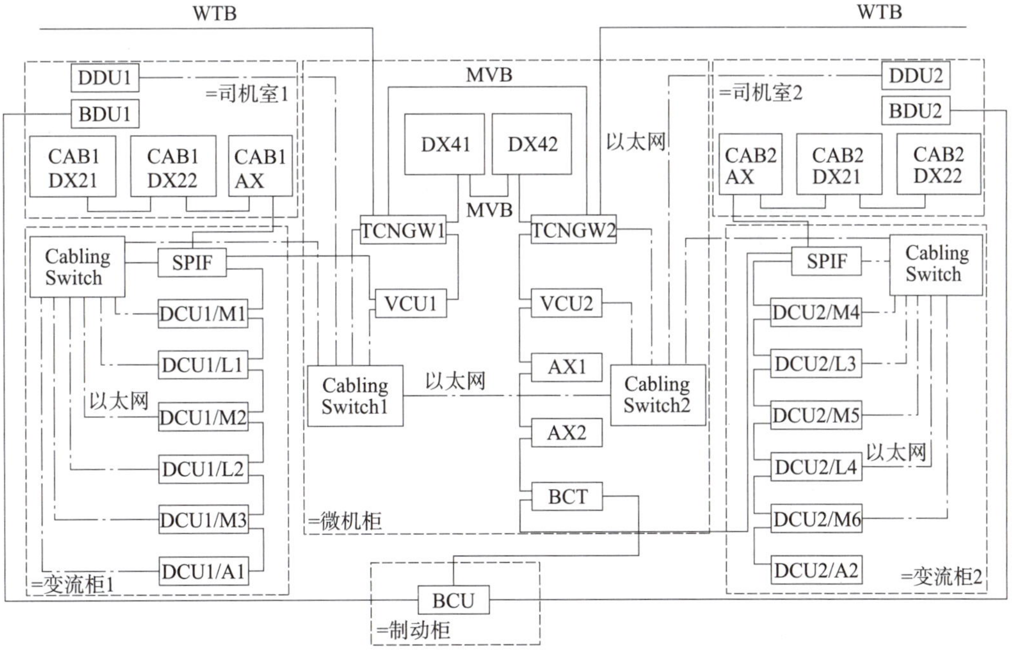

图 7.2　庞巴迪网络系统拓扑结构

7.2.3 北车心网络系统结构

HXD2C型电力机车北车心网络系统结构采用基于MVB总线、WTB总线和RS-485总线的微机网络控制系统。每台车有两个机车控制单元(MPU1和MPU2),分别与输入/输出单元RIOM、牵引控制单元TCU、辅助控制单元ACU、制动控制单元BCU通过MVB总线进行通信;机车控制单元与显示屏通过RS-485进行通信;列车级网络采用WTB进行信息传输。通过TCNGW网关完成列车级信息与车辆级信息的转换。

网络控制系统在硬件上主要由TCN网关2组(GW1和GW2)、主控制单元2组(MPU1和MPU2)、远程输入/输出单元3组(RIOM1和RIOM2在司机室,RIOM3在机械间)、牵引控制单元6组(TCU1~TCU6)、辅助控制单元2组(ACU1和ACU2)、司机显示屏2组(DDU1和DDU2)、制动控制单元1组(BCU)、制动显示屏2组(BDU1和BDU2)组成。网络系统拓扑结构如图7.3所示。

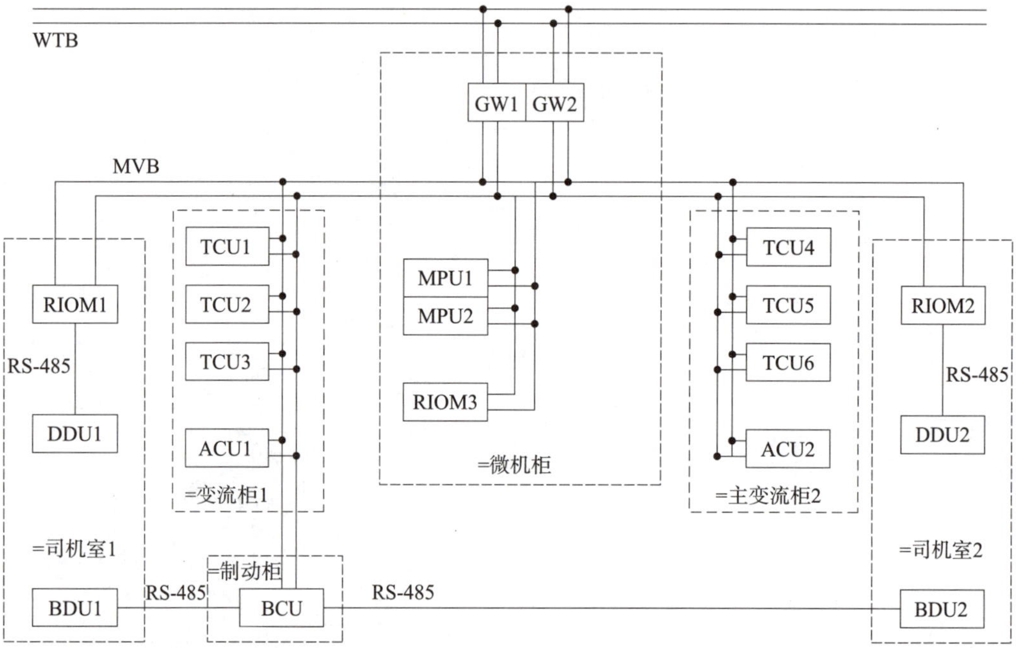

图7.3 北车心网络系统拓扑结构

7.2.4 控制系统主要部件及其功能

7.2.4.1 东芝控制系统主要部件及其功能

(1)中央控制单元

中央控制单元采用冗余设计,设有两套控制单元,分别工作于主控模式和从控模式,相互热备冗余。

中央控制单元负责机车级、列车级的控制,具有下列主要功能:

①设备监视(自诊断功能);

②机车重联控制；

③总线管理；

④机车控制逻辑的实现；

⑤采集各部件状态信息；

⑥输出控制指令；

⑦机车牵引/制动特性控制；

⑧轴重转移补偿控制；

⑨自动过分相控制；

⑩空电联合制动控制；

⑪通风机转速自动控制；

⑫无人警惕控制；

⑬自动轮径校正。

中央控制单元 TCMS 主机箱(含两套控制单元)安装在机械间微机柜上部，外形结构如图 7.4 所示。

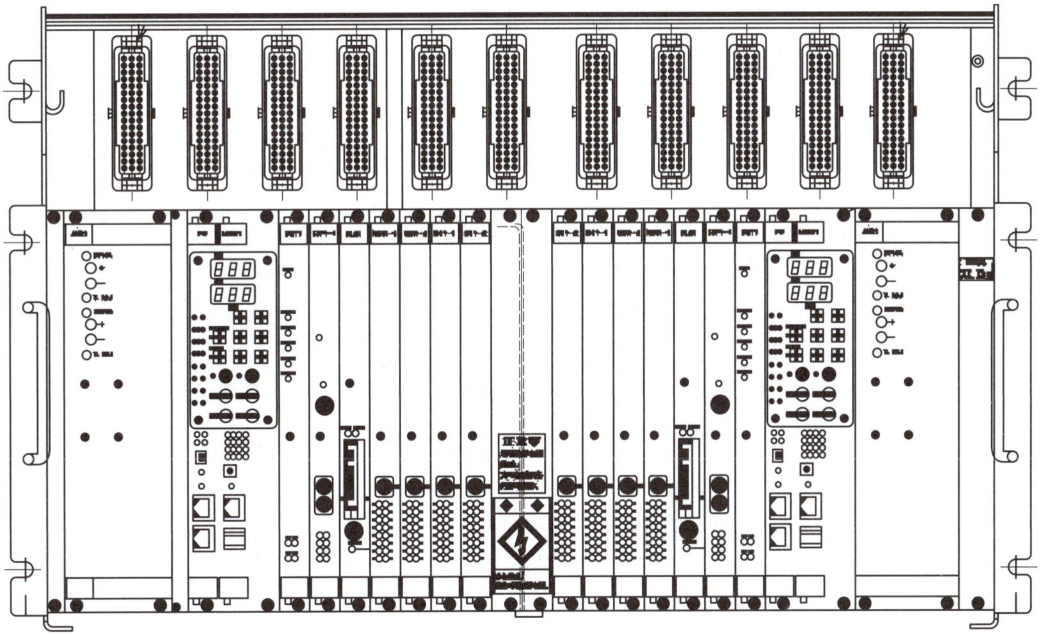

图 7.4 东芝中央控制单元 TCMS 主机箱外形结构

(2)牵引控制单元

每台机车有两个牵引变流柜，每个牵引变流柜体内部有一套传动控制单元，负责一个转向架的传动控制。

牵引控制单元是主电路的控制单元，主要功能是完成对机车的牵引/制动特性控制、逻辑控制、故障保护，实现对四象限变流器和牵引逆变器及交流异步牵引电机的实时控制、黏着利用控制。HXD_{2C} 型电力机车采用轴控技术，在故障情况下可以切除单个牵引电机，最大限度的发挥牵引力。

牵引控制单元如图 7.5 所示。

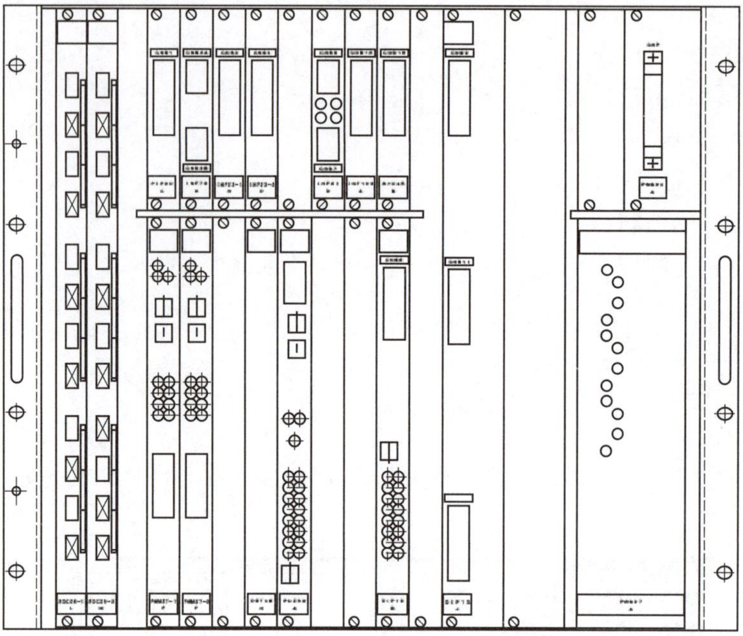

图 7.5　东芝牵引控制单元操作面

(3)辅助控制单元

HXD2C 型电力机车采取牵引、辅助变流器一体设计，辅助变流器集成在牵引变流柜中，每个辅助变流器安装一个辅助控制单元。辅助控制单元通过接收外部控制信号，实现辅助变流器正常启动、停机、故障保护，实现对输入网压的四象限变流、逆变，确保辅助变流器输出稳定。

辅助控制单元单元操作面如图 7.6 所示。

(4)制动控制单元 BCU

制动柜内有 1 个制动控制单元 BCU，用于控制空气制动。BCU 通过 MVB 总线与中央控制单元通信；部分制动信号由硬线连接到输入/输出单元。

(5)司机显示屏 DDU

司机显示屏 DDU 的主要功能是显示机车的列车级、车辆级的运行状态数据和故障信息，实现机车部分参数的设定，同时可以在维护界面对机车部分设备进行检查。

(6)制动显示屏 BDU

制动显示屏 BDU 为制动系统的显示屏，主要显示机车制动系统的相关信息，可对制动系统的部分参数进行设定。

7.2.4.2　庞巴迪控制系统主要部件及其功能

(1)中央控制单元

中央控制单元采用冗余设计，设有两套控制单元 VCU1 和 VCU2，它们分别工作于主控模式和从控模式，相互热备冗余。中央控制单元 VCU 安装在机械间微机柜的上部，硬件模块如图 7.7 所示。

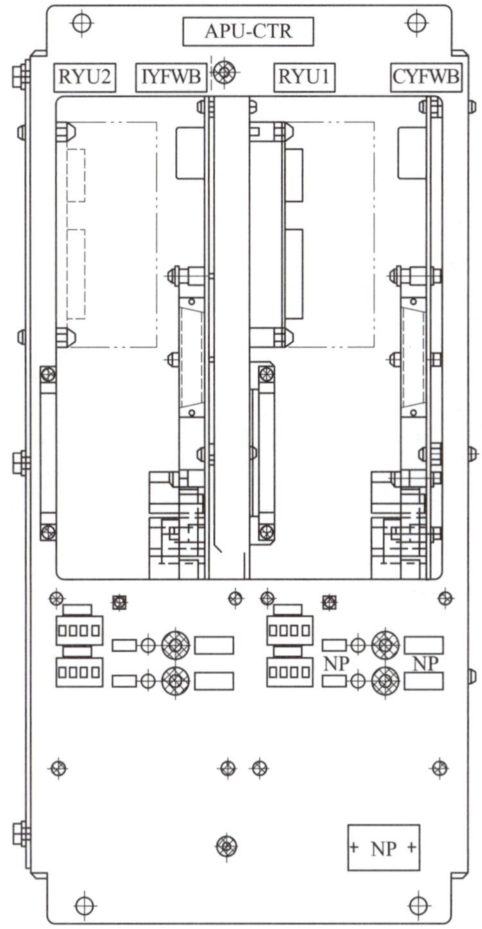

图 7.6　东芝辅助控制单元操作面

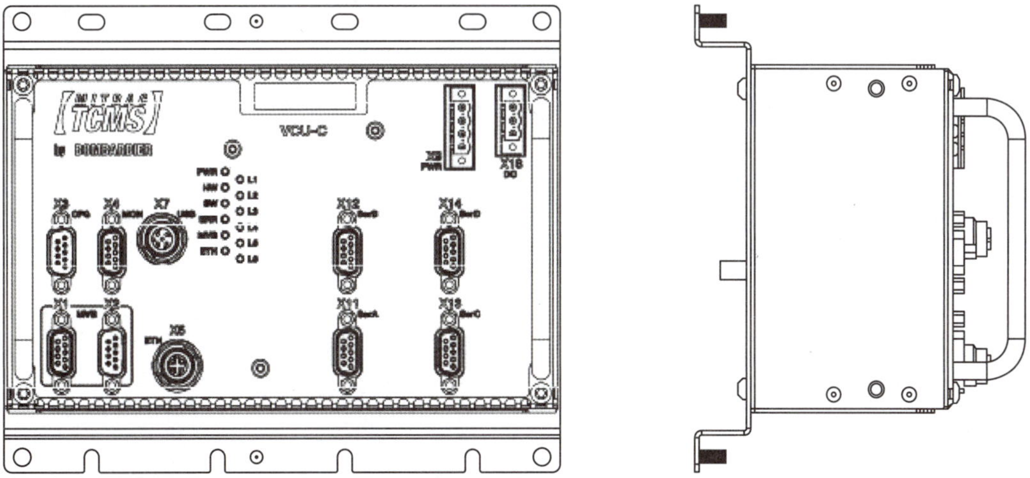

图 7.7　VCU 模块外形

(2)牵引控制单元

每台机车有两个牵引变流柜,每个牵引变流柜体内部有一套牵引控制单元,负责一个转向架的传动控制。牵引控制单元采用模块化结构,辅助控制板卡集成在牵引控制单元中。

牵引控制单元如图 7.8 所示。

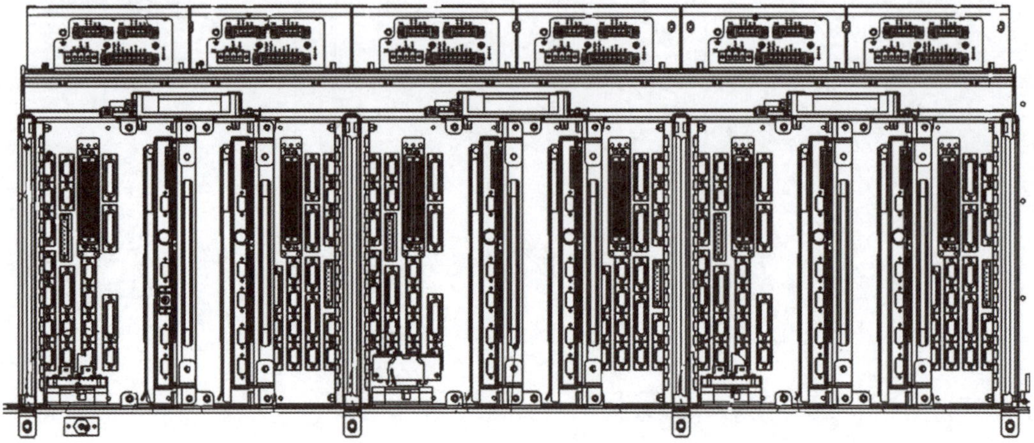

图 7.8　庞巴迪牵引控制单元

(3)司机室数据单元

司机室数据单元主要负责采集司机的指令(手柄级位、升弓指令、合主断指令、紧急运行指令等)。

每端司机室操纵台安装 2 套数字量输入/输出单元(DX)和 1 套模拟量输入/输出单元(AX)。

(4)机械间数据单元

在机械间微机柜中安装有机械间数据单元,主要负责采集机车部件的状态(受电弓、主断、电磁阀、接触器和自动开关等等),同时输出中央控制单元的控制指令,对机车部件(例如接触器、电磁阀等)进行控制。

在机械间微机柜中安装有 2 套数字量输入/输出单元(DX)和 2 套模拟量输入/输出单元(AX)。

(5)制动控制单元 BCU

制动柜内有 1 个制动控制单元 BCU,用于控制空气制动。BCU 通过 MVB 总线与中央控制单元通信;部分制动信号由硬线连接到输入/输出单元。

(6)司机显示屏 DDU

司机显示屏 DDU 的主要功能是显示机车的列车级、车辆级的运行状态数据和故障信息,实现机车部分参数的设定,同时可以在维护界面对机车部分设备进行检查。

(7)制动显示屏 BDU

制动显示屏 BDU 为制动系统的显示屏,主要显示机车制动系统的相关信息,可对制动系统的部分参数进行设定。

7.2.4.3 北车心控制系统主要部件及其功能

(1)中央控制单元

中央控制单元 MPU 包含两套控制单元,它们分别工作于主控模式和从控模式,相互热备冗余。中央控制单元 MPU 安装在机械间微机柜的上部,硬件如图 7.9 所示。

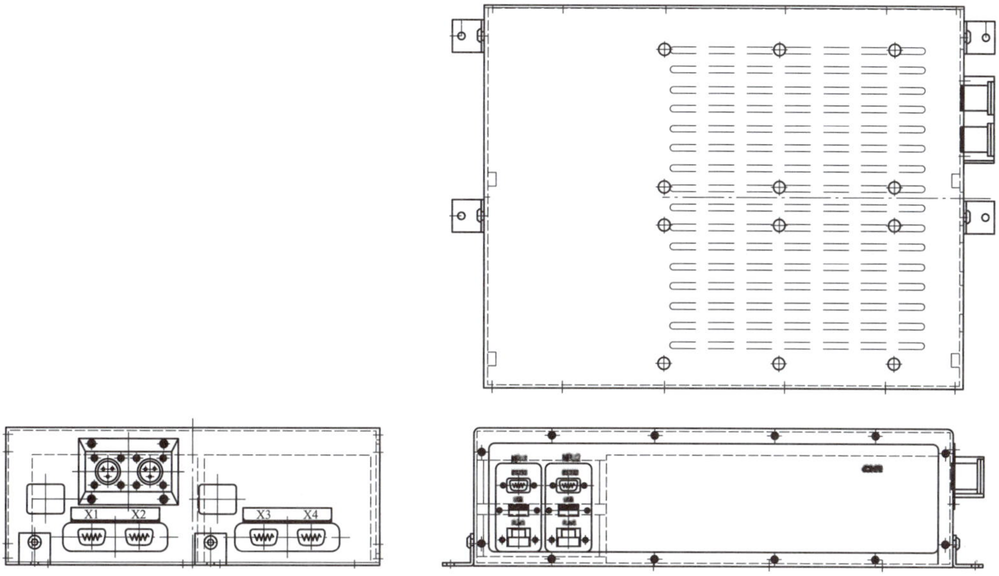

图 7.9 MPU 模块

(2)牵引控制单元

牵引控制单元可实现牵引四象限控制、牵引逆变器控制、制动斩波控制以及防滑/防空转控制。牵引控制单元采用抽屉式机箱结构,内部包含 16 块电路子板,如图 7.10 所示。

(3)辅助控制单元

辅助控制单元分为两部件:辅架(静态部件)和插入单元(移动部件)。辅架固定在柜体上,插入单元插入辅架。辅助控制单元如图 7.11 所示。

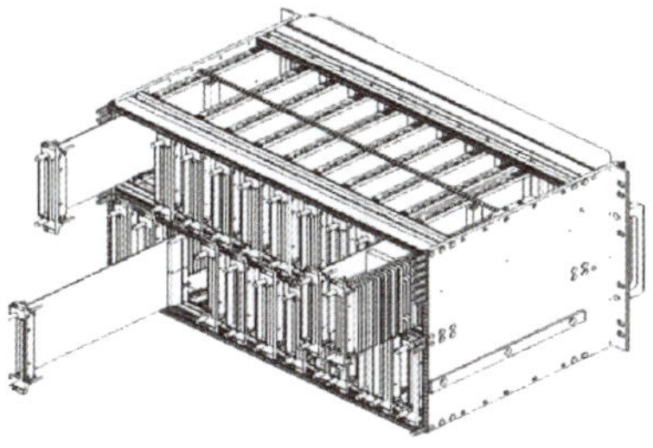

图 7.10 北车心牵引控制单元

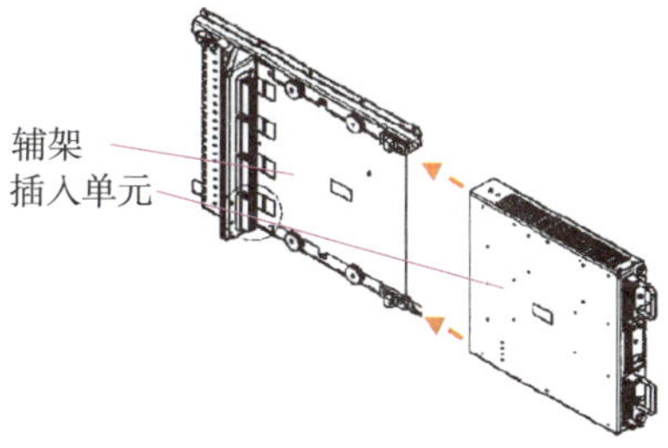

图 7.11 北车心辅助控制单元

(4)司机室数据单元

司机室数据单元主要负责采集司机的指令(手柄级位、升弓指令、合主断指令、紧急运行指令等)。

每端司机室操纵台安装 1 套数字量输入/输出单元 RIOM1 或 RIOM2。

(5)机械间数据单元

在机械间微机柜中安装有机械间数据单元,主要负责采集机车部件的状态(受电弓、主断、电磁阀、接触器和自动开关等等),同时输出中央控制单元的控制指令,对机车部件(例如接触器、电磁阀等)进行控制。

在机械间微机柜中安装 1 套数字量输入/输出单元 RIOM3。

(6)制动控制单元 BCU

制动柜内有 1 个制动控制单元 BCU,用于控制空气制动。BCU 通过 MVB 总线与中央控制单元通信;部分制动信号由硬线连接到输入/输出单元。

(7)司机显示屏 DDU

司机显示屏 DDU 的主要功能是显示机车的列车级、车辆级的运行状态数据和故障信息,实现机车部分参数的设定,同时可以在维护界面对机车部分设备进行检查。

(8)制动显示屏 BDU

制动显示屏 BDU 为制动系统的显示屏,主要显示机车制动系统的相关信息,可对制动系统的部分参数进行设定。

7.2.5 司机显示屏 DDU 及显示界面

7.2.5.1 东芝系统司机显示屏 DDU 及显示界面

(1)显示屏介绍

①显示屏按键布置

显示屏在边框无按键,所有操作依靠显示界面的软键进行。

②显示界面结构

司机显示屏分级显示相关信息,显示界面结构如图 7.12 所示。

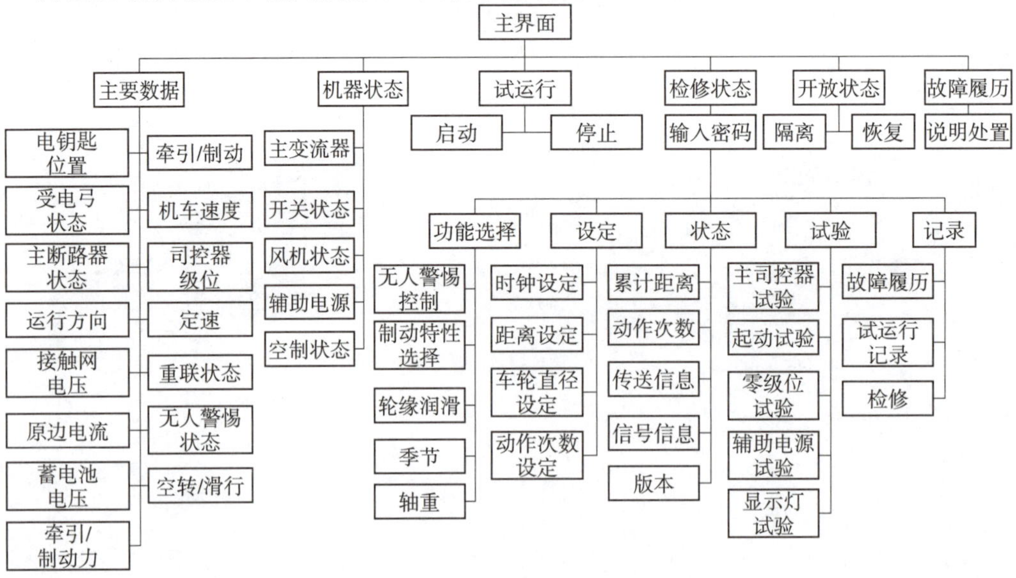

图 7.12 东芝系统显示界面结构

(2)司机显示屏主界面

显示屏上电启动后，自动执行到显示程序的主界面，在主界面主要显示机车运行工况、机车故障信息。可以通过屏幕按键进入其他车的显示画面查询其他车主要状态信息。主界面如图 7.13 所示。

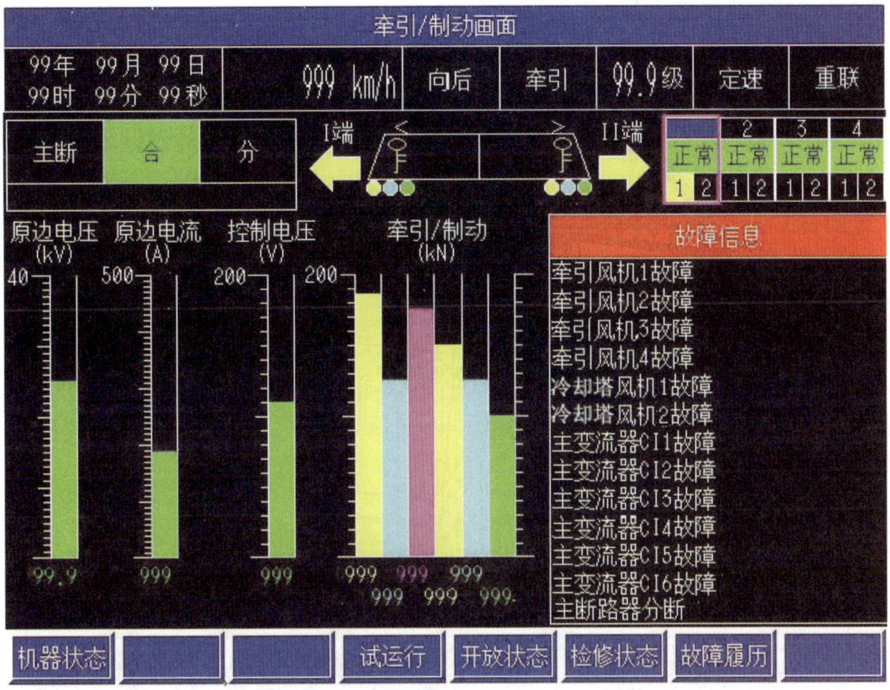

图 7.13　东芝系统显示屏主界面

7.2.5.2　庞巴迪系统司机显示屏 DDU 及显示界面

(1)显示屏介绍

①显示屏按键布置

显示屏在边框无按键，所有操作依靠显示界面的软键进行。

②显示界面结构

司机显示屏分级显示相关信息，显示界面结构如图 7.14 所示。

(2)司机显示屏主界面

显示屏上电启动后，自动执行到显示程序的主界面，在主界面主要显示机车运行工况、机车故障信息。可以通过屏幕按键进入其他车的显示画面查询其他车主要状态信息。主界面如图 7.15 所示。

7.2.5.3　北车心系统司机显示屏 DDU 及显示界面

(1)显示屏介绍

①显示屏按键布置

显示屏边框设置了按键，按键布局如图 7.16 所示，按键功能见表 7.1。

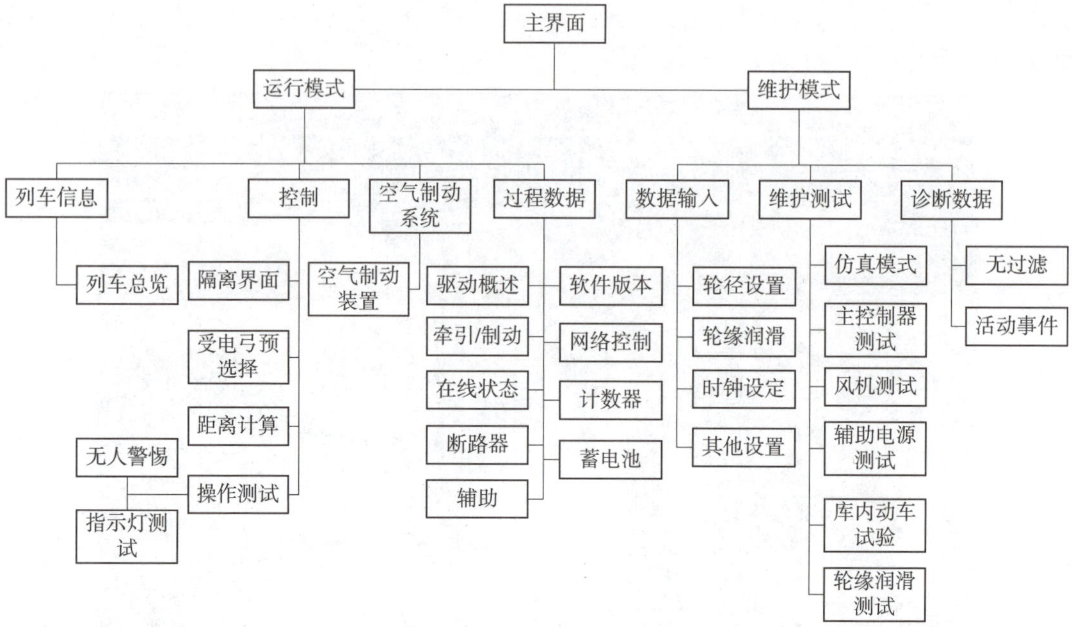

图 7.14　庞巴迪系统显示界面结构

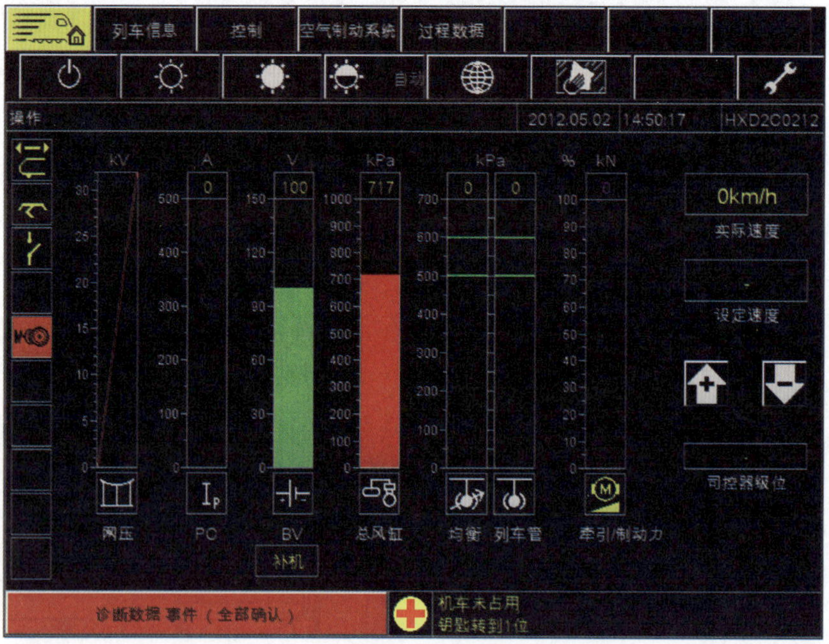

图 7.15　庞巴迪系统显示屏主界面

图 7.16　北车心系统显示屏按键布局

左排从上到下：背光亮度自动调节、背光调亮、背光调暗。

右排从上往下：取消、删除、上、下、确认、液晶屏背光关断。

下排：数字键，其实际功能与界面对应。

表 7.1　显示器按键功能图标注释

图　标	释　义	图　标	释　义
	背光调节	Esc	取消
		Del	删除
Enter	确认	↑	上
•	液晶屏背光关断	↓	下

②显示界面结构

司机显示屏分级显示相关信息，显示界面结构如图 7.17 所示。

(2)司机显示屏主界面

显示屏上电启动后，自动执行到显示程序的主界面，在主界面主要显示机车运行工况、机车故障信息。可以通过屏幕按键进入其他车的显示画面查询其他车主要状态信息。主界面如图 7.18 所示。

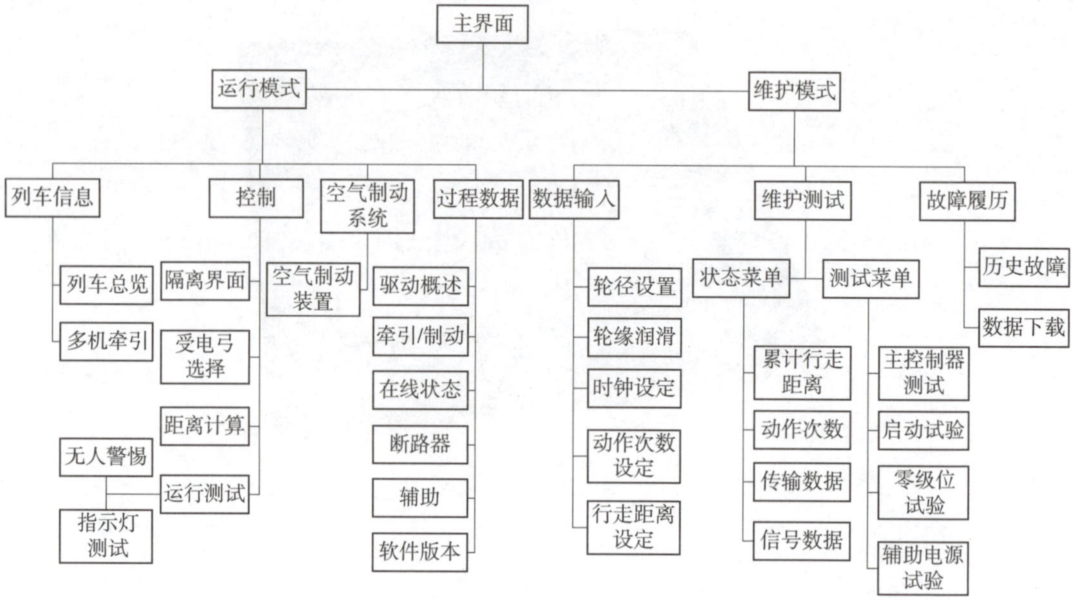

图 7.17　北车心系统显示界面结构

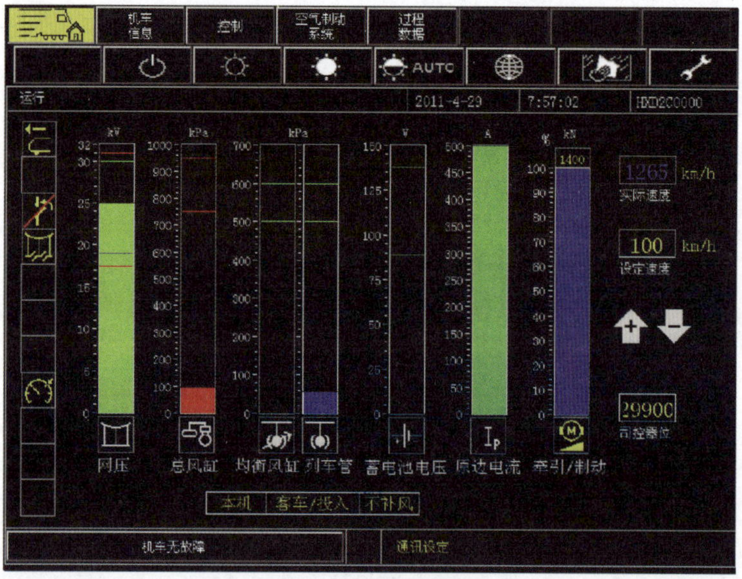

图 7.18　北车心系统显示屏主界面

7.3　系统通信网络

7.3.1　东芝系统通信网络

HXD2C 型电力机车东芝系统微机网络控制系统为集中式计算机体系结构，按功能可划分为列车控制级、车辆控制级和传动控制级。

TCMS同时完成列车级信息与车辆级信息的转换,即是车辆级控制核心,又是列车级的控制节点,在整个机车控制中占有主导地位。

7.3.1.1 车辆级网络

车辆级控制以TCMS为中心,分别与显示屏DDU、牵引变流器CI、辅助变流器APU通过基于HDLC协议开发的RS-485接口进行点对点的通信,构成星形网络;TCMS与DDU的接口为4线/全双工的RS-485串行链路,传输速率为38.4 kbit/s;TCMS与CI、APU的接口为2线/半双工的RS-485串行链路,传输速率为100 kbit/s。

传动控制级功能由CI来实现。

7.3.1.2 列车级网络

列车级网络采用总线式10 Mbit/s实时以太网传输信息,是基于UDP/IP协议开发的半双工通信网络。总线上各个节点信息由令牌控制,按照先后顺序以广播的形式定周期发送,避免了冲突的产生。它的传输速率为10 Mbit/s,接口为符合IEEE 802.3标准的串行链路,传输介质是双绞屏蔽线。该实时以太网具有传输速率高、传送数据量大、实时性强、结构简单、造价低廉、易于维护等特点。

7.3.2 庞巴迪和北车心系统通信网络

HXD2C型电力机车庞巴迪和北车心系统通信网络采用了TCN列车通信网络。

7.3.2.1 多功能车辆总线MVB

多功能车辆总线MVB是专为铁路机车(车辆)内设备互联而开发的高可靠和强实时的现场总线,其具有如下特点:

(1)传输波特率为1.5 Mbit,信号采用双向L型差分曼彻斯特编码。

(2)采用8位的循环冗余校验(CRC)方式。

(3)物理层支持基于RS-485的双绞线、变压器耦合的双绞屏蔽线、带星耦器的光纤等传输介质,传输通道可配置为冗余或非冗余方式,并支持冗余通道自动切换。

(4)通过设置总线重复器,网络拓扑可为总线型、星型或混合型,每个总线段内互联的设备最多可达32个。

(5)数据链路层支持三种基本的数据传输模式:过程数据、消息数据、监督数据。

7.3.2.2 绞线式列车总线WTB

绞线式列车总线WTB是专为铁路机车车辆重联而开发的高可靠和实时的现场总线,它特别适合用于需要动态编组的开式列车(也同样适合于固定编组的闭式列车),其具有如下特点:

(1)据传输波特率为1 Mbit,信号采用双向L型差分曼彻斯特编码,数据帧格式为HDLC。

(2)采用16位的循环冗余校验(CRC)方式。

(3)物理层采用变压器耦合的双绞屏蔽线,传输通道可配置为冗余或非冗余方式,不需中继器传输距离可达860 m(22节车辆或32个节点)。

(4)当采用冗余设计时,如果正在工作的一组列车总线出现问题时,网关能自动控制切换到另一组工作。

(5)网络拓扑为简单的总线型结构,方便车辆间布线。

(6)具有列车初运行功能,支持列车的动态编组。

(7)数据链路层支持两种基本的数据传输模式:过程数据、消息数据。

7.4 网络控制系统硬件

7.4.1 东芝网络控制系统硬件

东芝网络控制系统由一个 TCMS 主机(含两套控制单元)、两个继电器板、两个接口板 INF、一个加热板、一个 RS-485/MVB 网关构成。

7.4.1.1 继电器板

继电器板的大致结构如图 7.19 所示。

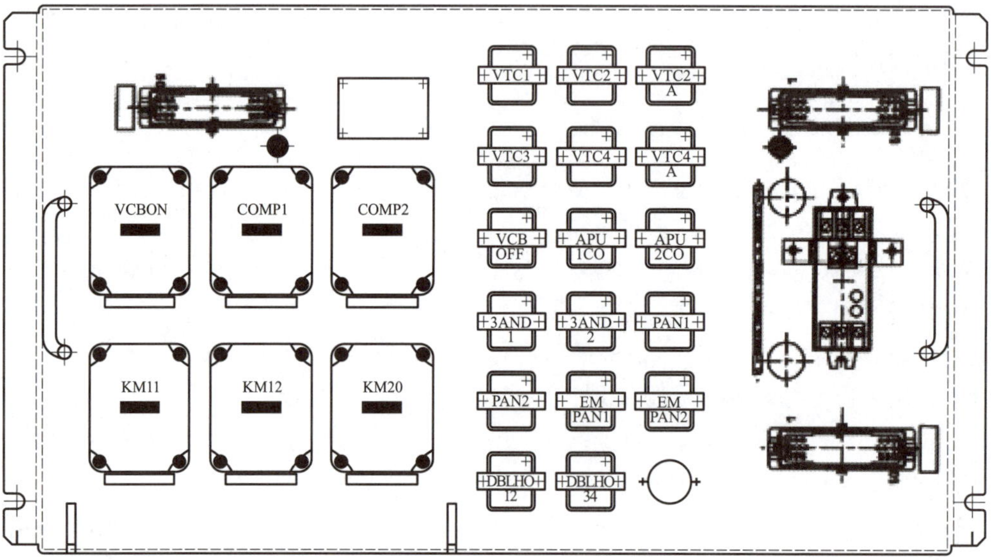

图 7.19 继电器板结构

7.4.1.2 INF 基板

两块 INF 基板安装在微机柜背面,INF 基板的大致结构如图 7.20 所示。

7.4.1.3 加热板

加热板安装在 TCMS 主机的下方,当温度过低时开始给柜内器件加热。加热板结构如图 7.21 所示。

7.4.1.4 RS-485/MVB 网关

RS-485/MVB 网关安装在柜体下部,结构如图 7.22 所示。

7.4.2 庞巴迪网络控制系统硬件

庞巴迪网络控制系统由两个机车控制单元(VCU)和两个微机显示屏(DDU)、两个 WTB/

MVB 网关(TCMGW)、两个 8 口以太网交换机、4 个数字量输入/输出单元(DX2)、2 个数字量输入/输出单元(DX4)、4 个模拟量输入/输出单元(AX)、1 个 MVB 总线耦合器和 2 套变流控制单元构成。

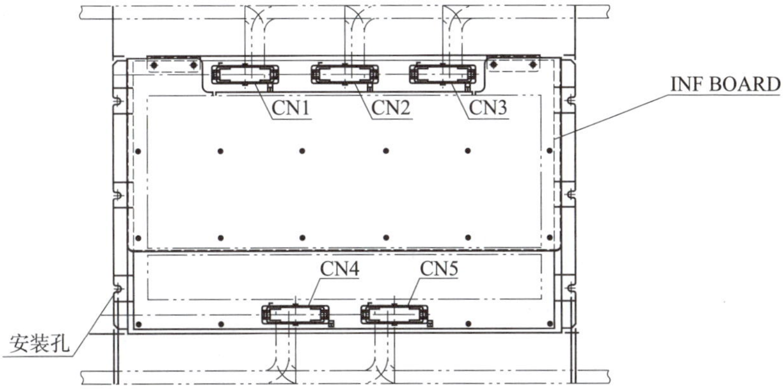

图 7.20 INF 基板结构

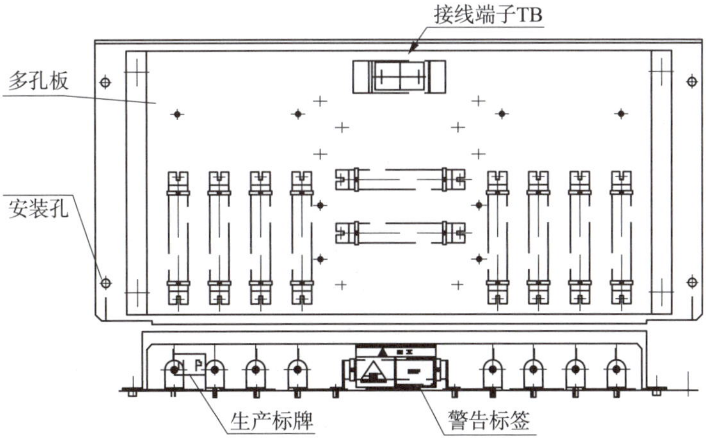

图 7.21 加热板结构

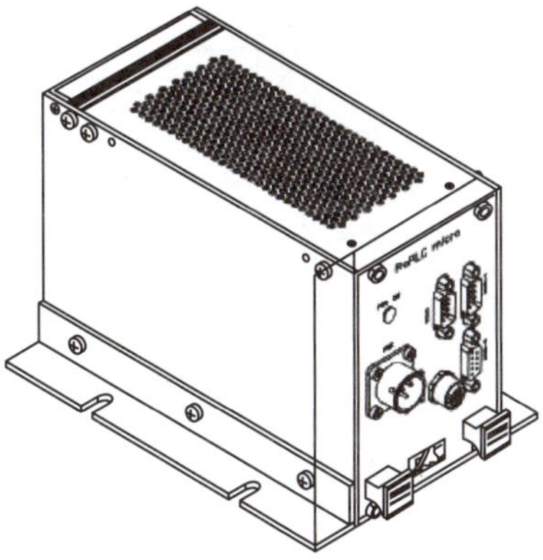

图 7.22 网关结构

7.4.2.1 TCN 网关

TCN 网关外形如图 7.23 所示。

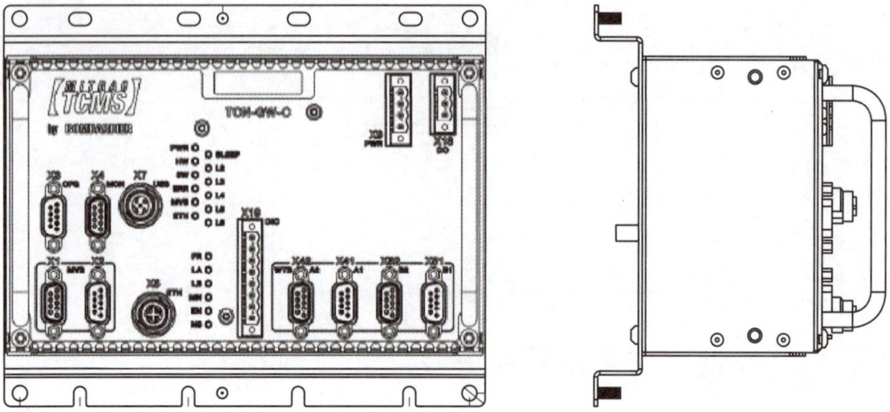

图 7.23 TCN 网关外形

TCN 网关是 WTB 和 MVB 之间的通信接口，符合 TCN(列车通信网络)IEC 61375 标准。其特性和接口见表 7.2。

表 7.2 TCN 网关特性和接口

名　称	类　型
标准功能	WTB-MVB(TCN)网关； WTB-以太网网关
电源管理	DC 24～110 V(宽范围)
接　口	WTB(4×SubD 9)； MVB(2×SubD 9)； 以太网 10/100BaseT (M12)
电源管理接口	符合 TCN 和 UIC 556

7.4.2.2 数字量输入/输出单元

数字量输入/输出单元外形如图 7.24 所示。

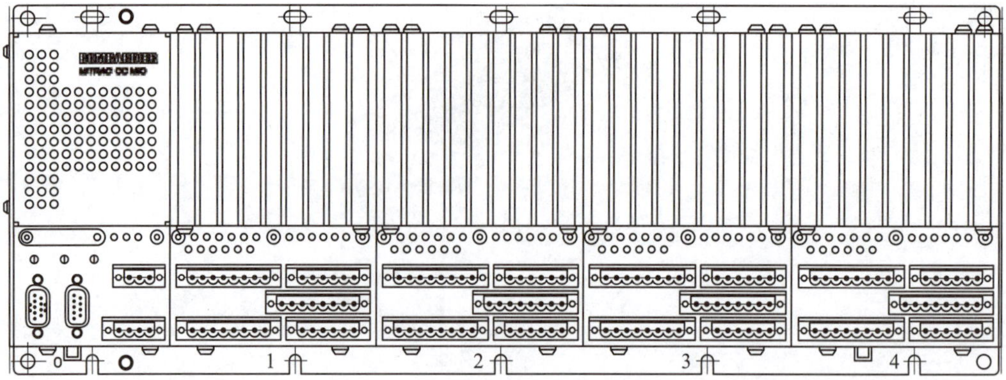

图 7.24 数字量输入/输出单元外形

数字量输入/输出单元特性和接口见表 7.3。

表 7.3 数字量输入/输出单元特性和接口

名　称	类　型
输出电压	14.4～168 V
输出电流	静态持续输出达到 0.8 A
输入通道	12
输出通道	6
MVB 接口	ESD+/EMD

7.4.2.3 模拟量输入/输出单元

模拟量输入/输出单元如图 7.25 所示。

模拟量输入/输出模块的特征如下：

(1)MITRAC CC AX。

(2)4+1 模拟输入，2 个模拟输出。

(3)12 位分辨率(精确到 1%～2%)。

(4)+/−10 V，+/−20 mA，NTC 和 Pt 100 所有的输入通道。

(5)MVB 地址通过插头里的跳线定义。

7.4.2.4 以太网网关

以太网网关外形如图 7.26 所示。

以太网网关硬件接口：8 口以太网接口终端设备。

基本硬件特性：IP65 密封、速度自动适应、双向通信。

图 7.25 模拟量输入/输出单元外形

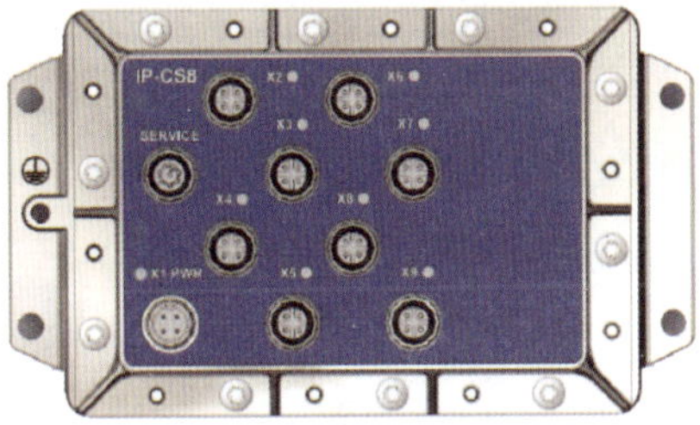

图 7.26 以太网网关外形

7.4.3 北车心网络控制系统硬件

北车心网络控制系统由两个主处理器(MPU)和两个微机显示屏(DDU)、两个 WTB/MVB 网关(GW)、三个远程输入输出单元构成。

7.4.3.1 主处理器 MPU

主处理器(MPU)前面板分别引出了 MPU1 和 MPU2 的调试接口，分别包括 RS-232 接口、USB 接口和以太网接口；侧面有 MVB 接口、指示灯监视接口以及 MPU1 和 MPU2 的电源接口。接口位置如图 7.27 所示。

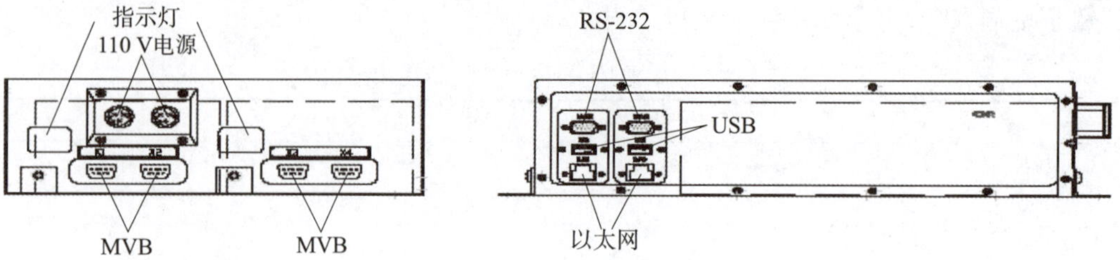

(a)右视图　　(b)主视图

图 7.27　主处理器对外接口

7.4.3.2　WTB/MVB 网关(GW)

WTB/MVB 网关外形如图 7.28 所示。

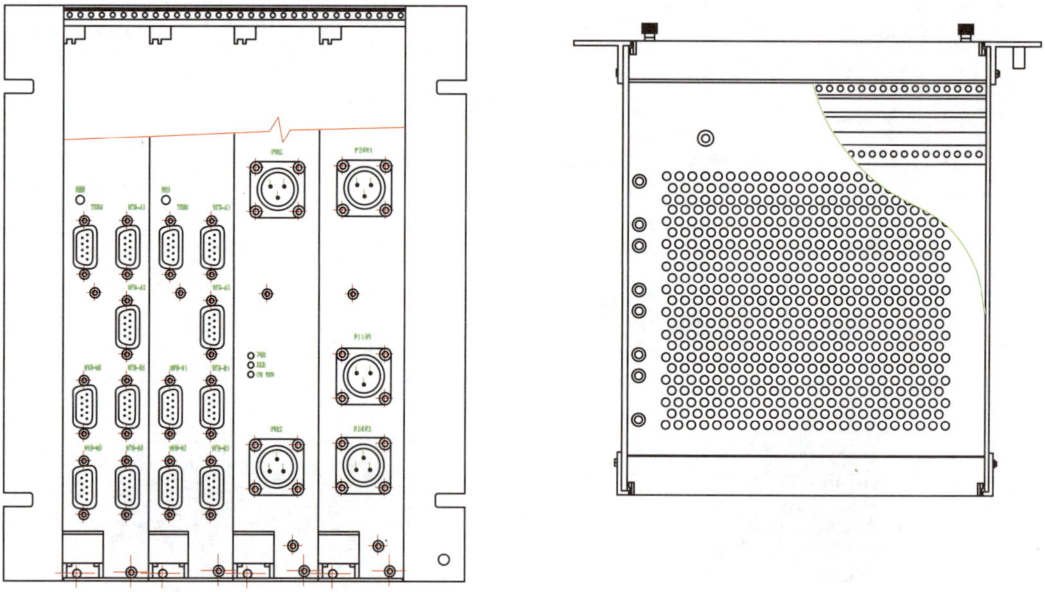

图 7.28　WTB/MVB 网关外形

WTB/MVB 网关(GW)包含 GW1、GW2、24 V 电源板、110/24 V 电源板 4 块板卡，以及 6U32R 机箱。

WTB/MVB 网关(GW)提供了 MVB-M1、MVB-M2 车辆级网络通信接口；WTB-A1、WTB-A2、WTB-B1、WTB-B2 车辆级网络通信接口；TERM 是 RS-232 调试接口；RES 是硬件复位按钮；P110 V 是 110 V 电源输入接口；P24V1、P24V2 是 24 V 电源输出接口；PWR1、PWR2 是 24 V 电源输入接口。

7.4.3.3　远程输入输出单元(RIOM)

远程输入输出单元(RIOM)主要实现数字量信号输入采集、模拟量输入信号采集、数字量信号输出、模拟量信号输出功能。输入输出接口模块以及网关模块的供电由电源模块提供。输入输出模块的输入输出信息来自模块 CAN 总线接口，所有的数据来自网关模块，网关模块通过 MVB 总线与 MVB 网络设备进行通信，将输入输出模块需要的信息转换成 CAN 总线数据发送给接口模块。

远程输入输出单元(RIOM)包含 3 组模块分别为 RIOM1、RIOM2 和 RIOM3。RIOM1、RIOM2 分别安装在司机室 1 和司机室 2 中,RIOM3 安装在微机柜内。其具体结构如图 7.29 和图 7.30 所示。

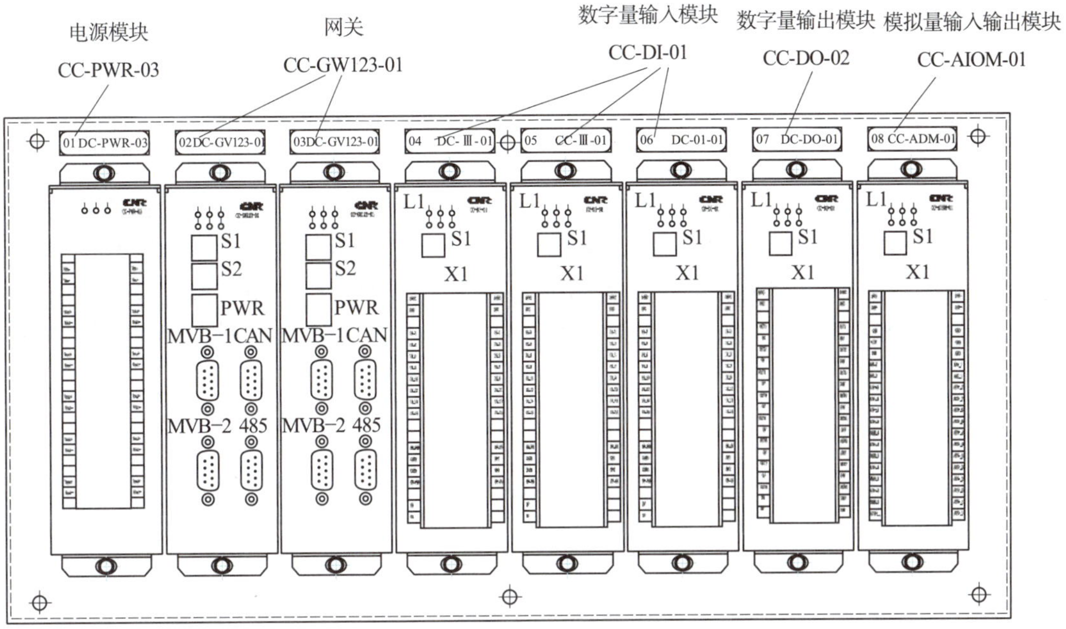

图 7.29　RIOM1/RIOM2 结构组成

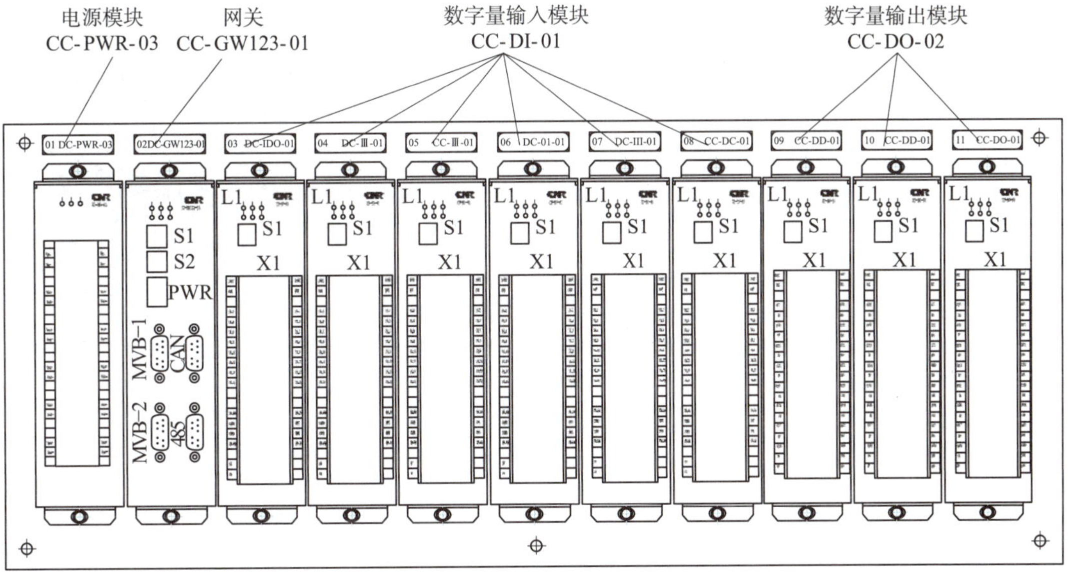

图 7.30　RIOM3 结构组成

电源模块 CC-PWR-03 为 110 V 电压输入，24 V 输出的电压转换模块。

CC-GW123-01 网关控制车辆总线 MVB 和 CAN、485 接口间的信息传输，可以通过其前面板的拨码开关来配置其 MVB 设备地址。

CC-DI-01 数字量输入模块集成有 16 路数字量信号采集单元和 2 路脉冲信号频率采集单元，1 个 CAN 通信接口。采集车辆的数字量信号，通过 CAN 网络通信接口将信号送到网关，再由网关传送给主控单元。CAN 总线设备地址通过编码开关在上电前动态设置。

CC-DO-02 数字量输出模块集成有 16 路数字量输出通道，继电器输出，每一单路输出可以提供 0.5A 的驱动能力，1 个 CAN 通信接口。CAN 总线设备地址通过编码开关在上电前动态设置。

CC-AIOM-01 模拟量输入输出模块具有 CAN 通信接口，实现基本的模拟量信号的采集和模拟量信号输出。采集 4～20 mA 的电流信号或 0～10 V(2 路通道 0～15 V)的电压信号，通过 CAN 通信接口上报到网关数据转换模块；网关数据转换模块转发模拟量输出数字信号至 CAN 总线，CC-AIOM-01 模块驱动模拟输出硬件，实现模拟量输出控制执行机构。

7.5 机车控制电器

7.5.1 司机控制器

司机控制器是机车的主令控制电器，用来转换机车的牵引与制动工况，改变机车的运行方向，设定机车运行速度，实现机车的启动和调速等工况。

机车采用 S640U-B CC.002 司机控制器，在机车的两端司机室操纵台上各装有一台，其外形如图 7.31 所示。

7.5.1.1 主要技术参数

机械寿命	$>1\times10^6$次
辅助触头盒电寿命	$>1\times10^5$次
辅助触头：	
防护等级	IP60
标称电压	110 V(DC)
约定发热电流	10 A
电位器绝缘电压	AC 500 V/50 Hz
手柄操作力：	
级位手柄操作力	≤49 N
方向手柄操作力	≤49 N

图 7.31 司机控制器外形

7.5.1.2 工作原理

司机控制器有级位手柄、方向手柄两种可操作机构。级位手柄有："0"位、牵引指示挡位"＊—1—3—5—7—9—11—13"和制动指示挡位"＊—1—3—5—7—9—11—12"。方向手柄有："后""0""前"三个挡位。司机控制器的级位手柄在牵引指示的"0""＊"位有定位；在其他挡位之间为无级调节；在牵引工况下级位手柄向前推，在制动工况下级位手柄向后拉，通过齿轮传动带动驱动电位器调节输入到电子柜的电压指令，从而达到调节机车牵引和电阻制动的目的；方向手柄在每个挡位均定位，方向手柄稳定在相应的挡位中。

7.5.1.3　司机控制器结构

司机控制器外部结构和尺寸如图 7.32 所示。

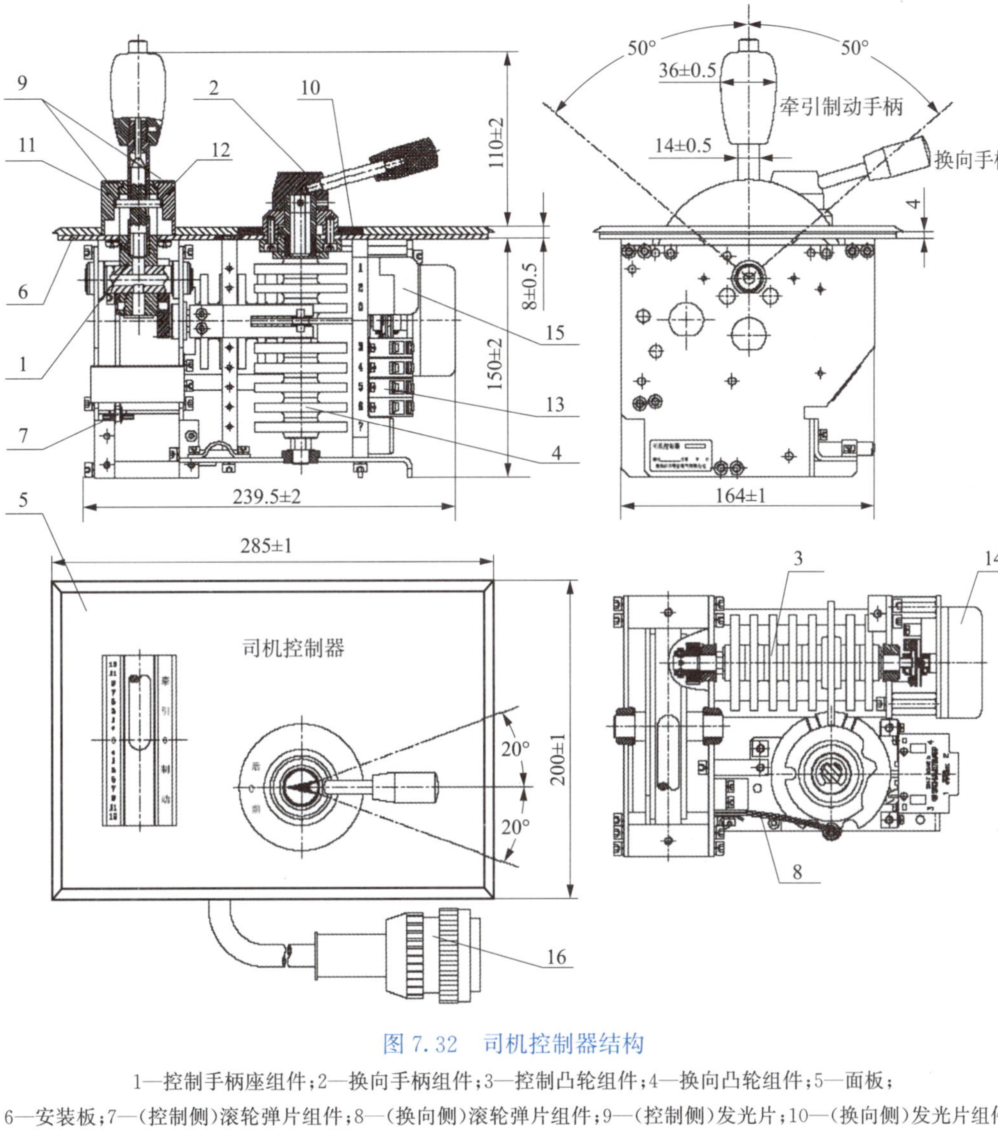

图 7.32　司机控制器结构

1—控制手柄座组件；2—换向手柄组件；3—控制凸轮组件；4—换向凸轮组件；5—面板；6—安装板；7—(控制侧)滚轮弹片组件；8—(换向侧)滚轮弹片组件；9—(控制侧)发光片；10—(换向侧)发光片组件；11—左挡位支座；12—右挡位支座；13—速动开关 S847W2A2b；14—电位器；15—逆变器；16—20 芯插头 JL16-20TY

司控器的级位手柄与方向手柄之间具有机械联锁装置，具体联锁为：级位手柄是固定式；方向手柄是可取式(钥匙式)，且只能在“0”位插入或取出。方向手柄在“0”位时，级位手柄被锁在“0”位。方向手柄在“前”“后”位时，级位手柄可离开“0”位转动至牵引区其他位，级位手柄一旦离开“0”位，方向手柄被锁住。级位手柄在“0”位时，方向手柄能在“后”“0”“前”各位间转动。司机控制器级位手柄设置牵引区锁定按钮，只有在“0”位按下按钮的同时，级位手柄才可以向牵引区滑动。

7.5.2 扳键开关组

扳键开关组是利用控制电路的低压电器间接控制主电路的电气设备，用来控制机车的运用工况。

7.5.2.1 主要技术参数

触头 S847W2D2b：

额定工作电压(U_e)	DC 110 V
约定发热电流(I_{th})	DC 10 A
额定工作电流(I_e)	DC 1 A
操作力	1.8 N
防护等级	
接线部分	IP00
触点部分	IP60
寿命	
机械寿命	$>1\times10^6$次
电气寿命	$>1\times10^5$次

7.5.2.2 结构与技术说明

扳键开关组外形结构示意(486 mm×148 mm×180 mm)如图 7.33 所示。

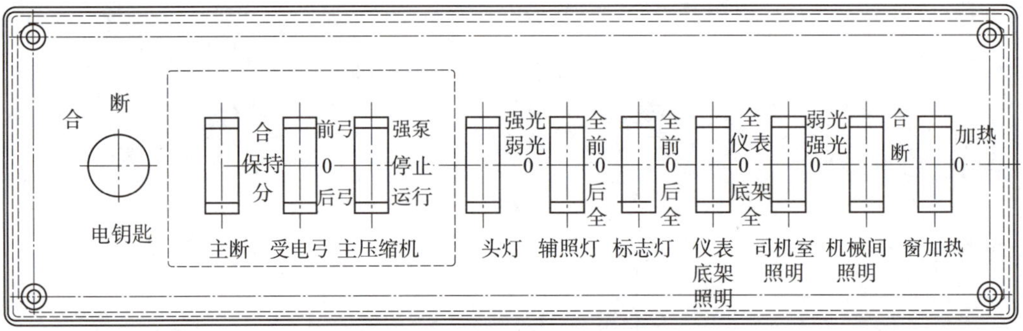

图 7.33 扳键开关组外形

扳键开关组电钥匙和扳键开关设有机械联锁装置，具体联锁为：当钥匙转换开关处于“0”位时，“主断”“受电弓”“主压缩机”扳键开关均被锁定，不能进行操作。当钥匙转换开关处于“合”位时，扳键开关能够正常操作。

7.5.3 自动过分相装置

自动过分相系统主要功能是在电力机车通过分相区时，系统根据当前机车速度、位置，给出分、合主断命令，从而实现电力机车通过分相区时操作自动化，大大地减轻乘务员的工作强度。HXD2C 型电力机车采用 GFX-3J 型自动过分相信号处理器。自动过分相信号处理器处理器外形如图 7.34 所示。

图 7.34 GFX-3J 型自动过分相信号处理器

7.5.3.1 技术参数

工作电压	DC 77～137 V
功耗	12 W
绝缘电阻	≥500 MΩ
工作温度	－25～70 ℃
适用速度范围	10～300 km/h
感应接收器直流电阻	620×(1±5%) Ω
强迫信号输出	110 V、脉宽 1×(1±10%) s
预告信号输出	110 V、脉宽 1×(1±10%) s
恢复信号输出(从预告信号通道)	110 V、脉宽 1×(1±10%) s
接收响应时间	≤0.05×(1±10%) s

7.5.3.2 结构及技术说明

系统由感应接受器(简称车感器)、自动过分相信号处理器和信号指示三部分组成,系统结构如图 7.35 所示。

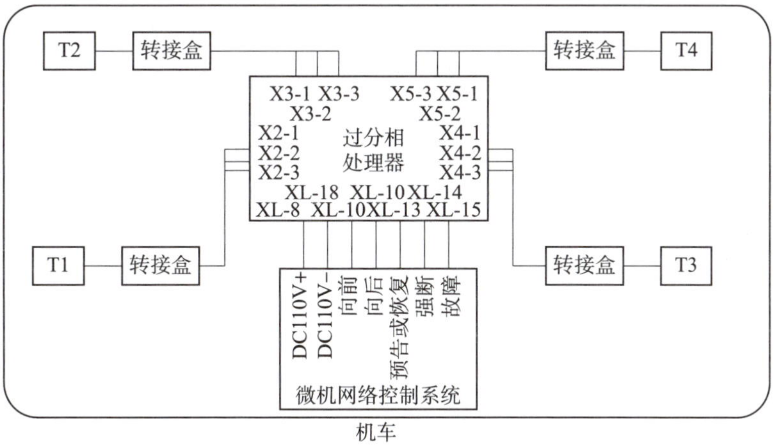

图 7.35 系统结构

7.5.3.3 工作原理

通过检测预先安装的信号装置,过分相装置检测来自磁感应线圈的分相区开始和分相区结束的信号,并通过硬线发送这些信号到机车微机网络控制系统。

磁信号传送器用于指示分相区的位置。沿着轨道,在每个分相区前面有两个磁信号传送器,一个(G1)在右侧,另外一个(G2)在左侧(图 7.36)。在每个分相区的尾部,有另外两个磁信号传送器(G3 和 G4)。

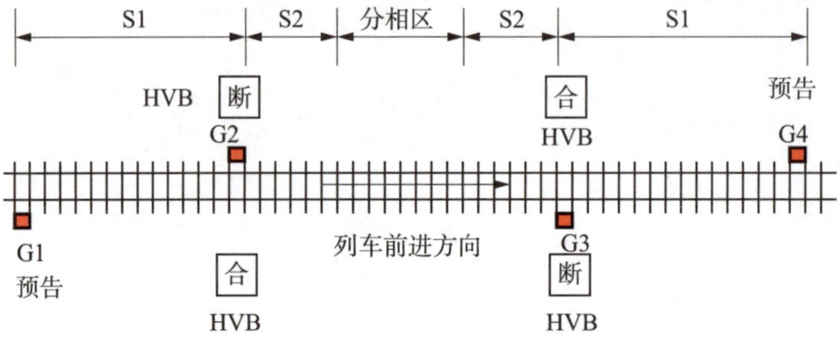

图 7.36　分相区磁信号传送器

过分相装置设有 4 个信号感应接收装置 T1、T2、T3 和 T4,分别安装在机车两端。Ⅰ端的 T1、Ⅱ端的 T3 用于检测右侧的 G1 和 G3;Ⅰ端的 T2、Ⅱ端的 T4 用于检测左侧的 G2 和 G4。过分相装置送给微机网络控制系统的信号包括:预告或恢复信号、强迫信号、故障信号;微机网络控制系统送给过分相装置的信号包括:Ⅰ端向前运行指令、Ⅱ端向前运行指令。

机车运行的线路区段在分相区前后装有地面感应器时,当控制系统接收到自动过分相装置送过来的预告信号后,牵引/制动力以可变斜率下降至 0,主断路器断开,显示器上提示“过分相开始”。

如果自动过分相装置送来强断信号,则主断路器立即断开。

机车在通过分相区过程中,必须正确的检测到网压变化过程(当主断断开后,网压先降至 14 kV 以下,再升高至 17.5 kV 以上)。网压恢复至正常值并延迟一定时间后,自动闭合主断路器,启动牵引变流器、辅助变流器等,并使机车状态恢复到过分相区前的状态。

如果过分相装置故障,则在显示器上显示“过分相必须手动完成”,同时微机网络控制系统忽略来自过分相装置的所有信号,司乘人员可通过过分相按钮完成过分相过程,机车进入半自动过分相状态。

当机车已经通过分相区,而微机网络控制系统未接收到通过信号或未经历网压中断过程,则认为机车仍然处在分相区而导致主断一直无法闭合,可通过手动分主断操作进行解锁,而后可手动正常合主断。

7.6　典型故障分析及处理

司机控制器故障时:

7.6.1　故障说明

机车运行中显示屏显示司机控制器故障。

7.6.2　故障分析

机车运行中显示屏显示司机控制器故障可能原因包括：司机控制器硬件故障或信号传输异常。

7.6.3　处理方法

(1)闭合复位按钮，检查司机控制器是否恢复正常。

(2)复位无效时，切除故障司控器。切除故障司控器后显示屏显示机车运行在“跛行”模式。“跛行”模式下，机车失去恒速控制功能，牵引级位只有：5.3、9.6、13.0 级位；制动级位只有：4.9、8.9、12.0 级位。

(3)机车“跛行”模式维持运行，到下一站进行故障处理。

8 制动系统

8.1 概　　述

机车制动系统直接关系到机车的运行安全，是机车的重要组成部分。制动系统主要由风源系统、制动机和其他气动辅助系统等部分组成。

HXD2C 型电力机车制动系统在正常工况时，通过微机控制列车管和机车制动缸压力实现列车的制动控制，在出现故障时，将机车制动系统转换到备用制动进行列车制动控制，制动机具备空电联合制动控制功能，保证机车在重载牵引条件下安全运行。

8.2 风源系统

风源系统是机车空气管路与制动系统的基础，它为机车与车辆制动系统及全列车气动辅助装置提供洁净、干燥、稳定的压缩空气。

风源系统分为主风源系统和辅助风源系统。主风源系统由空气压缩机、空气干燥器、总风缸等组成；辅助风源系统由辅助压缩机、辅助干燥器、辅助压力开关、升弓控制风缸等组成。

8.2.1 主风源系统

主风源系统主要由 2 台螺杆式空气压缩机组、2 台空气干燥器和总风缸等设备构成，对空气进行压缩，并对压缩空气进行干燥、净化处理；总风缸采用并联方式连接在一起。

8.2.1.1 空气压缩机

HXD2C 型电力机车采用的螺杆式空气压缩机组，安装在主风源柜上，由机车主处理单元(MPU)控制、三相交流电机驱动、电源箱供电。压缩机组采用空气冷却、单级、喷油螺旋式结构，主要包括压缩机机体、油/水分离器、电机和控制阀等部件。压缩机组外形及主要部件组成如图 8.1 所示。

(1)主要技术参数

电机功率	22 kW
额定转速	2 955 r/min
额定电压(基波有效值)	380 V
额定频率(基波)	50 Hz
最大启动电流	280 A
控制电压	DC 110 V
公称容积流量	2.4 m^3/min
额定排气压力	1 000 kPa

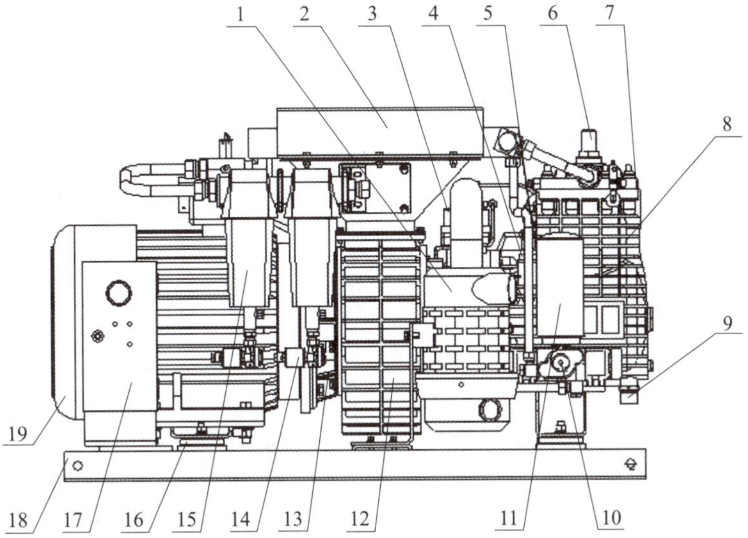

图 8.1 空气压缩机组

1—空气滤清器；2—冷却器；3—进气阀；4—加油口盖；5—安全阀；6—压力维持阀；7—油细分离器；8—油气筒；9—放油阀；10—温控阀；11—油过滤器；12—蜗壳；13—中托架；14—电磁阀；15—油/水分离器；16—减振器；17—电控箱；18—底架；19—电动机

安全阀整定值	1 250 kPa
压力开关整定值(断开)	300 kPa
温度开关整定值(断开)	(120±5) ℃时断开
机组质量(不含油)	400 kg
机组噪声(声功率级)	≤102 dB

(2)基本原理介绍

压缩机工作原理如图 8.2 所示，从压缩机机头工作原理、气路系统流程、油路系统流程三方面进行阐述。

①压缩机机头工作原理

螺杆空气压缩机为双轴旋转排放式机械结构，按加压输送原理工作。空气压缩机螺杆组包括两个相互啮合的有螺旋形沟槽的转子，转子具有不对称的啮合型面，并在一个铸铁壳体内旋转，如图 8.3 所示。压缩机采用径向进气，而出气是从轴向通过空气压缩机螺杆壳体内特殊形状的通道排出。

当转子旋转时，叶片之间的空气体积连续地变化。当入口打开时，空气被吸入。当出入口都被转子盖住时，空气被压缩，同时向出气口运动。当转子继续旋转，其后打开出口时，压缩空气就以最终的压力被排出。

②气路系统流程

空气通过位于空气压缩机机头吸气端的空气滤清器和进气阀吸入。经过压缩后，空气通过安装在空气压缩机机头的出气口压入油气筒。

如果空气压缩机在其油气筒内为空载时启动，压力维持阀将保持闭合，使油气筒快速建立

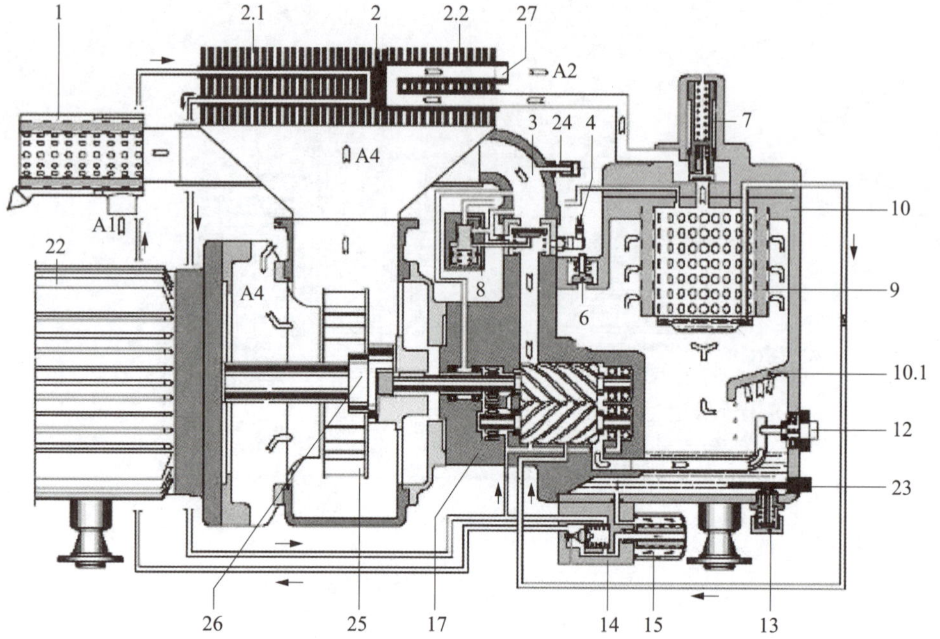

图 8.2　压缩机工作原理

1—空气滤清器；2—冷却器；2.1—后冷却器；2.2—油冷却器；3—进气阀；4—压力开关；6—安全阀；7—压力维持阀；8—电磁阀；9—油细分离器；10—油气筒；10.1—隔板；12—温度开关；13—放油阀；14—温控阀；15—油过滤器；17—机头；22—电动机；23—电加热器；24—真空指示器；25—离心式风扇；26—联轴器；27—空气供给口

A1—空压机空气入口；A2—压缩空气出口；A4—冷却空气

起压力，这一作用的结果是在运动中迅速形成油的循环。

当空气压缩机的油气筒内压力达到约 600 kPa 时，压力维持阀动作，而使通向车辆压缩空气系统的通道敞开。当系统压力达到断开压力后，空气压缩机停止运转，压力维持阀闭合。当油气筒压力通过电磁阀卸放时，系统压力得以保持。

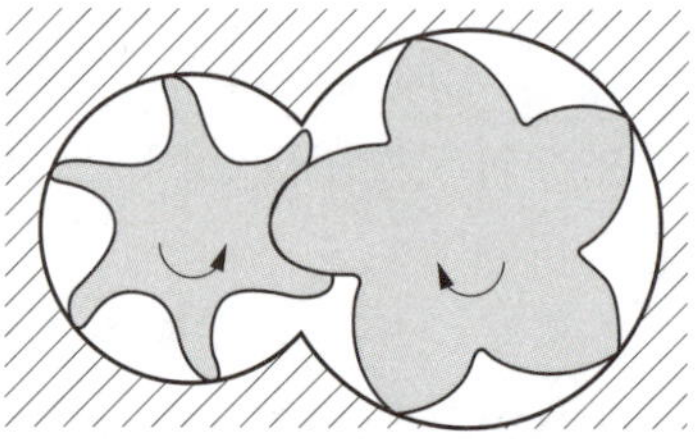

图 8.3　压缩机机头工作原理

每次当空气压缩机关停，在气压控制作用下压力从空气压缩机油气筒内自动卸除。在空气压缩机停机后，压力维持阀与进气阀闭合。由于空气压缩机机头产生了空气回流，因而进气口处压力升高。此时，电磁阀打开，压缩空气可以通过打开的阀门横截面流向空气滤清器，迅速将空气压缩机油气筒内的压力降到约 300 kPa。剩余的压力通过电磁阀全部排出至 0。

这种精确协调的过程极大地抑制了油的任何泡沫化趋势。在不大于(7±1) s 后以断开扭矩重新启动是可能的。

③油路系统流程

润滑油路系统由油细分离器、温控阀、油冷却器和油过滤器等组成。润滑油是利用压差原理进行循环，无油泵。

(3)构造说明

螺杆空气压缩机组由三大主要部件构成:驱动装置、空气压缩机组体和风冷却装置。它们用螺栓连接在一起,组成一个紧凑的支承的机组,采用弹性减振器平稳地固定机车车体的安装座上。

8.2.1.2　空气干燥器

空气干燥器连接在压缩机冷却器的出口,油/水分离器的后面。由干燥塔和控制阀组成,阀是用来控制通过干燥塔的空气流量。通过打开、关闭阀,干燥塔能够吸收或生成干燥的空气。阀是由来自电子程序(定时器)的信号进行控制的。空气干燥器的外形结构如图8.4所示。

(1)主空气干燥器主要技术参数

处理空气量	3 m^3/min
工作压力	1 000 kPa
吸附剂	ϕ3～ϕ5 mm 分子筛
再生方式	无热、常压
再生耗气率	<18%
出气口相对湿度	<35%
干燥塔转换周期	120 s

(2)基本原理介绍

通过电控器和电控阀对进气阀、排泄阀的控制,使2个干燥塔定时干燥、再生,干燥、再生的状态进行周期性的转换,保证处理后的空气达到相应指标,满足机车、车辆的用风要求。

(3)结构说明

空气干燥器是一种2室吸附式双塔干燥器,并带有自动排水功能的冷凝器和干燥器控制单元。干燥器由2个干燥塔、进气阀、排气阀、出气止回阀、电控器及安装架等组成。

8.2.1.3　总风缸

总风缸安装在机车机械间内部,每个总风缸的容积为800 L,两总风缸采用并联方式连接,为制动系统存储所需的压缩空气。

8.2.2　辅助风源系统

辅助风源系统负责在机车库停时间较长,总风缸中压缩空气压力不够的情况下,给机车电气系统用风设备供风。

辅助风源系统主要部件由辅助压缩机、辅助干燥器、辅助压力开关、升弓控制风缸、排污电磁阀等组成。

辅助空气压缩机由蓄电池供电的直流电机驱动,采用电机与压缩机连成一体的结构。

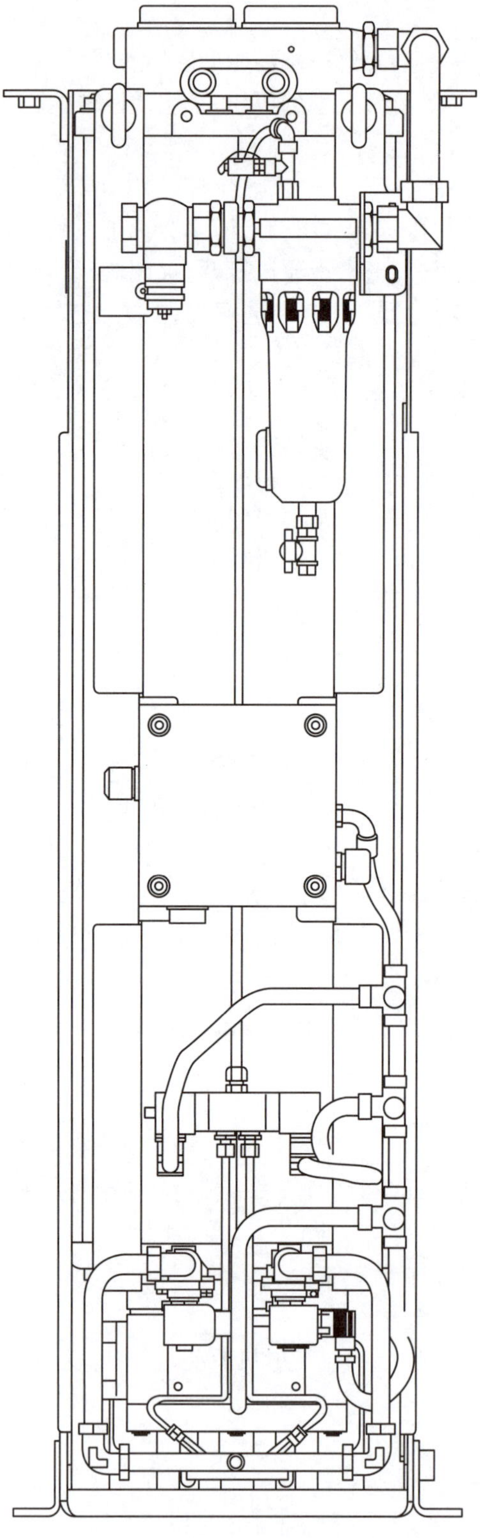

图 8.4　干燥器

辅助空气压缩机主要技术参数：

润滑方式	油润滑
额定工作电压	DC 110 V
额定功率	≤750 W
额定排气量	0.05 m^3/min
额定排气压力	800 kPa

8.3 空气管路布置

机车空气管路按布置可分为中央管排、机械间空气管路及设备安装、底架空气管路、司机室空气管路、升弓管路及设备安装等。

8.3.1 中央管排

整车空气管路通过中央管路来贯通连接。中央走廊管排可在车下进行预组装，预组装后的走廊管排与中央线槽组成装配后，整体吊装装车，便于施工。走廊管排与司机室管路、机械间空气管路及设备相接。

8.3.2 机械间空气管路及设备安装

机械间安装空气压缩机、空气干燥器、1 号气动柜、2 号气动柜、主风源柜、总风缸等设备及其连接管路，空气压缩机、总风缸等主要设备集中安装在主风源柜上。机械间空气管路通过走廊布管相连接。

8.3.3 底架空气管路

底架空气管路是车体与转向架连接管路，底架向上与司机室及机械间管路相接，向下与转向架相接。列车管、总风管、平均管也通过机车两端部底架空气管路相互连接或与车辆相接。车体与转向架之间的停放制动管、制动缸管、轮喷管通过专门的橡胶软管相连接。

8.3.4 司机室管路及设备

司机室的主要设备有自动制动控制器(简称大闸)、直接制动控制器(简称小闸)、紧急按钮、双针压力表、停放制动实施按钮、停放制动缓解按钮、风笛按钮和风笛踏板以及相应的连接管路。

8.3.5 升弓管路及设备安装

升弓管路是由辅助空气压缩机、辅助干燥器、辅助风缸、单向阀等及其连接管路组成。

升弓管路功能：在机车升弓前，由辅助压缩机提供受电弓和主断路器所需的压缩空气；在机车放置时，利用控制风缸保存压缩空气，以备下次升弓和闭合主断路器用。

8.4 制动机

制动机是制动控制系统的核心，HXD2C 型电力机车制动机主要采用法维莱制动机，仅有 3 台机车装用了 CCBⅡ制动机。

8.4.1 法维莱制动机

法维莱制动机主要由安装在司机室操纵台的制动控制器、安装在机械间制动柜中的司机制动阀（Eurotrol）、作用阀模块、BCU（制动控制单元）、隔离模块、流量计、分配阀组成、电空模块（EPM）、紧急阀和转向架中继阀等部件组成。

为方便安装与维修，制动机采用阀类与电器部件集中安装的方式，主要部件集中在制动柜上如图 8.5 所示。

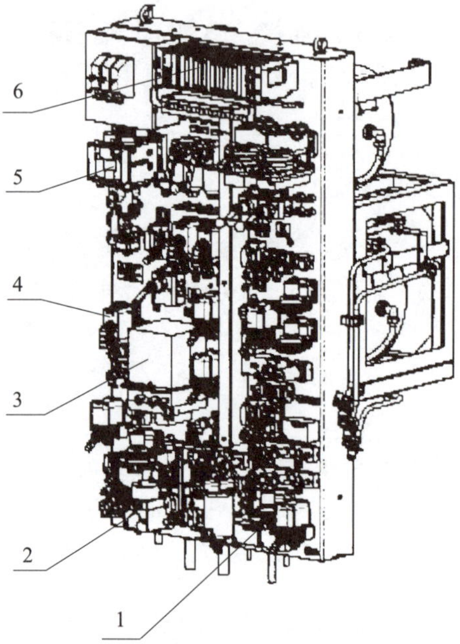

图 8.5 制动柜

1—转向架中继阀；2—紧急阀；3—司机制动阀（Eurotrol）；
4—电空模块（EPM））；5—分配阀组成；6—BCU（制动控制单元）

8.4.1.1 制动控制器

在正常的操纵模式下由自动制动控制器的电气部件来控制司机制动阀（Eurotrol）。制动控制器的外形如图 8.6 所示。

制动控制器有两个操作手柄，分别为自动制动控制器（大闸）和直接制动控制器（小闸）：

自动制动控制器（大闸）有下列位置：运转位；初制动位；最大制动位；抑制位；重联位；紧急位。

直接制动控制器（小闸）有下列位置：运转位；最大制动位；单缓位（侧推）。

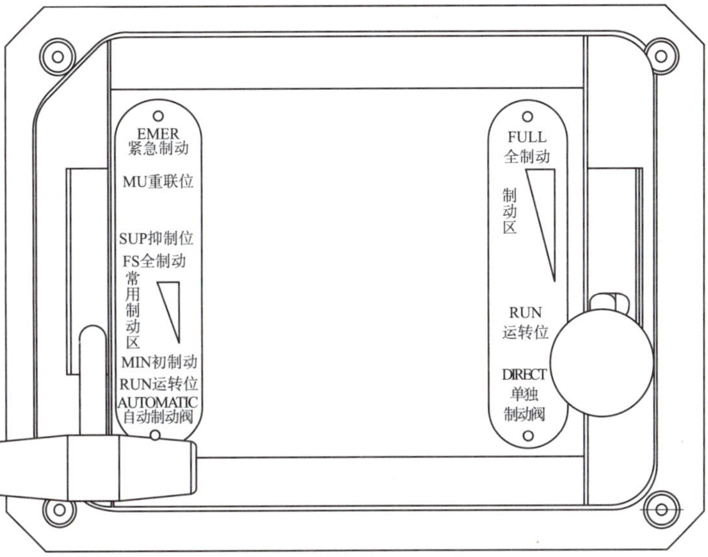

图 8.6 制动控制器

8.4.1.2 司机制动阀(Eurotrol)

司机制动阀(Eurotrol)从 BCU(制动控制单元)接收输入信号,然后调整 BP(列车管)压力信号。

司机制动阀(Eurotrol)为用于控制均衡风缸压力的集成装置,主要由调压阀、缓解电空阀、制动电空阀、中立电控阀、保护电空阀、中继阀、隔离阀、滤尘器及传感器和测试口等组成。这些部件通过接受 BCU 的信号,完成相应的气路控制,从而实现列车管压力的控制。整个控制回路都是闭环控制方式。司机制动阀如图 8.7 所示。

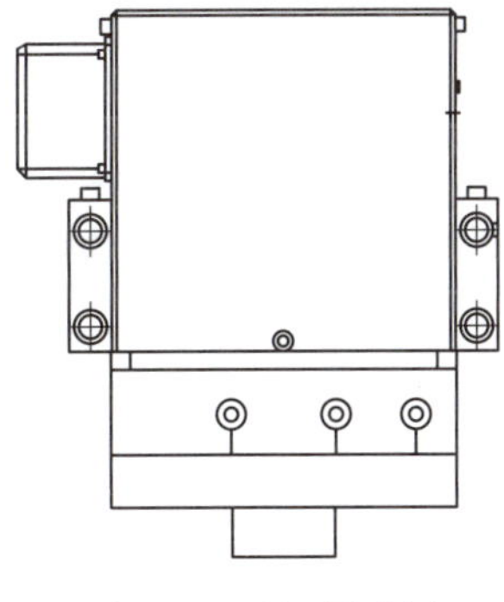

图 8.7 司机制动阀

8.4.1.3 制动显示屏(BRAKE DISPLAY)

制动显示屏如图 8.8 所示。

制动显示屏是用于列车运用的智能图形监控。显示器为 10.4 英寸液晶显示,有 8 个功能按键用于选择不同的菜单,为 PC 兼容设备。

对制动机而言,显示屏可用来选择本机/补机制动模式、均衡风缸(ER)整定压力的设定、

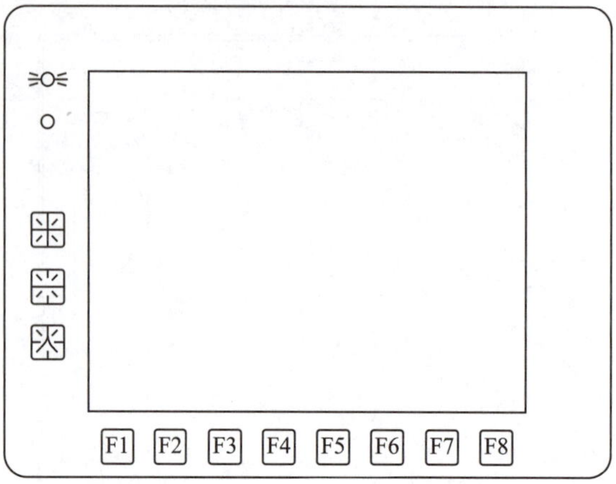

图 8.8　制动显示屏

选择列车管压力的补风/不补风、显示空气制动诊断记录、系统状态和报警信息。屏幕实时显示均衡风缸、列车管、总风缸、列车管流量以及制动缸的压力值，压力值显示单位为 kPa。

8.4.1.4　制动控制单元(BCU)

制动控制单元(BCU)对司机制动阀进行控制。制动控制单元(BCU)通过 MVB 总线与机车微机进行通信，通过 RS-422 与 Locotrol 进行通信(预留)，通过 CAN 总线与各 EPM 模块进行通信。

制动控制单元(BCU)根据自动制动控制器的指令或来自 Locotrol 系统(预留)的制动指令，计算先导室压力 RE，然后通过电磁阀和压力传感器闭环控制得到需求的先导压力 RE。制动控制单元如图 8.9 所示。

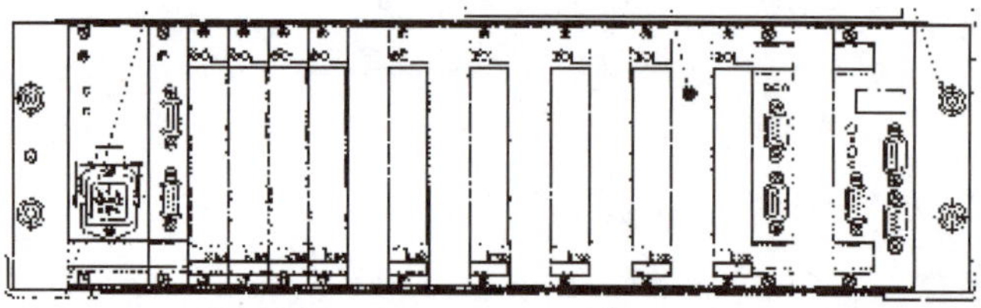

图 8.9　制动控制单元

8.4.1.5　隔离模块

隔离模块原理如图 8.10 所示。

该模块由一个[VE(IS)RM]电磁阀和一个[VV(IS)RM]气动阀组成，用于将司机制动阀(Eurotrol)和列车管隔离开。当 VE(IS)RM 电磁阀得电，司机制动阀(Eurotrol)和 BP 被隔离。该模块由 BCU 控制。

微动开关把气动阀的状态发送给 BCU，当司机制动阀(Eurotrol)被隔离，司机控制台上的相应指示灯会亮起。

8.4.1.6　流 量 计

司机制动阀有一个流量计，用于测量列车管的空气流量。该流量值由 BCU 读取并发送给 Locotrol。流量计由文氏管止回阀 I-DB 和差压传感器 CA(PRN)DEB 组成。

8.4.1.7　分配阀组成

分配阀对副风缸和停放制动气路里的空气进行分配。

分配阀组成包括以下部件：SW4 分配阀、辅助风缸及隔离设备、分配阀一次缓解模块。

SW4 分配阀符合 UIC540 标准。该分配阀通过 RB(IS)CP/CG 塞门可将总风管和列车管隔离，并受到两个过滤器的保护。

分配阀主要特性：

制动缸充气时间(0～95%)　　(4±1) s

制动缸排气时间[最大到 40 kPa(0.4bar)]　　(7±1) s

通过总风管经由 FI-RB(IS)CP 过滤器和 RB(IS)CP 塞门由总风为辅助风缸提供气源。分配阀缓解有两种模式：阶段缓解和一次缓解。一次缓解模块的气动原理如图 8.11 所示。

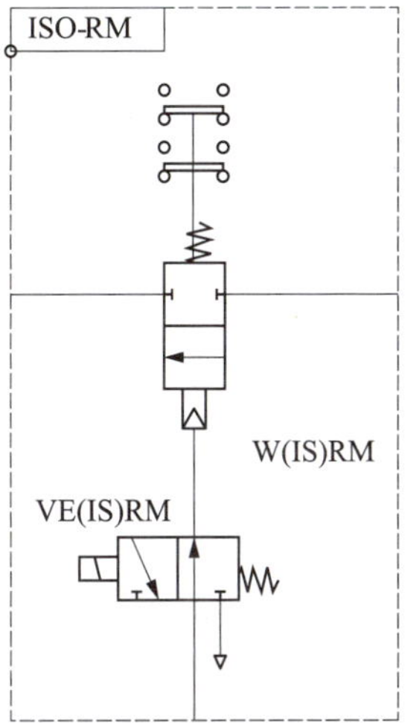

图 8.10　隔离模块原理

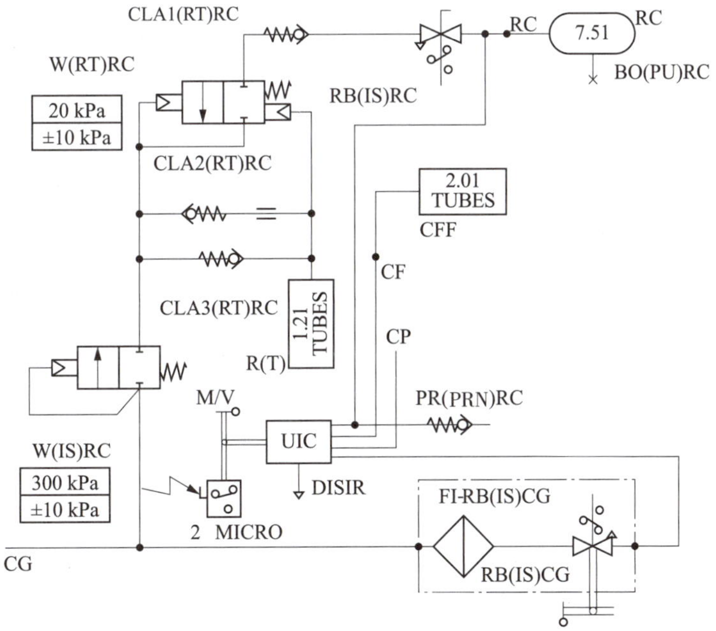

图 8.11　一次缓解模块气动原理

通过隔离塞门 RB(IS)RC，向 BCU 提供两种缓解模式，阶段缓解和一次缓解。阶段缓解时，塞门 RB(IS)RC 处于隔离位，一次缓解时，塞门 RB(IS)RC 处于导通位。

一次缓解仅出现在列车管处于制动状态、压力超过 300 kPa 时，VV(IS)RC 气动阀用来实现该项功能。当 VV(RT)RC 气动阀检测到列车管和 R(T) 风缸的压差超过 20 kPa，RC 控制风缸开始通过 VV(RT)RC 阀将其内部的压缩空气排入列车管。在这种方式下，分配阀能更快速地缓解。当列车管和 R(T)风缸的压差低于 20 kPa，VV(RT)RC 气动阀自动关闭。当制动缸完全缓解，列车管开始向控制风缸充气。

8.4.1.8 电空模块(EPM)

电空模块(EPM)外形如图 8.12 所示。

电空模块(EPM)是比例调节阀，根据制动需求曲线将电输入信号(模拟或数字)转换为空气输出(压力)信号。

法维莱制动机的 EPM，主要用于两个方面的制动性能：①根据列车管压力的变化精确控制闸缸的预控压力；②根据小闸手柄的位置变化精确控制闸缸的预控压力。

EPM 的功能基于闭环控制原理，电输入信号根据算法由反馈传感器转换为压力输出，压力由内部电磁阀调整，供风通过 1 个压力限压阀(可设)。闭环控制由压力传感器和内部电气单元实现，诊断功能也由这些部件实现。EPM 输出控制压力以驱动外部中继阀。

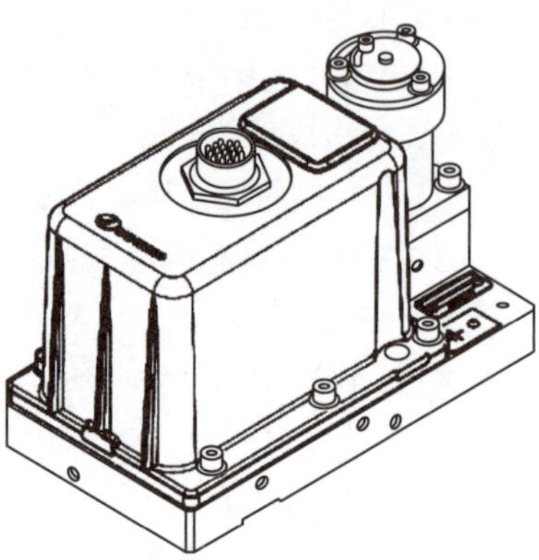

图 8.12 电空模块(EPM)外形

EPM 包括三个模块：备用制动 EPM，直接制动 EPM，分配阀 EPM。

8.4.1.9 紧急阀

紧急阀的作用是在紧急制动时加快列车管的排风，提高紧急制动灵敏度和紧急制动波速，同时接通列车分离保护电路，使列车紧急制动的作用更可靠。当制动管路压力降超过80 kPa/s时，紧急阀动作加速列车管的排风。该阀是以压差而产生动作并随之带动电联锁，是外部因素而引起列车管紧急排风后的刺激诱发。

8.4.1.10 转向架中继阀

该模块主要为两台转向架的制动装置供风。Q(P)FR1/2 转向架中继阀直接接收来自分配阀的控制压力(经由互锁阀)，中继阀的输出压力通过双向止回阀(VV1/2)传输到转向架制动缸，双向止回阀也接收来自直接制动装置的压力。VE-Q(P-COM)F1/2 空电联合制动电磁阀的控制和监控由牵引控制单元 TCU 完成。当空气制动被禁止时，中继阀的先导压力将通过空电联锁电磁阀在 4～5 s内排出。转向架中继阀模块的气动原理如图 8.13 所示。

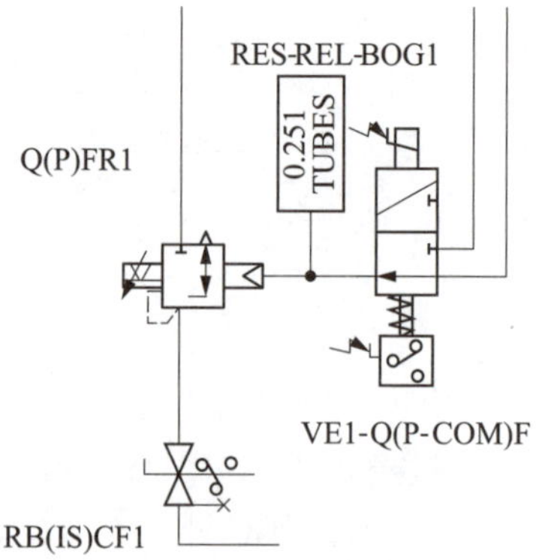

图 8.13 转向架中继阀模块原理

8.4.1.11 制动模式

HXD2C 型电力机车具有空气制动、电制动及空电联合制动功能。

电制动可以通过自动制动手柄或牵引/制动手柄施加，如果同时施加，执行较高者的电制动要求。

当司机通过使用自动制动手柄实施常用制动操作时，机车将根据列车管的减压量给出电制动，以代替机车的空气制动，而列车中的车辆仍然根据列车管的减压实施空气制动。如果机车电制动失效，恢复自动制动手柄的空气制动。

机车能够控制空气制动和电制动的互锁，使电制动与自动制动产生的空气制动不能同时施加。实施电制动时，主处理单元 MPU 发出一个信号给制动控制单元，机车制动缸压力将通过一个电磁阀得电排出制动缸的预控压力而使机车制动缸缓解。

机车根据单独制动手柄实施空气制动，在制动缸压力小于 90 kPa 时，机车电制动和空气制动叠加，当制动缸压力大于 90 kPa 时，电制动切除，机车实施空气制动。

在速度≤5 km/h，电制动的制动力降低且被空气制动力取代。

实施紧急制动时，机车仅施加空气制动。

(1)自动制动

BCU 通过接收制动控制器的编码器信号生成控制司机制动阀中制动电磁阀和缓解电磁阀的命令，进而控制列车管的减压和缓解，实现机车以及后部车辆的自动制动。在制动控制动器内部还装有一个编码器，用以控制备用制动模块。

(2)直接制动

直接制动是一种直接向转向架制动缸供风的控制。主要用于机车单独驾驶时(如调车时)使用。其气动原理如图 8.14 所示。

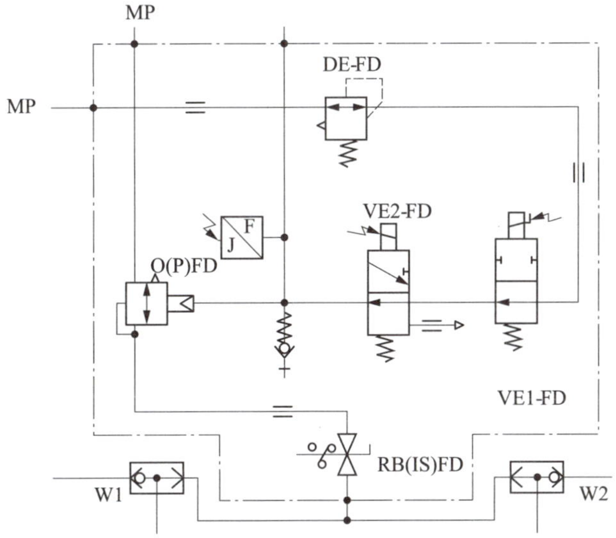

图 8.14 直接制动原理

直接制动的电磁阀由直接制动控制器控制。在失电状态下，向制动缸充气。故障时，直接制动的输出可由 RB(IS)FD 塞门进行隔离。先导气路中的最大压力值被 DE-FD 减压阀限制在 300 kPa(3.00 bar)。

当直接制动控制器移到制动位，VE1-FD 和 VE2-FD 电磁阀均失电，Q(P)FD 中继阀的先导室通过调压阀进行充气，此时制动缸接收到同样的压力并实施制动。当直接制动控制器移到缓解位，VE2-FD 阀得电，通过该阀排风口排出 Q(P)FD 中继阀先导室的压力，此时制动缸压力降低，制动装置缓解。当直接制动控制器置于中立位，制动缸保持一定压力，VE1-FD 阀得电，VE2-FD 阀失电，此时 Q(P)FD 中继阀先导室的压力保持不变。由于有 VV1/2 双向止回阀，直接制动和自动制动装置不会相互干扰，两者信号按照取大原则进行选择。

在远程重联机车上，直接制动装置由 BCU 根据 Locotrol 系统的要求进行控制。

(3)停放制动

停放制动为弹簧施加/压力释放式，由双稳态阀电磁阀控制。此阀可以由来自司机室的电气信号驱动，或者通过对阀本身的手动操作驱动。

当施加停放制动时，停放制动气缸内的压力为 0。不能同时施加停放制动和常用制动，如果停放制动气缸内的压力为 0，而常用制动被施加，则停放制动气缸将通过双向止回阀被充注至与常用制动相同的压力，与停放部分相关的制动力由此被减小，以避免损坏制动气缸。

每一转向架的停放制动回路由压力开关进行监测。

从机车外面可通过停放制动指示器查看停放制动器状况。

如果停放制动故障，可通过停放制动隔离塞门进行隔离。

(4)平均管控制

当多辆机车连挂时，将采用平均管(EQ 管)来实现本务机车对从控机车转向架中继阀的直接控制。

来自本务机车的每一制动请求(自动制动、直接制动和紧急制动)都通过平均管来传递。平均管电磁阀 VE-EQ 的挡位将确定机车是本务机车(机车将制动气缸的先导压力发送至从控机车的转向架)还是从控机车(机车的中继阀接收到来自本务机车制动气缸先导压力)。

(5)无火回送

切除驱动电源时，机车可作为单一的货车进行无火回送。

进行无火回送切换时，首先确认常用制动是否完全缓解，在机车投入时分别缓解大闸和小闸(列车管完全缓解，小闸置缓解位)，如果机车由于故障等原因无法投入时，即机车处于失电状态，必须先通过隔离制动柜底部的常用制动隔离塞门 RB(IS)CF1 和 RB(IS)CF2 来缓解转向架的常用制动。在确认常用制动完全缓解后，将停放制动隔离塞门 RB-FS 转换至隔离状态，然后通过拉转向架上的手动缓解拉杆手动缓解停放制动，最后将制动柜上的无火回送塞门 RB-MV 切换至无火状态，完成整个无火模式的切换。

8.4.2 CCBⅡ制动机

CCBⅡ制动机是一种符合 AAR 标准要求的基于微机网络的适用于干线机车的制动系统，具备自动制动、单独制动、紧急制动、列车管流量检测等功能，制动控制系统还具备空电联合控制、停放制动控制及其他辅助气动功能的附加控制功能。

CCBⅡ制动系统利用现场可替换的单元(LRU)设计形成一种分布式结构。每个可替换的单元模块包含自诊断功能。CCBⅡ具备多项冗余功能，具有独一无二的识别、重新组合和发生故障时备份关键部件的功能。制动机主要部件包括制动控制器、制动控制柜、制动显示屏等。

8.4.2.1 制动控制器(EBV)

制动控制器(EBV)外形如图 8.15 所示。

制动控制器(EBV)是 CCB Ⅱ制动机的操作部件，安装在两端司机室。EBV 包括了自动制动手柄和单独制动手柄，还有一个机械驱动的排气阀，即在机车及蓄电池无电情况下，当自动制动手柄移至紧急制动位时，这个排气阀引发列车管以紧急制动的速率排风。EBV 的布置是水平桌面式结构。左边是一个自动制动手柄，右边是一个单独制动手柄，中间有一个符号面板。

自动制动手柄和单独制动手柄都是向前推时施加制动。

自动制动手柄位置：运转位、初制动位、全制动位、抑制位、重联位和紧急制动位。在初制动位和全制动位间是常用制动区。非操作端司机室 EBV 的自动制动手柄可以锁在重联位。一旦 EBV 上了锁，自动制动手柄往任何方向都不能移动，包括自动制动手柄的紧急制动功能也被禁止。单独制动手柄位置：运转位和最大制动位。在运转位和最大制动位之间是制动区。倾斜单独制动手柄至一边可以随时激活单缓功能，将自动制动手柄在机车上产生的制动效果缓解。

8.4.2.2　制动柜

为方便安装与维修，制动机采用阀类与电器部件集中安装的方式，主要部件包括电空控制动单元(EPCU)、中央处理模块(M-IPM)等模块，EPCU 如图 8.16 所示，M-IPM 如图 8.17 所示。

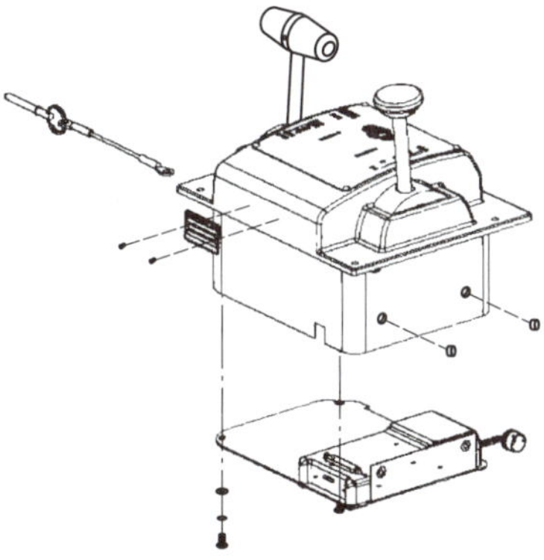

图 8.15　制动控制器(EBV)

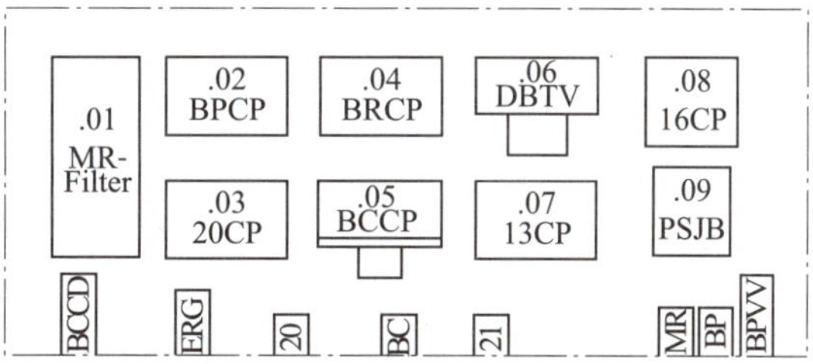

图 8.16　电空控制单元(EPCU)

EPCU 模块主要由以下部件组成：

(1)列车管控制部分(BPCP)—包括列车管中继阀并提供列车管的投入和切除以及紧急作用。

(2)均衡风缸控制部分(ERCP)—提供列车管控制压力。

(3)13 控制部分(13CP)—提供快缓管压力。

(4)16 控制部分(16CP)—提供制动缸预控制压力。

(5)20 控制部分(20CP)—提供制动缸平均管的压力。

此外还包括：

(6)制动缸控制部分(BCCP)—包括制动缸中继。

(7)DB 三通阀(DBTV)部分—在电子装置故障时提供空气备份。

(8)电源接线盒(PSJB)—包括 EPCU 电源。

M-IPM 是 CCB Ⅱ系统的中央处理器。M-IPM 模块包括了电子系统、处理系统、继电器驱动回路、I/O 板和 MVB 接口。M-IPM 与 LCDM、RIM 模块，EBV、EPCU 和 CCU 通信。在每个 M-IPM 前面都有 9 个 LED 指示器，这些指示器可提供系统的运行状态信息。在 M-IPM。的前面还有一个便携的测试装置(PTU)连接接口，测试装置通过这个接口用来在处理故障时访问数据记录，下载新软件也通过这个接口。M-IPM 是制动系统的主计算机。它用来管理所有的连接装置，并且通过 LON 网络向 EPCU 发送制动命令。MVB 连接装置将与机车的计算机交流系统信息。

8.4.2.3 制动显示屏

制动显示屏主要显示与制动相关的压力及流量信息，包括均衡风缸及列车管的压力，及总风和制动缸压力，同时显示列车管流量信息，可以作为制动机的交互界面进行模式切换。制动显示屏外形如图 8.18 所示。

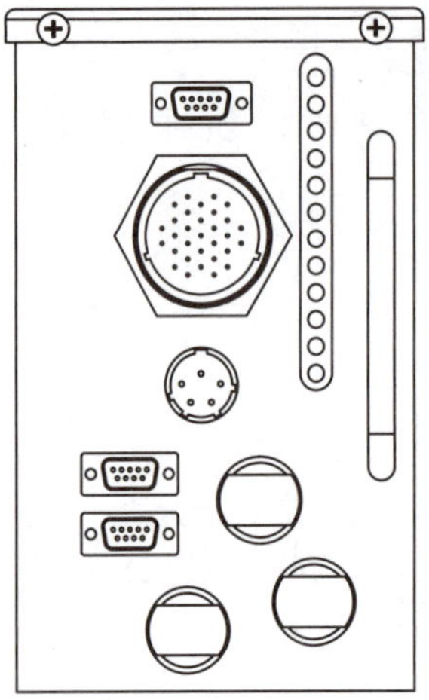

图 8.17 中央处理模块(M-IPM)

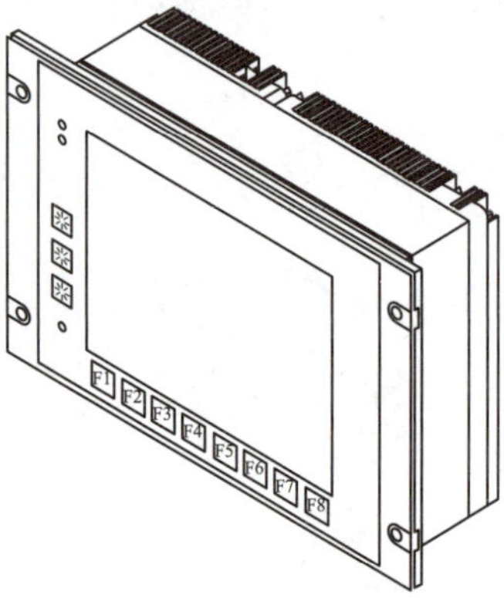

图 8.18 制动显示屏外形

8.5 其他气动设备

机车辅助系统管路是为改善机车运行条件和确保列车运行安全设置的。它由撒砂管路、风笛管路、轮轨润滑装置管路等组成。

8.5.1 撒砂系统管路

机车撒砂系统管路由 8 个砂箱(每端转向架前、后端的左右侧各设一个)、8 个撒砂器(图 8.19)和控制其工作的电磁阀组成。

8.5.2 风笛管路

在机车司机室顶盖上的左右侧分别设有向前高音风笛、低音风笛及向后高音风笛，司机操纵台上设有控制风笛工作的手动按钮、司机脚下设有控制风笛脚踏开关。

8.5.3 轮缘润滑管路

轮轨润滑管路由电磁阀及控制器等构成，这些设备装在车内；喷头和油脂罐等装在转向架上。

8.5.4 升弓装置管路

升弓装置管路是为受电弓升降而设置的。它由升弓控制阀板、顶盖升弓管路、隔离塞门等部件构成。

8.6 基础制动

HXD_{2C} 型电力机车基础制动装置采用踏面制动方式。基础制动装置是对机车实行减速和停放的一种机构，其作用是将制动缸的力传给闸瓦。基础制动装置由若干制动单元组成。每一制动单元包括一个制动缸和两个闸瓦。制动缸内作用于活塞的压缩空气推力经放大机构(或储能制动装置相当于手制动装置手轮上的力)传给各闸瓦，使闸瓦压紧车轮踏面，最后通过轮轨的黏着产生制动作用，CCBⅡ制动机基础制动和法维莱基础制动结构、原理及安装接口相同。

该基础制动装置采用单侧踏面制动单元，用螺栓安装在构架侧面。每转向架设有 6 套单元制动器，其中 3 套为停放制动单元，分别安装在转向架左侧的 3 个车轮处，如图 8.19 所示。

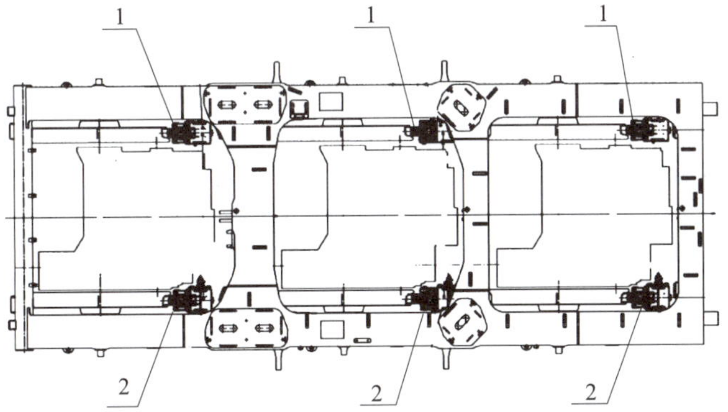

图 8.19 单元制动器的安装

1—常用制动单元；2—停放制动单元

常用制动单元主要由制动缸、楔形力放大机构和单向间隙自动调整器组成。制动缸由缸体、活塞和缸套等组成，闸瓦间隙调整器由弹簧、轴承、导向螺母和调整螺母等组成。当制动缸充风时，活塞向下移动，推动楔子到滚柱轴承之间，借助间隙调整器机构将输出力传递到闸瓦，同时将作用力放大，作用力放大的倍率和楔子的角度相关，间隙调整器是一单独作用的机构，它不受制动力产生的弹性变形的影响，当轮瓦磨损后，它能保证轮瓦间隙，同时保证安全；它可以通过一个机械和/或气动装置来缓解，该装置装在踏面制动单元上，间隙调整器的最大调整量为 125 mm，在工作行程内，对于某给定的压力，制动力的公差为±7%，其外形如图 8.20 所示。

弹簧停放制动是在常用制动缸体上部增加弹簧停车制动器，当机车在正常运行状态时，停放制动缸中充有压力空气，弹簧处于压缩状态，停放制动不参与机车正常的制动作用；机车在停放时，当总风管的压力空气泄漏到一定程度(空气压力小于弹簧的作用力时)，停放制动开始作用，此时，停放缸活塞在弹簧的作用下向下移动，推动制动活塞，产生制动力。停放制动单元外形如图 8.21 所示。

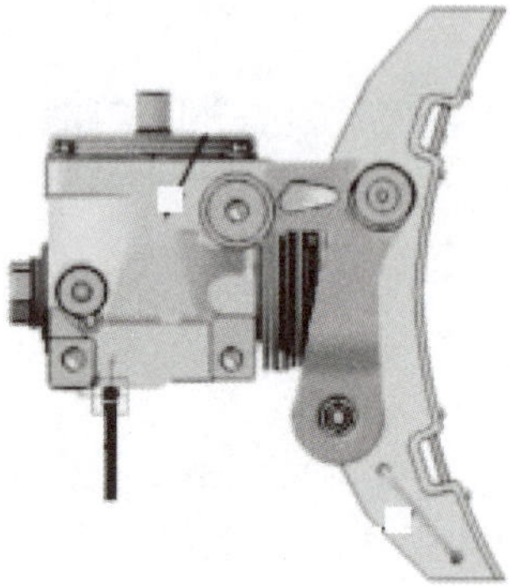

图 8.20　常用制动单元

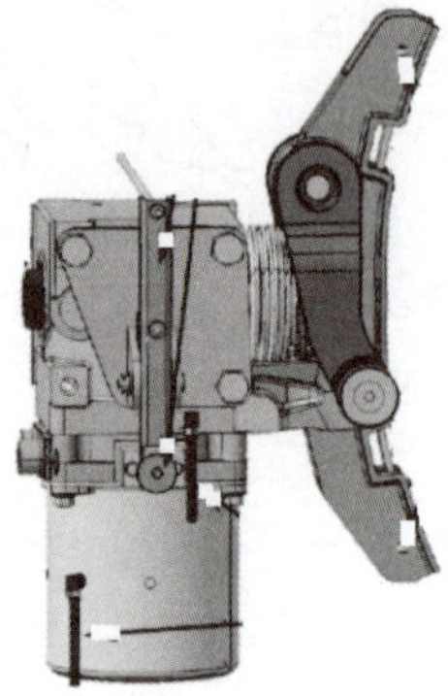

图 8.21　停放制动单元

基础制动装置主要技术参数：

数量×直径	12×7 英寸
是否带有闸瓦间隙自动调整装置	是
基础制动装置传递效率(在紧急制动时)	>0.844
机车空气制动率(在紧急制动时)	18.9%
每转向架停放制动个数	3(保证在 30‰坡道上安全停车)

制动系统闸瓦参数如下：

闸瓦的材料	合成闸瓦
闸瓦的平均摩擦系数	0.23
磨耗限值	10 mm
闸片温度限值	350 ℃(持续)～430 ℃(短时)
轮对踏面温度限值	>闸瓦限值温度

该基础制动装置可以实现在平直道上 120 km/h 速度下，轴重 25 t 的机车紧急制动距离≤1 100 m的要求；在无风和所有设备工作时，停放制动可以保证机车在 30‰坡道上安全停放。

8.7　典型故障分析及处理

自动制动手柄无法缓解制动时：

8.7.1　故障说明

机车运行过程中，自动制动手柄置运转位时，出现列车管无法恢复定压，制动无法缓解的现象。典型情况有三种:(1)机车换端操作后,制动无法缓解;(2)因其他原因重新上电后,制动无法缓解;(3)操纵自动制动手柄使列车管减压实施制动后,再将自动制动手柄返回运转位时,制动无法缓解。

8.7.2　故障分析

自动制动手柄置运转位时无法缓解制动的原因主要有:机车上的紧急制动设备(紧急制动按钮、电紧急按钮、车长阀等)、惩罚制动设备(LKJ、无人警惕等)持续发出紧急制动或惩罚制动指令;总风压力太低;缓解紧急或惩罚制动指令时,自动制动手柄未先回抑制位。

8.7.3　处理方法

(1)确认紧急制动设备处于正常位置。

(2)确认机车无惩罚制动源。

(3)确认总风压力高于定压 100 kPa,显示屏上没有显示“总风低”的提示信息。若总风没有高于定压 100 kPa,则启动空压机,进行打风。

(4)将自动制动手柄推至抑制位至少 1 s 以上,再拉回运转位进行缓解。

(5)如果按照上述操作步骤,仍不能缓解,则转换至备用制动模式,维持运行待回段后处理。

9 车　　体

9.1 概　　述

车体是机车的主要承载部件之一，在机车运行过程中，车体承受垂向载荷、水平冲击载荷和侧向力的作用，并传递机车牵引力和制动力；另一方面，车体也是机车大部分机械、电气设备的安装基础，为其提供足够的空间，保证其正常运转的同时也为司乘人员提供了良好的工作环境。

HXD2C 型机车车体由底架、司机室、侧墙、顶盖及入口门、前窗、钩缓装置、排障器、整流罩等附属部件组成，如图 9.1 所示。

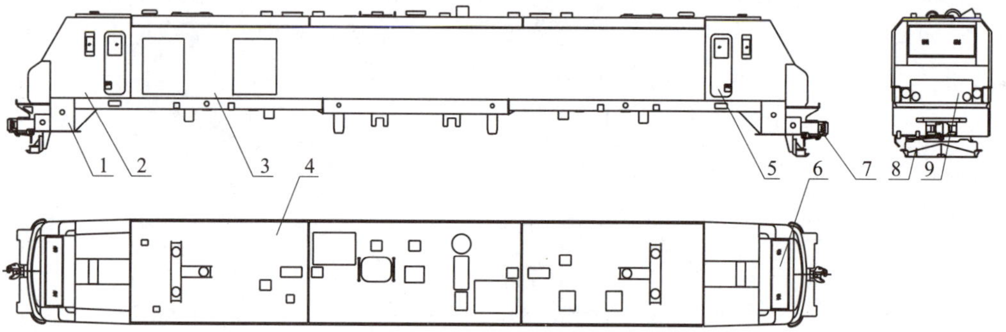

图 9.1　HXD2C 型电力机车车体

1—底架；2—司机室；3—侧墙；4—顶盖；5—入口门；
6—前窗；7—钩缓装置；8—排障器；9—整流罩

9.2 主要结构参数及特点

9.2.1 车体主要结构及参数

车体设计主要采用 UIC、ISO、EN 以及我国相关标准。车体承载结构采用整体承载方式，依照 UIC 566、EN 12663、ERRI B12/RP17 等相关静强度、疲劳强度标准进行设计及评判。车体主要结构特点如下：

(1)车体承载结构由底架、侧墙、两端司机室等几部分组焊而成，纵向承载能力大，沿车钩纵向中心能承受 3 000 kN 的静压力和 2 500 kN 的静拉力而不会产生永久性变形和其他损坏。

(2)底架侧梁上设有 4 个强度足够的吊车销孔，并在前后端牵引梁上设有 4 个救援用的吊车销孔。

(3)车体与转向架之间设有联接装置,以便在需要时将车体同转向架一并吊起。车体和转向架同时整体或一端吊起时,车体各部分不会产生永久性变形。

(4)车体底架侧梁下部设有 4 个架车支承座和 4 个供检修用的支承点。

(5)机车的两端设有调车员踏板,并有相应的扶手。调车员踏板上方设有三级脚踏板,用于检修人员对设备的检修、维护等。

(6)装配于车体下部的排障器、变压器等采取了防松、防落措施。

(7)在车钩箱中装有变形吸能元件,在机车意外冲击或碰撞时能起到一定的保护作用。

车体主要结构参数如下:

车体宽度	2 856 mm
车钩纵向中心线距离	22 960 mm
车钩中心线距轨面高度	(880±10) mm
底架上平面距轨面高度	1 630 mm
车体顶盖距轨面高度	3 874 mm
机车排障器距轨面高度	(110^{+10}_{0})mm
机械间净空间长度	16 106 mm

9.2.2 车体部件结构特点

(1)底架

HXD2C 型电力机车车体底架主要由牵引梁、侧梁、牵引横梁、枕梁、砂箱梁、中央纵梁及铁地板等组焊成一个整体承载框架式结构,如图 9.2 所示。底架采用厚度为 6~40 mm 的 S355J2 钢板制造。

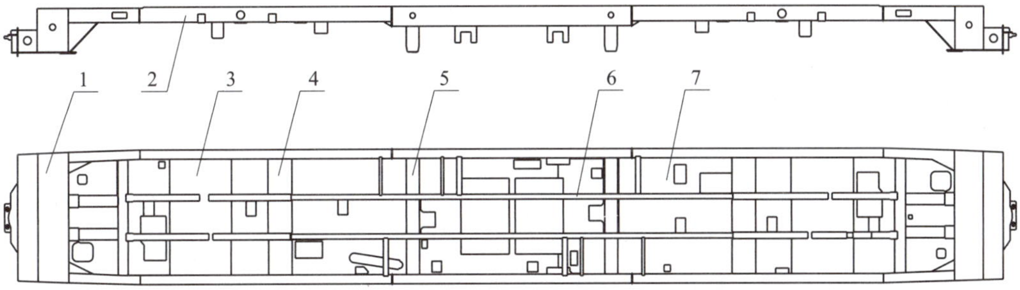

图 9.2 底架

1—牵引梁;2—侧梁;3—牵引横梁;4—枕梁;5—砂箱梁;6—中央纵梁;7—铁地板

牵引梁位于底架两端,是直接传递机车的纵向牵引力、承受制动力与冲击力的重要部件。牵引梁是由 8~12 mm 厚的钢板组焊而成 L 形箱体结构。其下部为车钩箱,用于安装车钩缓冲装置和吸能装置。从板座由铸钢件加工而成,其形位公差由专用焊接工装保证,车钩箱顶部焊有磨耗板。牵引梁前端装有冲击座,前端两侧设有机车救援用吊销孔。牵引梁后端左右两侧各设有 1 个砂箱,每个砂箱容积为 90 L。

侧梁位于底架两侧,由端部侧梁、中部侧梁和左右侧梁三部分组成。中部侧梁高 400 mm,端部侧梁和左右侧梁高 300 mm,通过连接板焊接组成整个侧梁。端部侧梁上设有登车用的脚踏孔，左右侧梁上设置了用于机车整体起吊的吊销孔，中部侧梁上对应砂箱梁的位置处设有砂箱注砂孔，下方焊有牵引变压器的安装座。侧梁上平面焊有定位销，用于安装车内设备。

牵引横梁不仅承受机车垂向载荷及垂向冲击，同时起到传递牵引力的作用。牵引横梁是由上盖板、立板及牵引座板组成的箱形结构，其左右两端焊有二系橡胶堆挡板与机车转向架相连接。牵引横梁中部与牵引座连接，牵引座与转向架牵引杆相连接。此外，转向架垂向减振器座也焊接在牵引横梁上。

枕梁主要承受垂向载荷，主要由上盖板、侧板组成、U形板与侧板和上盖板组成箱形体结构，枕梁左右两端焊有二系橡胶堆挡板。

底架共有两根完全相同的砂箱梁，位于底架中部，两端与底架侧梁连接。砂箱梁上部为横梁，下部为两个砂箱，每个砂箱容积100 L。

中央纵梁共两根，为L形梁组焊成箱型结构，总高度176 mm，宽度为106 mm，贯穿于整个底架，与侧梁一起到传递纵向力的作用。在纵梁上焊有活动螺母和定位销，用于设备的定位与安装。

铁地板为6～12 mm厚的钢板，与各梁焊接在一起，组成框架结构，提高底架强度和刚度的同时，也起到了密封的作用。

(2)司机室

司机室钢结构采用模块化设计，由前墙、左右侧墙及顶部结构四部分组焊而成。前墙上部向后倾斜30°，由四根封闭的梁柱组成前窗窗口，用来安装前窗。左右侧墙主要由门框立柱、侧窗立柱与连接司机室前墙的横梁和侧墙蒙皮组成，两侧上弦梁截面形状与侧墙顶侧梁一致，组焊后与侧墙顶侧梁对接，使车体承受纵向压缩或拉伸时力流平稳传递。顶部结构为中间突起的板式结构，设有头灯检修口，后部设有与车顶活动顶盖相吻合的排水槽。

司机室结构强度符合UIC 566标准要求，结构设计充分考虑安全性，并加强了司机室的气密性设计，对主要的长大焊缝都有气密性要求。

(3)侧墙

侧墙主要由侧墙板和顶侧梁及压形槽钢立柱组焊而成，总长16 229 mm，高度为1 950 mm。在侧墙端部设有车内设备的进风口，用于安装过滤器装置。

侧墙板为波纹板，采用3 mm厚的S275钢板预先压制而成。侧墙立柱为6 mm厚的压型槽钢。顶侧梁是由6 mm厚折弯成形的内、外顶板组焊而成的空腹梁，梁内焊有与截面形状一致的隔板，顶部焊有安装座，用于安装和支撑顶盖装置。在内侧面焊有用来连接车内设备及车体连接横梁的固定座。

车体左右侧墙通过4根车顶横梁连接在一起。

(4)顶盖装置

顶盖装置由3个可拆卸的框架式活动顶盖组成。顶盖两侧通过紧固件与侧墙顶部的安装座相连，下部四周镶嵌整体式中空橡胶密封条，保证了车体的密封性能。

Ⅰ端顶盖和Ⅱ端顶盖上设有整体加工的受电弓安装座，中央顶盖上设有检修维护用活动天窗(人孔盖)及冷却塔通风口。除此之外，各顶盖上还焊有绝缘子安装座和作业安全绳挂钩。

(5)排障器

排障器为板式焊接结构，主体为8 mm厚的L形压型弯板，中部焊有6 mm厚的筋板，在筋板和弯板之间向后倾斜对称焊接两块三角形翼板。排障器两侧焊有调车员踏板安装座，中部焊有管卡座，后部为安装座板。安装座板上开有 8 组呈平行四边形排列布置圆孔，焊接在底架牵引梁下部的排障器安装座上也开有 8 组呈平行四边形排列的圆孔，通过调整两组圆孔的相对位置，可以实现排障器高度的调节。

排障器通过 8 个 M16 的螺栓安装在车体上，螺栓尾部设有开口销。按要求，机车落车后其高度需要调整为距轨面 110^{+10}_{0} mm。排障器结构如图 9.3 所示。

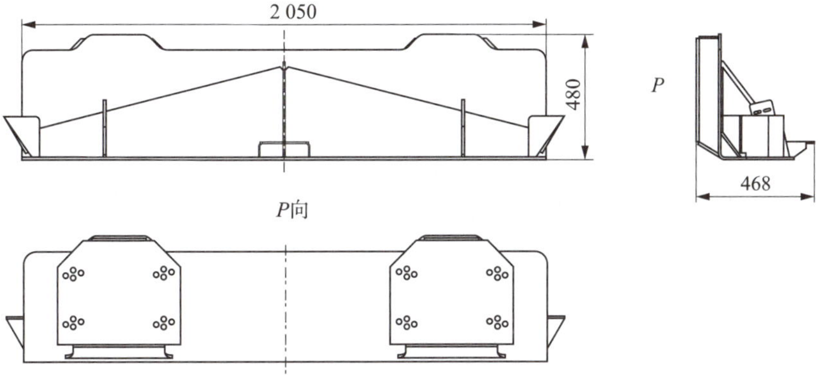

图 9.3 排障器结构

9.3 牵引缓冲装置及变形吸能元件

牵引缓冲装置主要包含 TB/T 3334—2013《机车车钩缓冲装置》中的 100 型车钩、100-1(QKX100)型缓冲器等，如图 9.4 所示。

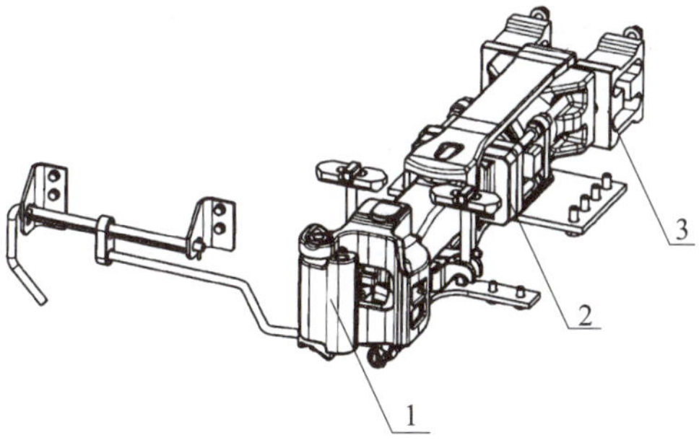

图 9.4 车钩缓冲装置及变形吸能元件

1—车钩；2—缓冲器；3—变形吸能元件

车钩和缓冲器安装在底架牵引梁内，车钩组装后钩身可以在人力作用下摆动，以便于在曲线半径不小于 $R250$ m 弯道处摘挂。

车钩水平中心线距轨面高度为(880±10) mm，车钩高度可通过在钩尾框托板上加垫或改变吊杆装置均衡梁上的磨耗板厚度的方式进行调整。

按 TB/T 456－2016《铁道车辆用车钩、钩尾框》等标准规定，车钩的三态作用应良好：

(1)全开——用手持续稳定地旋转提杆手把,钩舌应达到全开位置。

(2)闭锁——用手持续稳定地推动钩舌鼻部,钩舌应转动到全闭状态,同时钩锁应顺利地落到闭锁位置。钩锁处于闭锁位置时,车钩应处于防跳保护状态。

(3)开锁——用手缓慢转动提杆手把,使闭锁位的钩锁抬高到钩舌尾部以上。在此过程中钩舌不许有转动。当回转提杆使钩锁落下时,钩锁应坐落在钩舌推铁的座锁前顶面上,此时用手扳动钩舌内腕,钩舌应能自由地转动至全开位置。

车钩及钩尾框采用 ZG 25MnCrNiMo 铸造,其抗拉破坏载荷不低于 3 800 kN,各主要部件的最小破坏载荷如下:

钩舌	3 430 kN
钩体	4 005 kN
钩尾框	4 005 kN

100-1 型缓冲器主要由弹性胶泥芯子、壳体、连接板和螺杆等组成,满足 TB/T 1961—2016《铁道车辆缓冲器》标准的要求。

100-1 型缓冲器基本参数:

最大阻抗力	≤2 500 kN
工作行程	≤83 mm
缓冲容量	≥80 kJ
缓冲吸收率	≥80%

100-1 型缓冲器容量大、吸收率高,能有效减少机车纵向冲击,同时,满足标准化钩缓接口尺寸,其安装接口能与 100-2(MT-2)型和 100-3(MT-3)型缓冲器互换。

变形吸能元件安装在车钩箱尾部(左右各一组),采用特殊材质的厚钢板制造,其中部开有工字形槽孔,在意外碰撞情况下,中部较为薄弱的部分向内侧弯曲,通过塑性变形吸收碰撞能量,最大限度地保护机车以及司乘人员的安全。

变形吸能元件基本技术参数(每组):

静压触发力	≥1 500 kN
动态吸收能力	≥100 kJ
最大行程	≤50 mm

9.4 典型故障分析及处理

前窗玻璃不加热时:

9.4.1 故障说明

打开位于机车司机室操纵台上的前窗玻璃加热开关后,出现前窗玻璃不加热现象。

9.4.2 故障分析

导致前窗玻璃不加热的原因主要包括:供电电路故障,电加热温控盒故障(如有),前窗玻璃故障(玻璃内的电阻丝烧损)。

9.4.3 处理方法

(1)检查供电电路,闭合司机室操纵台上前窗玻璃加热开关,检查电加热温控盒加热指示灯,绿灯亮,证明供电电路正常。若未安装电加热温控盒或其指示灯不亮,则关闭加热开关,松开供电电路接入电加热温控盒(或前窗玻璃)接线柱上的端头,再闭合司机室操纵台上前窗玻璃加热开关,用万用表测量供电电路两接线端头处的电压,测量电压是否在 154～272.8 V 范围内。若不在范围内,则说明供电电路故障,需排除故障;若在范围内,证明供电电路正常,进行后续检查。

(2)用万用表检查电加热温控盒电路是否正常(如有),若不正常,更换电加热温控盒。

(3)经过以上步骤后,打开前窗玻璃加热开关,若加热不正常,则说明前窗玻璃内的电阻丝烧损或断路,更换前窗玻璃。

10 转 向 架

10.1 概　　述

HXD2C 型电力机车转向架是基于 HXD2B 型电力机车转向架技术的基础上开发的 120 km/h、23 t/25 t 轴重 C_0 转向架技术平台。采用了成熟而先进的技术，如踏面制动、滚动抱轴承传动、主动齿轮筒支梁结构、二系橡胶堆、双轴箱拉杆轮对定位、整体免维护轴箱轴承、中间推挽式短牵引杆装置、油气轮缘润滑等，这些先进技术的采用保证了机车能在重载牵引条件下以较高的速度运行。

转向架主要由构架、一位轮轴驱动装置、一系悬挂装置、基础制动装置、牵引装置、二位轮轴驱动装置、铭牌、二系悬挂装置、转向架空气管路、电机悬挂装置、轮缘润滑装置、三位轮轴驱动装置和附属装置组成，如图 10.1 所示。

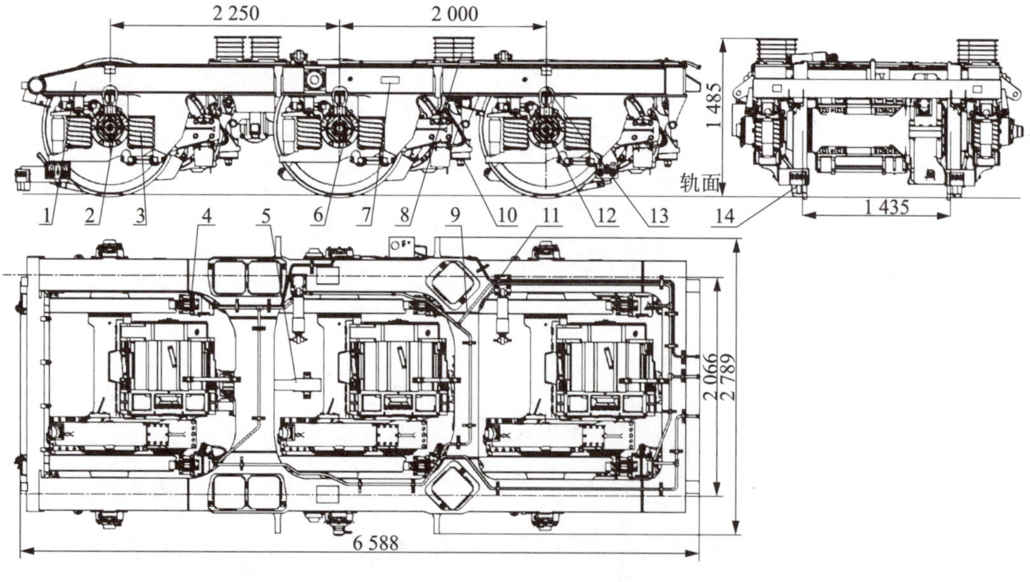

图 10.1　HXD2C 型电力机车转向架结构

1—构架；2—一位轮轴驱动装置；3—一系悬挂装置；4—基础制动装置；5—牵引装置；6—二位轮轴驱动装置；7—铭牌；8—二系悬挂装置；9—转向架空气管路；10—电机悬挂装置；11—轮缘润滑装置；12—三位轮轴驱动装置；13—整体起吊装置；14—附属装置

10.2 技术参数

转向架主要技术参数：

轴重	$23\times(1^{+3\%}_{-1\%})$ t，$25\times(1^{+1\%}_{-3\%})$ t
转向架总重	26 500 kg
电机质量	2 740.5 kg
单轴簧下质量	5 670 kg
牵引电机悬挂方式	滚动抱轴悬挂
轴距	2 250 mm＋2 000 mm
轨距	1 435 mm
转向架中心距	12 320 mm
轮对左右轴箱中心线间距	2 116 mm
二系支承点横向间距	2 026 mm/1 940 mm
牵引方式	中间推挽式水平短牵引杆
牵引电机功率	1 250 kW
牵引点距轨面高度	625 mm
机车启动牵引力(每轴)	95 kN(25 t 轴重)
传动方式	滚动抱轴式单侧直齿
齿轮传动比	120/23
轮径	
新轮	1 250 mm
半磨耗	1 200 mm
全磨耗	1 150 mm
最大运用速度	120 km/h
一系悬挂方式	钢弹簧＋双轴箱拉杆＋垂向减振器
一系弹簧静挠度	79.5 mm(25 t 轴重)；76.5 mm(23 t 轴重)
二系悬挂方式	橡胶堆＋横向减振器
二系橡胶堆静挠度	14.2 mm(25 t 轴重)；10.9 mm(23 t 轴重)
基础制动方式	踏面制动单元(带蓄能)
限界	满足 GB 146.1—1983-1B
轴箱横向自由间隙	
端轴	SKF 0.10～0.40 mm FAG 0.13～0.49 mm
中间轴	34～36 mm
一系垂向止挡间隙	29 mm
二系横向止挡间隙	60 mm(其中自由间隙 20 mm、弹性间隙 40 mm)
二系垂向止挡间隙	20 mm

摇头止挡间隙　　　　　　　107 mm

10.3　工作原理

转向架是电力机车的关键部件之一，它对机车运行的安全性、舒适性、稳定性、可靠运行、延长寿命及减少对轨道的破坏均起着重要的作用。转向架直接承受车体传来的各种静、动载荷以及轮轨间产生的各种力，并传递牵引力和制动力，牵引机车在轨道上安全运行，因此，转向架除具有足够的安全可靠性及一定的运动稳定性储备，还具有优良的运行平稳性和较小的轮轨动作用力。线路条件直接影响转向架的动力学性能，因而保证良好的轮轨几何关系非常重要，根据线路条件及机车的结构和悬挂参数的匹配可达到机车最优的动力学性能。

转向架能够整体互换，转向架主要实现以下功能：支承车体重量、实现机车的导向、吸收和缓解来自轨道的冲击振动、适应机车的曲线通过、传递牵引和制动力，保证机车的安全性、平稳性、舒适性，并实现机车的其他功能。

10.4　构造说明

10.4.1　轮对轴箱

10.4.1.1　轮　对

车轮采用直径为 1 250 mm 的整体碾钢车轮，材料为 R7T，并满足 UIC 812-3 标准要求；车轮踏面采用符合 TB/T 449 的 JM3 磨耗型踏面。

车轴轴颈直径 177.902 mm，轮座直径 250 mm，轴身直径 220 mm 设计满足 EN 13104 标准；其材料采用 A1N，并满足 UIC 811 的相关要求。

轮对内侧距 1 353 mm，其组装满足 UIC 813、EN 13260 和 TB/T 1463 的相关要求。

10.4.1.2　轴　箱

轴箱主要由轴箱体、轴承、接地装置、速度传感器、轴端压盖、前后盖等组成。一、三位轴箱轴承采用整体式圆锥滚子轴承单元，二位轴箱轴承采用整体式圆柱滚子轴承单元。整体式轴承便于控制轴箱横动量和保证轴承油脂不泄露，实现 100 万 km 免维护。一、三位的每个轴箱装有接地装置，二位齿端轴箱装有速度传感器。端轴、中间轴轴箱组装如图 10.2、图 10.3 所示。

10.4.2　驱动装置

驱动装置(图 10.4)采用抱轴驱动，主要由牵引电机、抱轴箱、传动齿轮箱等组成。

10.4.2.1　传动齿轮

机车牵引齿轮传递功率大，齿轮线速度高，齿轮为高速重载传动，并能承受瞬时 5～6 倍的冲击载荷。其主要参数如下：

压力角　　　　　　　　20°

传动比　　　　　　　　5.217(120/23)

齿轮模数	8(m_n)
齿轮材料	18CrNiMo7-6(EN 10084)
大小齿轮中心距	576 mm
轮齿(精度)等级根据 ISO 1328-1	6 级

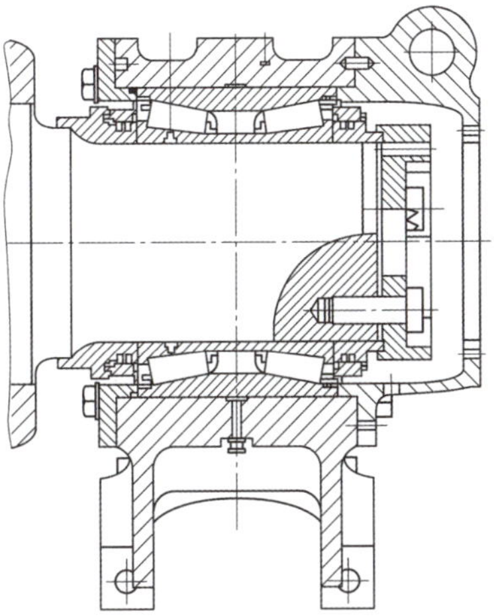

图 10.2　端轴轴箱组装(带接地装置)

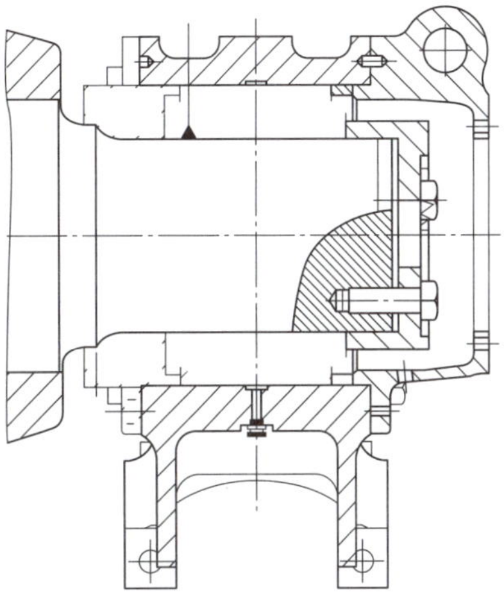

图 10.3　中间轴轴箱组装(带速度传感器)

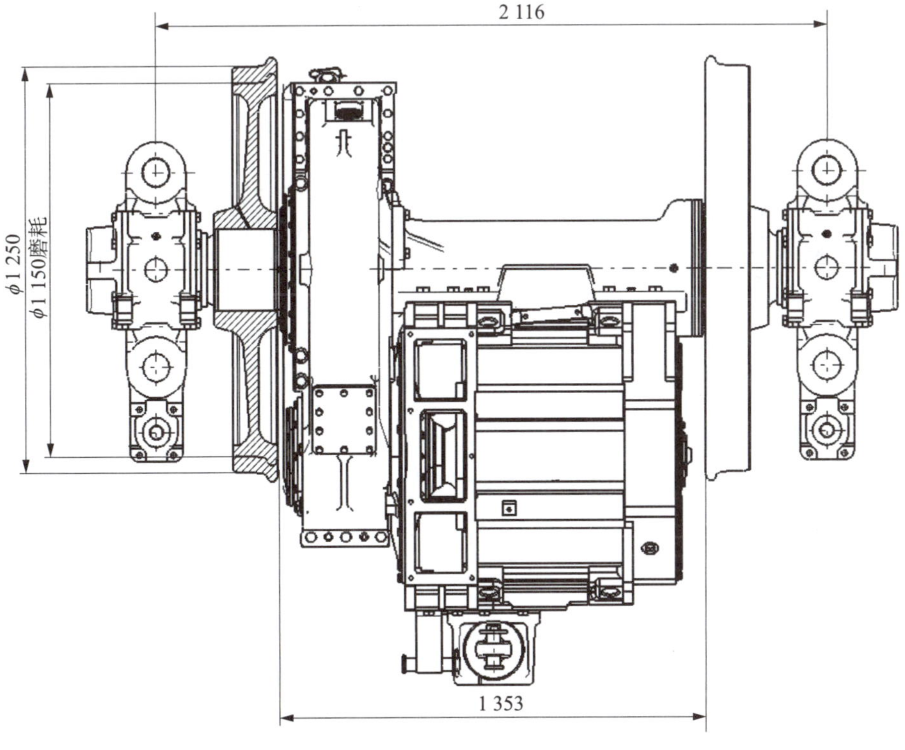

图 10.4　驱动装置

主动齿轮采用简支梁安装方式。主动齿轮内孔采用 1∶20 锥度，与电机轴采用过盈装配，轮齿进行齿廓修形及齿向修形。主动齿轮与电机的连接如图 10.5 所示，主动齿轮结构如图 10.6 所示。

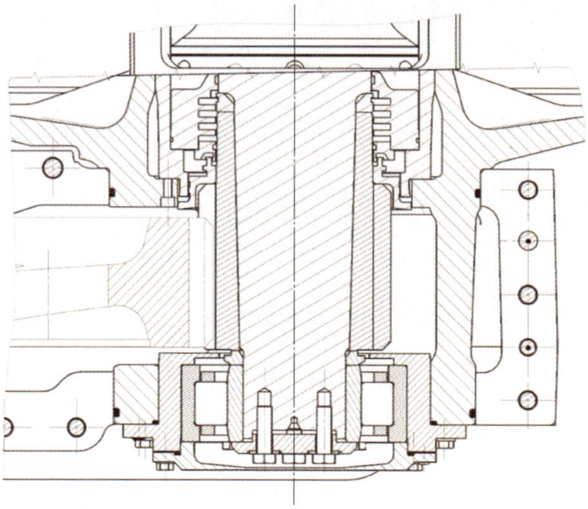

图 10.5　主动齿轮与电机的连接

从动齿轮为整体锻造结构，从动齿轮内孔设有两道油沟与齿轮毂孔端的孔相通，方便注油退下从动齿轮。轮齿进行齿向修形。从动齿轮结构如图 10.7 所示。

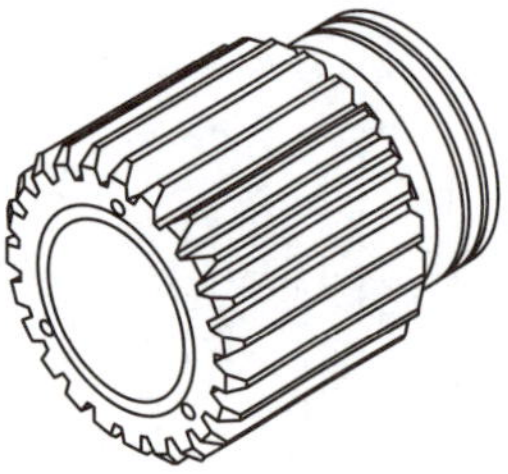

图 10.6　主动齿轮结构

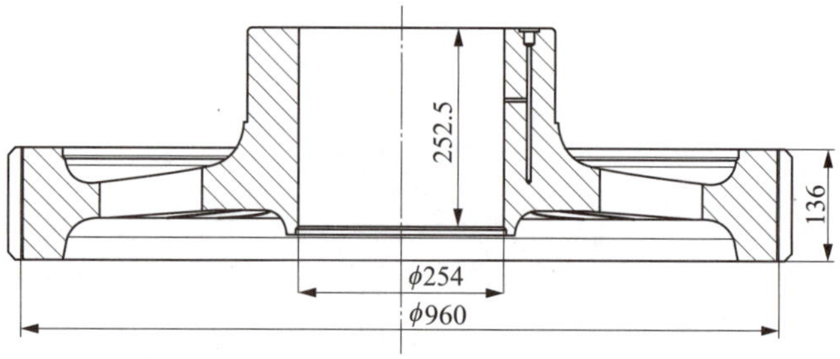

图 10.7　从动齿轮结构

10.4.2.2　**齿 轮 箱**

齿轮箱由上箱和下箱通过螺栓连接而成。齿轮箱设计了分别供轴承润滑的油路，通过齿轮啮合飞溅润滑齿轮、齿端抱轴箱轴承和齿端电机轴承，确保在传动过程中获得良好润滑；为了防止水、灰尘、污物等进入箱内，齿轮箱设置了迷宫密封及 O 形橡胶密封，防止漏油以及外界的灰尘和水进入，如图 10.8 所示。

齿轮油采用 SHX-LS 75W-90 或 Shell Spirax ASX 75W-90 润滑油，油位应处于油窗的上下刻线之间(约 18 L)，齿轮箱上的油窗可以检查齿轮箱的油量和油质的变化。齿轮油不但能够满足齿轮的充分润滑，而且能够满足齿侧抱轴箱轴承和电机输出端轴承的稀油润滑与冷却。润滑油通过齿轮箱中油槽和油孔，流入到齿侧抱轴箱轴承室和电机输出端轴承室，以润滑和冷却轴承。油路中还设有磁性螺堵，以净化润滑油中的磁性杂质，保持齿轮油清洁。

齿轮箱体采用了球墨铸铁材料，其牌号为符合欧洲标准 EN 1563 的 EN-GJS-400-18-LT 球墨铸铁，组织性能好，强度高，最低使用环境温度可以达到－40 ℃齿轮箱结构如图 10.9 所示。

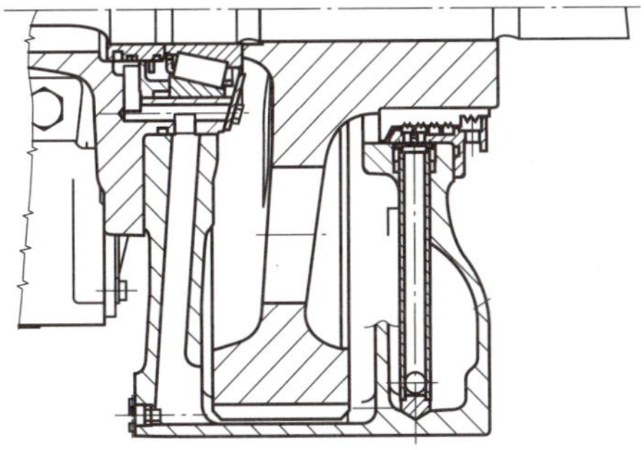

图 10.8 齿轮箱密封装置

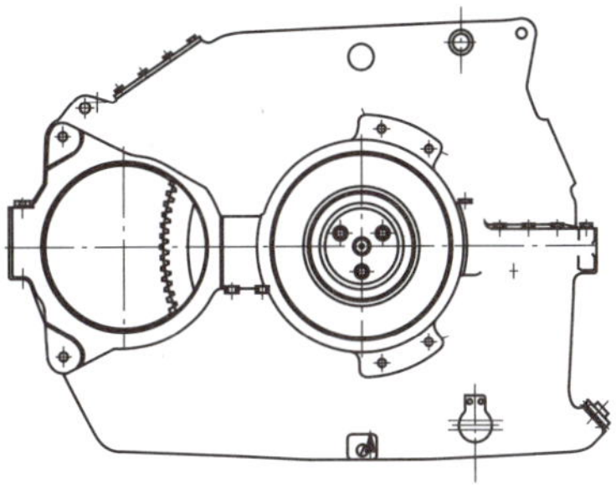

图 10.9 齿轮箱结构

10.4.2.3 抱轴承箱

抱轴箱装配由抱轴箱、两组不同的圆锥滚子轴承、轴承座、密封盖、密封环、调整垫、隔环、挡油板、橡胶密封圈等组成。抱轴箱组装后的横动量为 0.15～0.25 mm。

齿侧抱轴箱轴承的润滑是采用齿轮箱的齿轮油飞溅而润滑的；非齿侧抱轴箱轴承的润滑是采用 Alvania 2760B(Gaus Rail S3 EUFR)润滑脂润滑。抱轴承箱组装和外部环境之间的密封既可防止漏油，又可防水、防尘。非齿侧抱轴承箱轴承每 13～15 万 km 补充注入(200±10)g Alvania 2760B(Gaus Rail S3 EUFR)润滑脂。

牵引电机与抱轴承箱合口面由圆柱销定位，并通过 10 个 M24 螺栓刚性连接。为便于拆卸，抱轴承箱设计有工艺螺栓孔结构。

抱轴承箱为球墨铸铁，材料为满足 EN 1563 标准的 EN-GJS-400-18-LT，组织性能好，强度高，最低使用环境温度可以达到－40 ℃，其结构如图 10.10 所示。

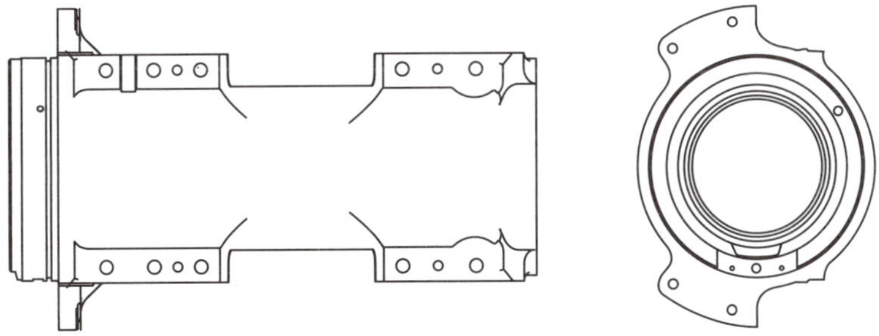

图 10.10 抱轴承箱结构

10.4.3 构 架

构架(图 10.11)为目字形构架，由两个侧梁、一个牵引梁、一个横梁和两个端梁组成，除个别安装座以外，结构基本上是对称的。构架焊接后变形小，残余应力分布均匀；构架的各个零部件的应力水平比较低，且应力变化趋势平稳；构架各安装座结构简单。

构架本体材料采用 S500MC 钢板，焊接采用 EN 15085 标准体系：优先选用对接焊缝、单边 V 形焊缝和 K 形焊缝，尽可能不用不开坡口的角焊缝；使焊缝位于低应力区；避免焊缝位于同一截面上；不同板厚的焊接，在厚板对接处设置斜坡，使两板厚一致；对接焊缝预留间隙，以便焊透，对接焊缝的余高尽量小。焊接工艺过程主要焊缝采用机械手进行焊接，在构架组焊完成后，对构架各梁体对接焊缝进行无损检测，构架焊接后进行应力消除退火。

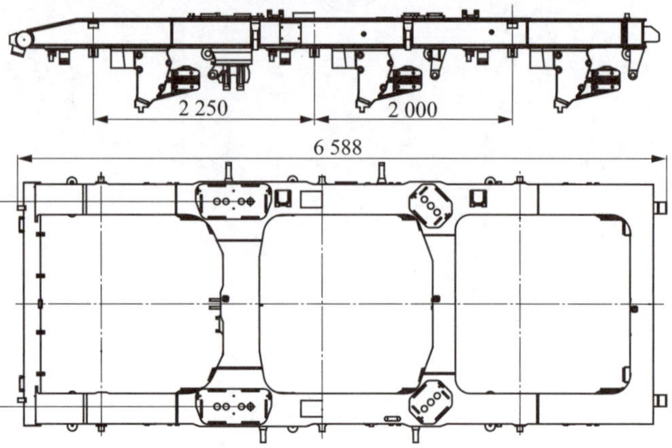

图 10.11　构架结构

按 UIC 615-4 的规定进行计算，静强度及疲劳强度满足标准要求。

按 UIC 615-4 的规定进行静强度及疲劳强度试验，试验后进行探伤检查，满足标准要求。

10.4.4　一系悬挂装置

一系悬挂装置(图 10.12)由钢圆簧＋双轴箱拉杆＋垂向减振器＋起吊装置组成，起吊装置能实现轮对驱动装置的整体起吊功能。轴箱采用双轴箱拉杆定位，轴箱拉杆两端采用橡胶关节，由于橡胶关节径向刚度大，回转刚度小，因而使轴箱纵向具有较大的定位刚度，并可使轴箱相对构架能自由的沉浮及绕本身轴线回转。

每轴箱上安装两个钢弹簧。每弹簧的上方设置有绝缘垫，下部设置有调整垫。垂向减振器安装在轴箱体的侧面，每转向架含 6 个一系垂向减振器，两端分别连接轴箱与构架侧梁；轴箱拉杆和一系簧一起实现轴箱定位。一系簧主要提供垂向刚度，轴箱拉杆主要提供纵向、横向刚度。

一系悬挂结构的特点是：结构简单，且可实现一系纵向、横向弹性参数相对独立。

一系悬挂装置参数见表 10.1。

表 10.1　一系悬挂参数

<table>
<tr><td colspan="2">一系弹簧的垂向刚度(每个)</td><td colspan="2">0.579 2 MN/m</td></tr>
<tr><td colspan="2">轴箱拉杆长度</td><td colspan="2">350 mm</td></tr>
<tr><td colspan="2">轴箱拉杆橡胶关节的纵向刚度(每个)</td><td colspan="2">30～45 MN/m</td></tr>
<tr><td colspan="2">轴箱拉杆橡胶关节的扭转刚度(每个)</td><td colspan="2">＜140 N・m/(°)</td></tr>
<tr><td colspan="2">轴箱拉杆橡胶关节的偏转刚度(每个)</td><td colspan="2">610 N・m/(°)</td></tr>
<tr><td rowspan="3">一系垂向减振器阻尼</td><td>速度</td><td>0.3 m/s</td><td>1 m/s</td></tr>
<tr><td>拉伸阻尼力</td><td>11 000 N</td><td>20 000 N</td></tr>
<tr><td>压缩阻尼力</td><td>11 000 N</td><td>20 000 N</td></tr>
</table>

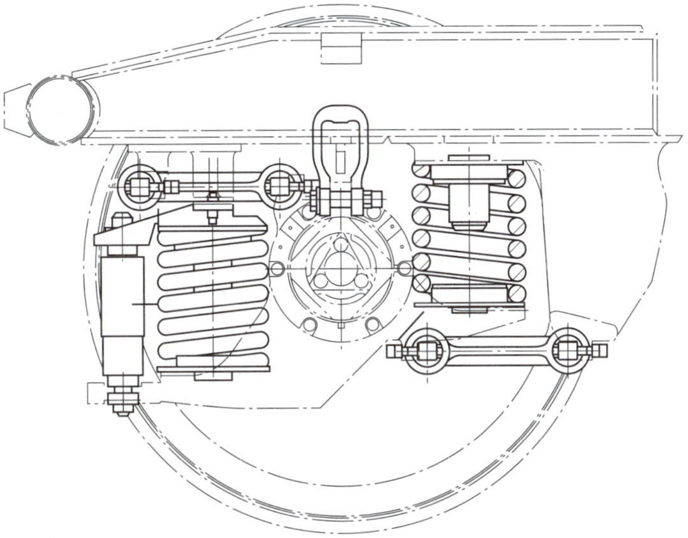

图 10.12 一系悬挂装置

10.4.5 二系悬挂装置

二系悬挂装置(图 10.13)设置在转向架与车体之间,由橡胶堆、减振器、止挡等组成。二系橡胶堆布置在构架两侧,每个转向架通过 6 个橡胶堆与车体连接,每转向架上布置 2 个横向减振器连接车体与转向架。

转向架构架与车体之间设有垂向、横向、摇头等止挡。

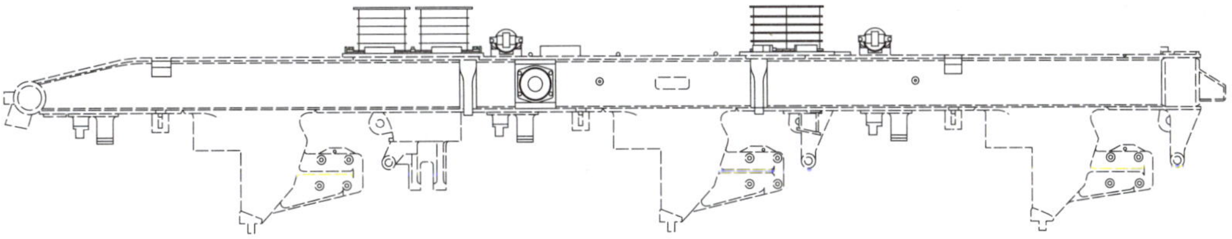

图 10.13 二系悬挂装置

二系悬挂装置参数见表 10.2。

表 10.2 二系悬挂参数

二系橡胶堆纵向刚度(每个)		0.183 MN/m				
二系橡胶堆横向刚度(每个)		0.170 MN/m				
二系橡胶堆垂向刚度(每个)		6 MN/m				
二系横向减振器阻尼	速度	0.01 m/s	0.05 m/s	0.1 m/s	0.2 m/s	0.5 m/s
	拉伸阻尼力	700 N	3 362 N	5 000 N	5 980 N	8 650 N
	压缩阻尼力	700 N	3 362 N	5 000 N	5 980 N	8 650 N

10.4.6 牵引装置

牵引装置采用水平推挽式牵引杆结构，主要由牵引杆、橡胶关节和防落挡等组成，如图 10.14 所示。采用低位牵引杆，通过橡胶关节分别与车体和构架的牵引座相连接，连接部位有可靠的防松措施，结构简单，可维护性好。牵引装置具有足够的刚度和强度，同时能适应转向架相对车体的各向运动，且确保牵引制动力的有效传递，使机车具有较高的黏着质量利用率。

10.4.7 电机悬挂装置

每转向架上布置有三套完全相同的电机悬挂装置(图 10.15)，在每个电机和构架之间各设有一套。电机一端采用抱轴悬挂，另一端采用摆杆弹性悬挂在构架上，电机悬挂采用了防脱落装置，通过安装在构架横梁上的防落座来实现。

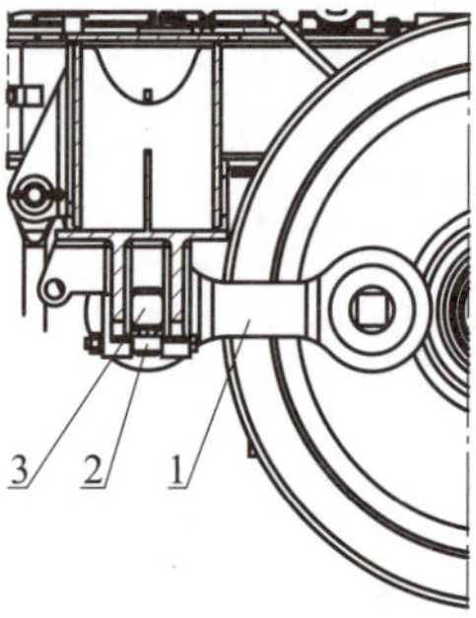

图 10.14 牵引装置结构

1—牵引杆；2—防落挡；3—橡胶关节

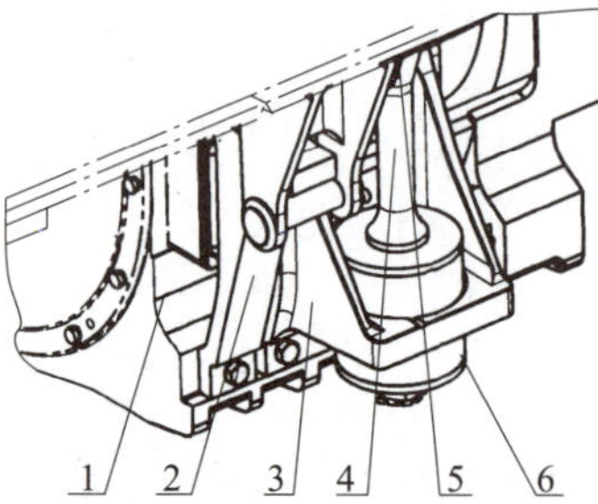

图 10.15 电机悬挂装置

1—牵引电机；2—防落座；3—电机吊座；
4—电机吊杆；5—构架电机吊座及防落座；6—弹性橡胶套

10.4.8 轮缘润滑装置

轮缘润滑采用油气润滑技术。每转向架配有一组轮缘润滑器，对一、三位车轮轮缘润滑。在轮缘润滑装置正常使用的情况下，最大限度减轻轮轨磨损，对降低脱轨倾向、提高行车安全性有积极作用。轮缘润滑脂为 L-WFB000。

10.4.9 转向架空气管路

转向架空气管路包括制动管路和轮缘润滑管路，采用光亮钢管通过接头或软管连接。为实施相关功能传输压缩空气。

10.4.10 起吊装置

机车整体起吊装置是用作机车提升的安全装置，该整体起吊装置能承受转向架和车体之间产生的提升力。起吊装置只有在机车需要整体起吊时才安装。在整体起吊时，车体通过整体起吊钩将构架升起，同时通过转向架起吊装置将轮对提升起。整体起吊装置结构如图 10.16 所示。

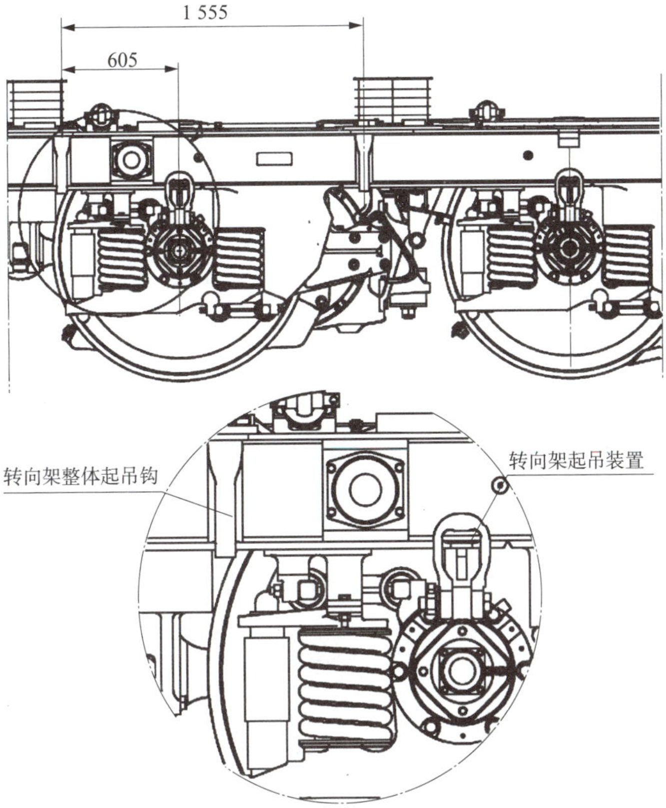

图 10.16　整体起吊装置

10.4.11　附属装置

附属装置如图 10.17 所示，包括扫石器和撒砂管安装、摇头止挡、垂向止挡、横向止挡等。为确保机车运行安全，转向架上设有一系垂向，二系垂向、横向、摇头止挡。

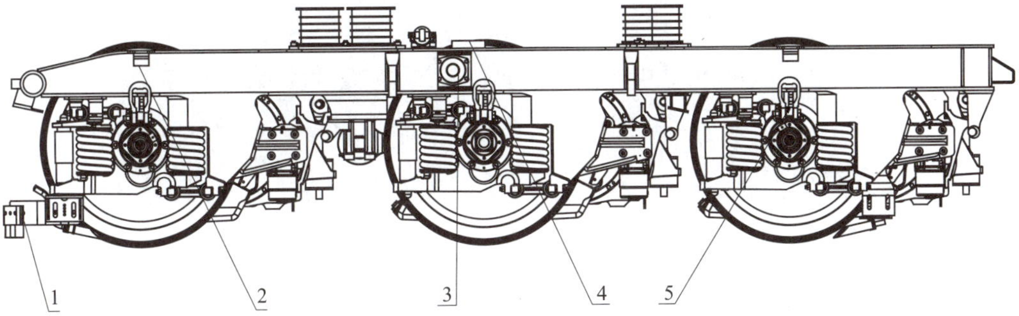

图 10.17　附属装置

1—扫石器和撒砂管安装；2—摇头止挡；3—二系横向止挡；4—二系垂向止挡；5—一系垂向止挡

一系垂向止挡,间隙:29 mm。

二系垂向止挡,间隙:20 mm。

二系横向止挡,间隙:60 mm,其中 20 mm 自由间隙、40 mm 弹性间隙。

二系摇头止挡,间隙:107 mm。

10.5 典型故障分析及处理

减振器漏油时:

10.5.1 故障说明

每台转向架安装有 6 个一系垂向减振器、2 个二系横向减振器。机车运行过程中,减振器表面有油污或漏油现象。

10.5.2 故障分析

减振器漏油的主要原因是活塞杆磨耗或密封件损坏、老化,导致油从活塞杆或其他部位不断渗出。

10.5.3 处理方法

根据漏油程度不同应采取不同的处理方式,减振器的常见渗漏状态如图 10.18 所示,状态 1～4,减振器体上有轻微正常的污迹,无需处理;状态 5～8,减振器在加油过程中在体表面形成薄油膜或少量油溢出,用干布擦拭后,只有通常的干燥污垢,无油迹可见,无需处理;状态 9～10,减振器体表面油污明显,表面潮湿,用干布擦拭后,可见油迹,减振器工作过程时,会吸入空气,影响阻尼特性,则必须更换。

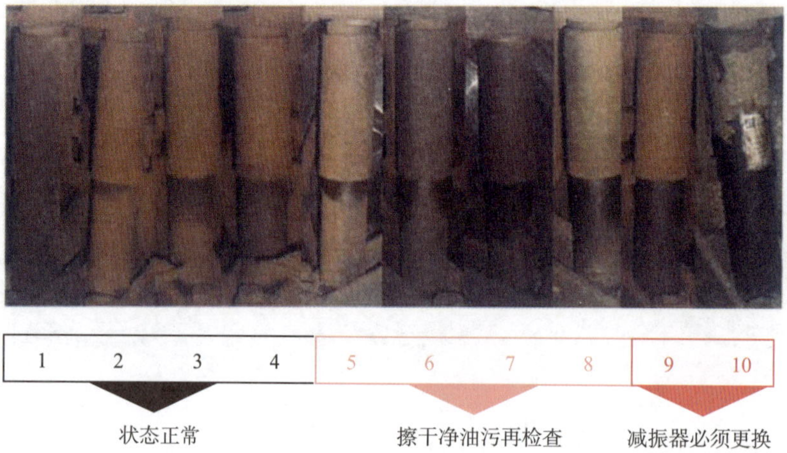

图 10.18 减振器的常见渗漏状态

11　车载安全监测设备

11.1　概　　述

车载安全监测设备包括列车运行控制系统、机车车载安全防护系统（简称 6 A 系统）和中国机车远程监测与诊断系统（简称 CMD 系统）。承担着机车车载安全防护、机车信号信息处理等功能。

11.2　列车运行控制系统车载设备

列车运行控制系统用于实现列车信号信息的处理、解调、译码、传输，建立铁路车号、车次信息自动化采集报告体系，实时提供列车、机车、货车的标识、属性和位置信息，安全控制列车速度，采集记录与列车安全运行有关的各种机车运行状态信息，并与地面进行无线通信。

列车运行控制系统由信号车载系统、车号识别系统、运行监控系统及综合通信系统组成。

11.2.1　机车信号车载系统

机车信号车载系统以保障机车运行安全为目的，接收钢轨线路（或环线）传输信息，对信息进行处理、解调、译码后输出显示，同时输出到监控装置作为控车基本条件。

JT-C 系列机车信号车载系统设备，吸收 JT1-A/B 型通用式机车信号运用经验，采用先进 DSP 的技术、完善的安全性技术，符合铁路信号故障—安全原则。

11.2.1.1　*系统构成*

JT-C 系列机车信号车载系统主要由以下几部分构成：机车信号主机（含机车信号记录器）、机车信号机、双路接收线圈等。

图 11.1 为 JT-C 系列机车信号车载系统设备构成框图。

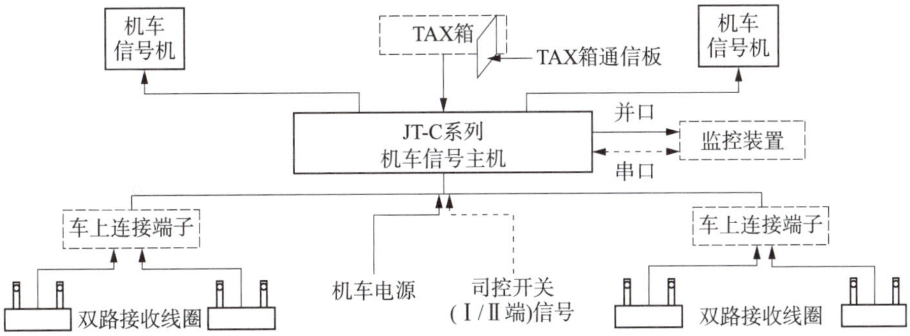

图 11.1　JT-C 系列机车信号车载系统组成

机车信号主机安装于安全设备柜内，其从接收线圈接收钢轨信号，通过对接收信号进行处理、解调、译码得到机车信号信息，把机车信号信息输出到机车信号机显示给司机，同时把机车信号信息输出到监控装置作为控车基本条件。机车信号记录器可对机车信号运行状态及地面信息进行记录。

机车信号主机如图 11.2 所示。

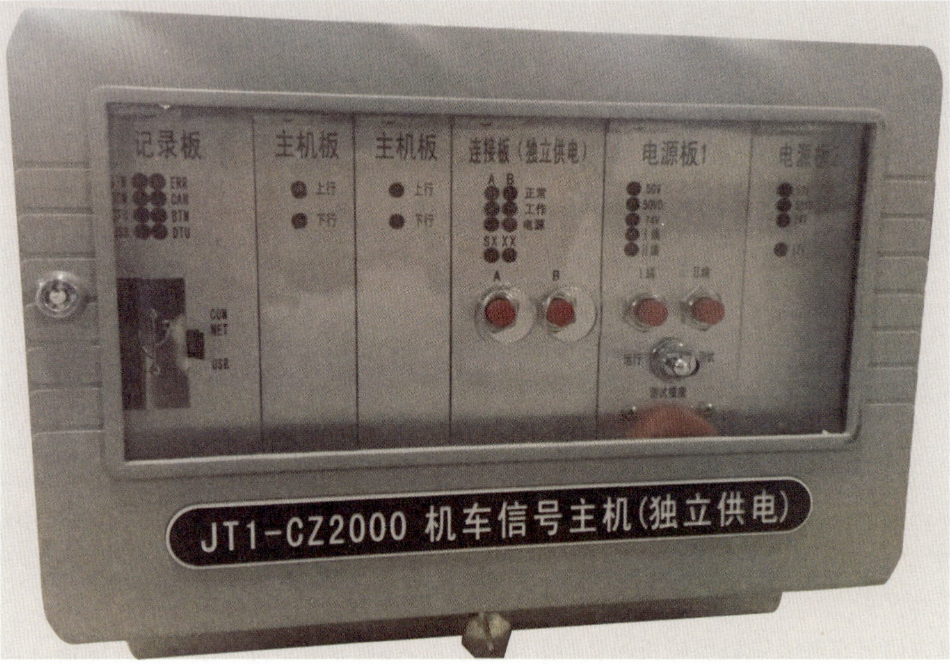

图 11.2　机车信号主机

机车信号显示器采用单面八显示机车信号机与载频切换(上下行)开关一体化设计。信号机显示机车信号主机译码后的点灯输出及制式输出；信号机下端设有载频切换(上下行)开关和载频组指示灯，指示灯可显示机车信号主机正在接收的载频组(上下行)状态；同时设有 UM71 模式指示灯(UM71 低频信息定义统一后取消)。

机车信号显示器如图 11.3 所示。

机车信号接收线圈安装在机车排障器后与第一轮对之间，通过与钢轨的电磁耦合接收钢轨上的信号，然后传送给机车信号主机。接收线圈内部为双路冗余线圈。能确保在任何一路接收线圈断线或因中间连接故障使主机无法接收到地面信号时，另外一路接收线圈仍能保证机车信号主机正常译码输出，给出准确的信号显示。

机车信号接收线圈如图 11.4 所示。

机车信号记录器所需 TAX2 箱信息取自电务通信板，该电路板插在 TAX 箱的备用插槽内。

11.2.1.2　主要技术参数

机车信号主机：额定电压 DC 110 V；功率 40 W；最大质量 12.6 kg。机车信号显示器：额定电压 48 V；功率 6 W；最大质量 3 kg。机车信号接收线圈：最大质量 12 kg；输出电流：≤5 mA。适用轨道电路制式：ZPW-2000 系列(包括 UM71 系列)，移频(18 信息、8 信息、4 信息)，交流计数和微电子交流计数(25 Hz、50 Hz);根据客户要求,可适用 UM2000 等其他轨道电路制式。

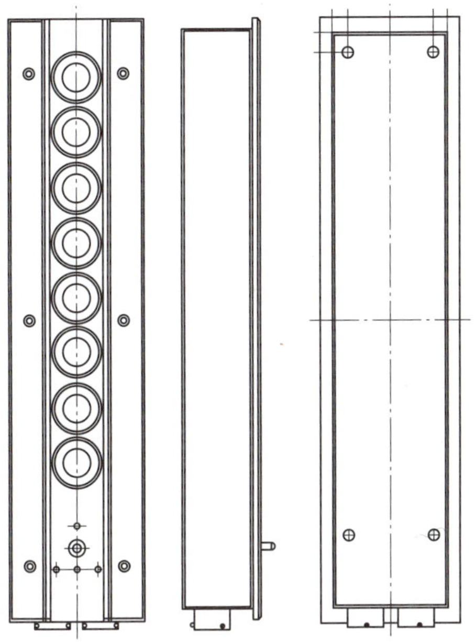

图 11.3 机车信号显示器

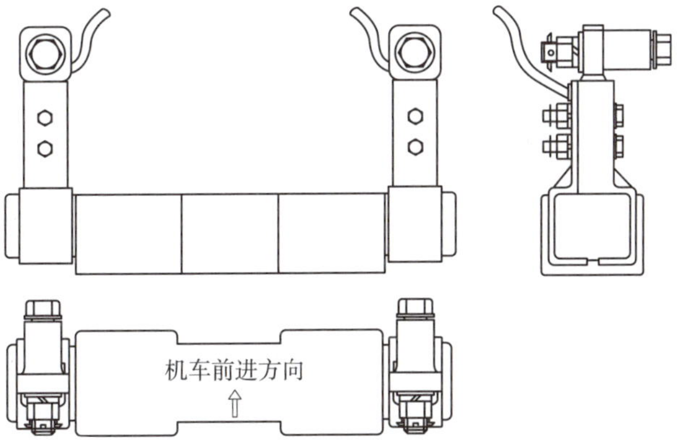

图 11.4 机车信号接收线圈

11.2.2 机车车号识别车载设备

机车车号识别车载设备采用机车标签双向数据传输系统,采用二次调制方式,实现车到地(标签数据)和地到车(地面公里标等上传数据)间的双向数据传输;机车标签双向数据传输系统可向下兼容原有系统,保持新旧系统(原有车号自动识别系统)的工程安装和系统日常维护和管理程序不变

机车车号识别车载设备主要由机车电子标签、车载编程器(TMIS 板)、标签电缆三部分组成。机车电子标签电气连接如图 11.5 所示。

机车电子标签安装在机车底部,用于向地面 AEI 设备传送机车信息和接收地面上传的有

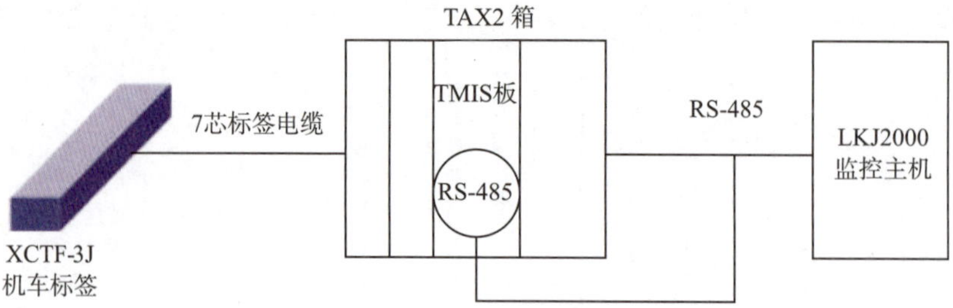

图 11.5　机车电子标签电气连接示意

关信息；车载编程器(TMIS 板)安装在机车 TAX2 箱中，用于存储机车有关信息、向机车电子标签写入信息和接收地面上传到机车电子标签中的信息、与机车监控装置进行通信接收车次等信息并向监控装置传送地面上传的信息。

11.2.3　列车运行监控系统

列车运行监控系统(以下简称“LKJ 系统”)是以保障列车运行安全为主要目的的列车速度控制装置。该装置在实现安全速度控制的同时，采集记录与列车安全运行有关的各种机车运行状态信息，促进了机车运行管理的自动化。该系统适应自动闭塞方式和半自动闭塞方式；适应包括移频(含 18 信息移频)、交流计数、UM71(或 UM2000)、极频等信号制式。

LKJ 系统基本组成结构主要由 LKJ2000 监控主机、监控显示器、TAX2 型机车安全信息综合监测装置、数模转换盒、机车鸣笛记录接口装置、GPS 信息接收装置、总线扩展盒、本/补切换装置、调车灯显接口装置、列车运行状态信息系统车载设备、速度传感器、压力传感器、语音箱以及双针速度表等组成。LKJ2000 监控系统结构如图 11.6 所示。

11.2.3.1　LKJ2000 型监控主机

LKJ2000 型监控主机安装在安全设备柜内，是 LKJ 系统的核心部件，实现机车运行监控和记录功能。LKJ2000 型监控主机如图 11.7 所示。

LKJ2000 型监控主机由 A、B 二组完全相同的控制单元组成，每组有八个插件位置(包括一个预留位置)，各插件位置以机箱中心线为基准对称排列，从中心线开始往左、右，各插件排列顺序依次为：监控记录、地面信息、通信、模拟量输入/输出、扩展通信插件、数字量输入、数字量输入/输出、电源，如图 11.8 所示，各插件之间采用 VME 标准总线母板连接，插件板前面有状态指示灯。

11.2.3.2　监控显示器

监控显示器安装于机车操纵台的中部，作为人—机界面的显示器，采用 10.4 英寸 TFT 高亮度彩色液晶显示屏，它以屏幕滚动方式显示实际运行速度轨迹曲线及模式限制速度(或线路允许速度)曲线，以图形、符号、汉字来显示地面信号机的位置、种类以及运行线路的曲线、坡道、桥梁、隧道及道口等信息，同时可显示指导性优化操纵运行速度曲线和手柄级位曲线，以便提示或引导乘务员操作，便于司机认真执行规章制度，改善司机操纵水平，保证列车安全、正点。显示屏还显示系统时间，地面信号状态、机车速度等信息。屏幕显示器如图 11.9 所示。

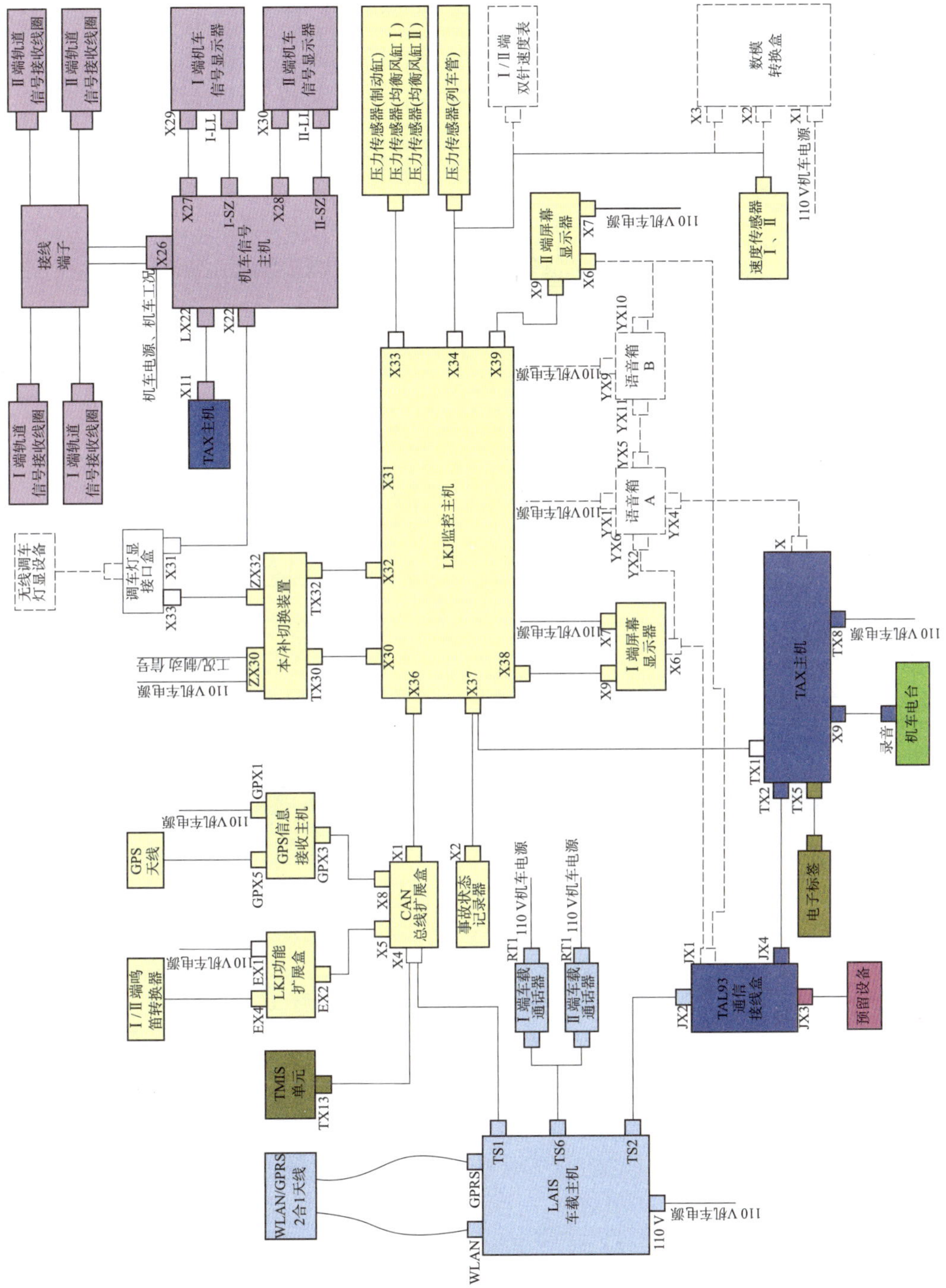

图11.6 LKJ2000监控系统结构

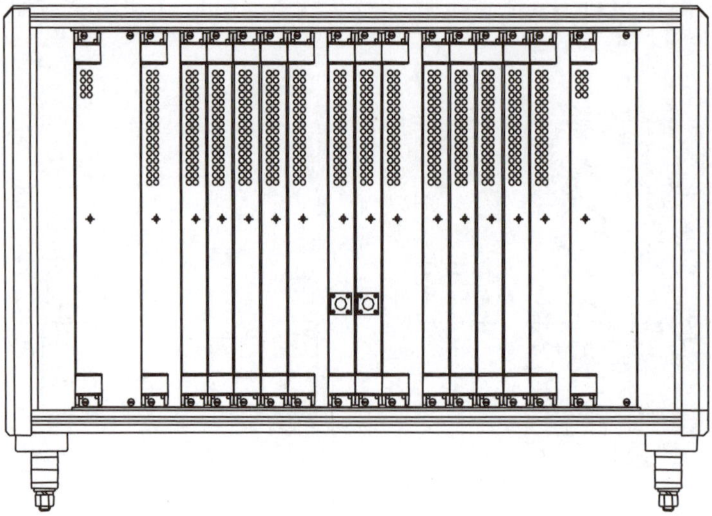

图 11.7　LKJ2000 型监控装置主机

电源A	数字入出A	数字输入A	预留A	模拟入出A	通信A	地面信息A	监控记录A	监控记录B	地面信息B	通信B	模拟入出B	预留B	数字输入B	数字入出B	电源B

图 11.8　主机箱内插件布置

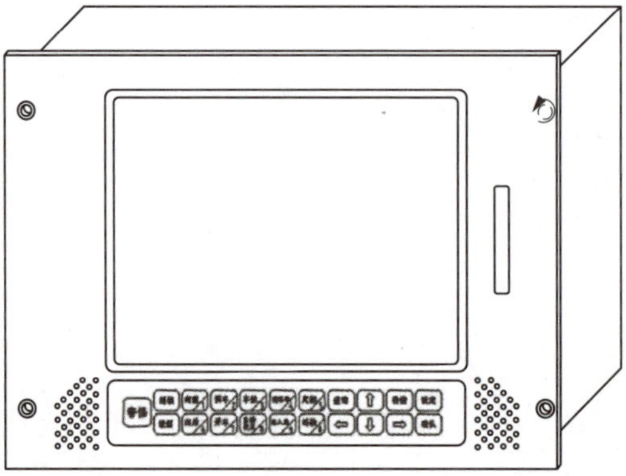

图 11.9　屏幕显示器

11.2.3.3　机车安全信息综合检测装置

TAX2 型机车安全信息综合监测装置安装在安全设备柜内。通过装置中的信息传输单元(如 DMIS 单元、TMIS 单元等)，可以将列车运行的信息实时传送给有关地面设备，以便实现对机车的动态跟踪管理，提高对机车的周转率和利用率。

装置以电源单元、通信记录单元作为基本单元配置，其他已开发的功能单元有：TMIS 单元、轨道检测单元、弓网检测单元、DMIS 单元、无线列调语音录音单元；另外，预留 4 个单元位置用于备用功能单元的扩展，机箱各单元配置见装置前面板布置，如图 11.10 所示。

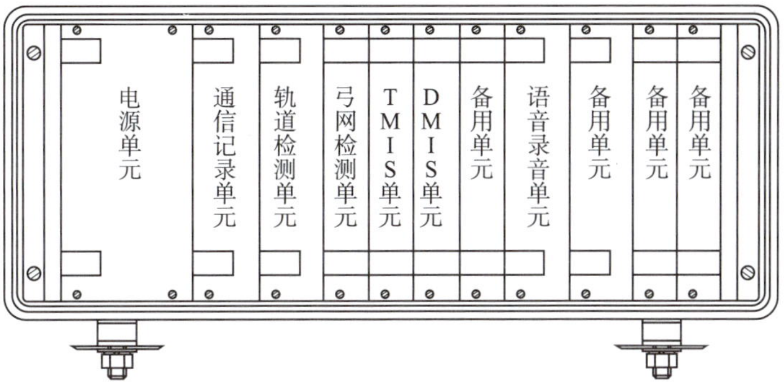

图 11.10 TAX2 型监测装置前面板布置

11.2.3.4 数模转换盒

数模转换盒安装在安全设备柜内。数模转换盒是光电速度传感器与速度表进行接口的专用装置。其主要功能是将速度传感器频率信号转换成 0～20 mA 的电流信号以驱动双针速度表的实际速度指针，并根据速度信号计算走行距离，输出里程计驱动信号，其测速范围为 0～160 km/h。

数模转换盒如图 11.11 所示。

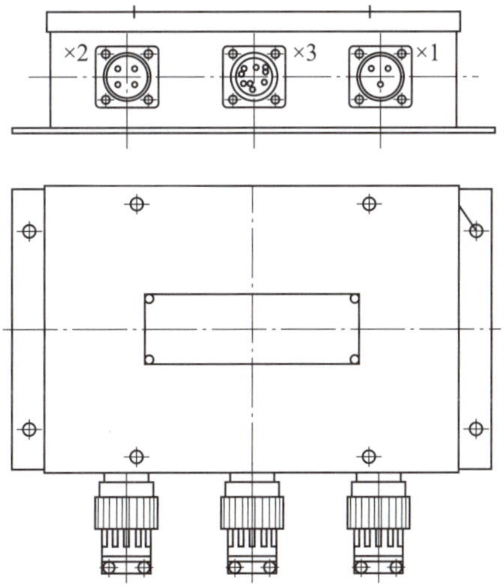

图 11.11 数模转换盒

11.2.3.5 机车鸣笛记录接口装置

机车鸣笛记录接口装置由 LKJ 功能扩展盒、鸣笛转换器组成；其中 LKJ 功能扩展盒安装在安全设备柜中，鸣笛转换器安装在司机室机车鸣笛气路中。主要功能是检测机车喇叭鸣笛时的气压，将鸣笛时的气压信号转换成电信号，并发送给 LKJ2000 监控主机以便记录。

车载部分连接如图 11.12 所示。

11.2.3.6 GPS 信息接收装置

GPS 信息接收装置由安装在车顶的 GPS 天线和安装在安全设备柜中的 GPS 控制盒组

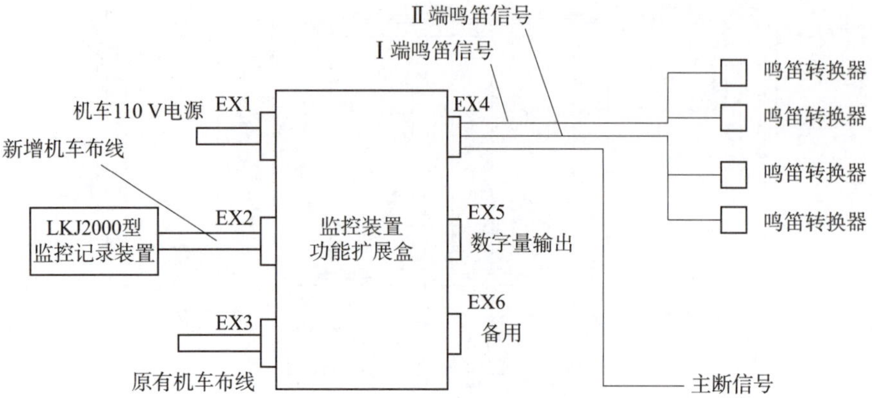

图 11.12　车载部分连接示意

成,为监控记录装置提供定位信息,支持定位、测速、校时等需要。

(1)GPS 天线

GPS 天线主要负责 GPS 信息的采集以及传输,如图 11.13 所示。

(2)GPS 控制盒

GPS 控制盒主要负责对 GPS 天线采集信号的解析,如图 11.14 所示。

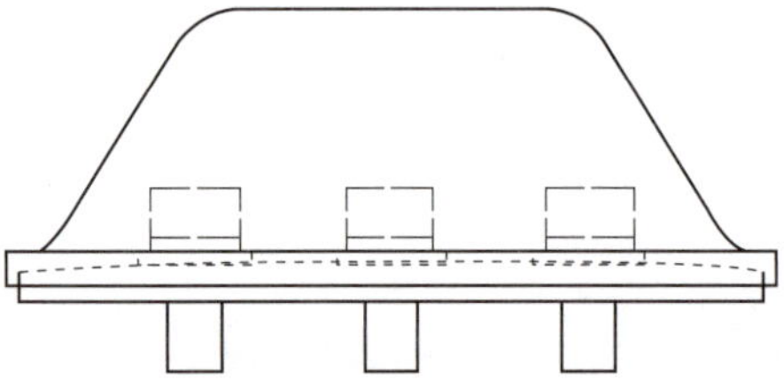

图 11.13　GPS 天线

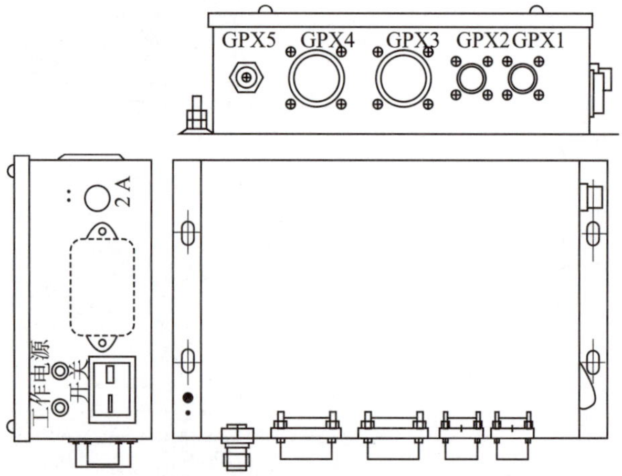

图 11.14　GPS 控制盒

11.2.3.7　总线扩展盒

总线扩展盒安装在安全设备柜中,用于 LKJ 主机与 LAIS 车载主机、LKJ 功能扩展盒和 GPS 控制盒通信接口。总线扩展盒如图 11.15 所示。

11.2.3.8　本补切换装置

本补切换装置安装在安全设备柜中,实现硬件切换制动输出的功能。在机车实际运用中,存在本务运行和非本务运行两种模式,在本务模式下,监控装置实现完全控制及全程记录功能,而在非本务模式下,监控装置仅具有全程记录功能。本补切换装置如图 11.16 所示。

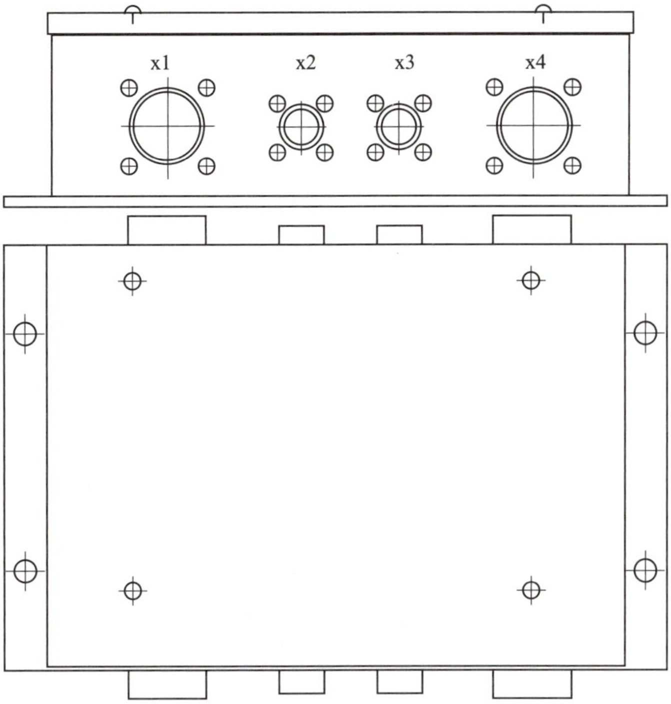

图 11.15　总线扩展盒

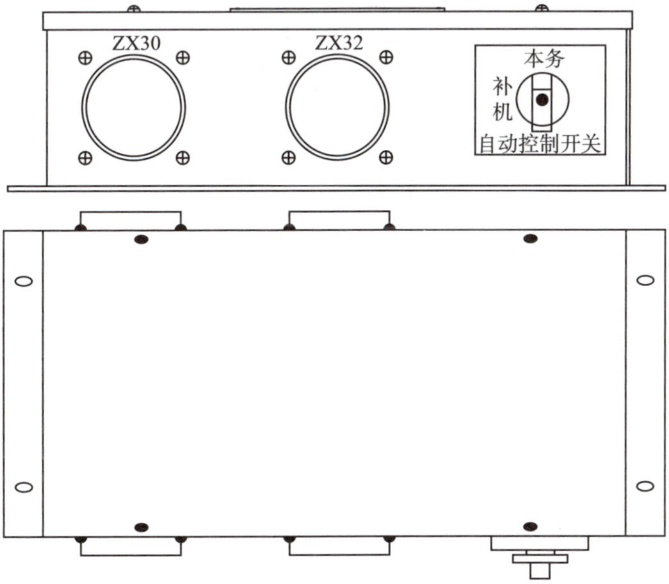

图 11.16　本补切换装置

11.2.3.9　调车灯显接口盒

调车灯显接口盒提供了无线调车灯显设备与监控装置之间的接口，能够在调车时实现机车信号与无线调车灯显信息的转换，并使 LKJ 能够接收无线调车灯显信息而无需对 LKJ 进行改动，同时接口盒也为无线调车灯显设备提供稳定的工作电源，调车灯显接口盒如图 11.17 所示。

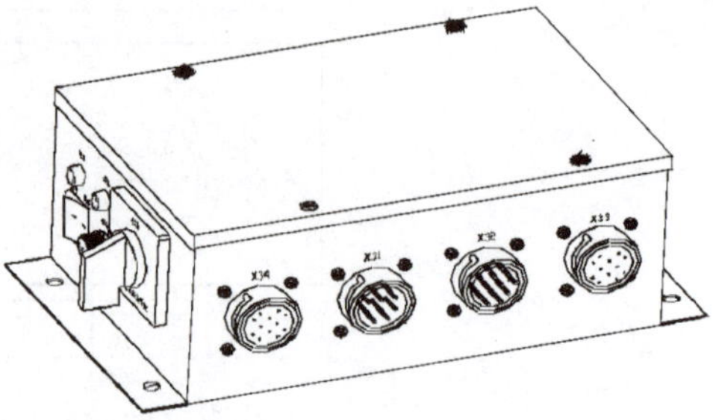

图 11.17　调车灯显接口盒

11.2.3.10　列车运行状态信息系统车载设备

列车运行状态信息系统车载设备是连接机车与地面的数据信息处理系统。该系统采集、分析和处理机车的运行状态信息，并完成机车与地面的数据交互，最终实现地面对在途机车的实时监测。列车运行状态信息系统车载设备主要由 LAIS 车载主机(TSC1)、车载 WLAN/GPRS 二合一天线、车载通话器等产品组成。

LAIS 车载主机如图 11.18 所示。

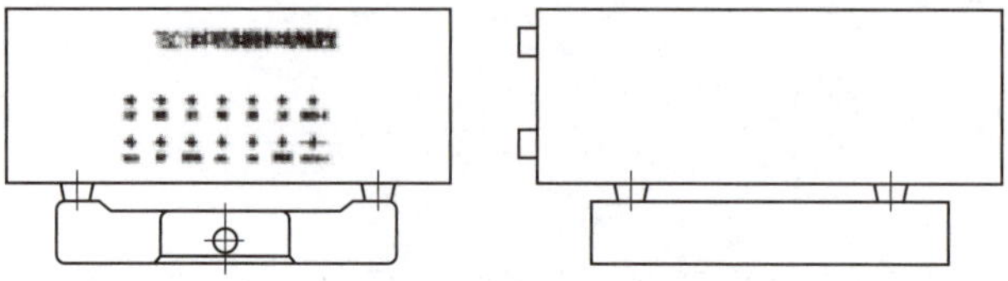

图 11.18　车载主机

RT-Ⅰ型车载通话器如图 11.19 所示。

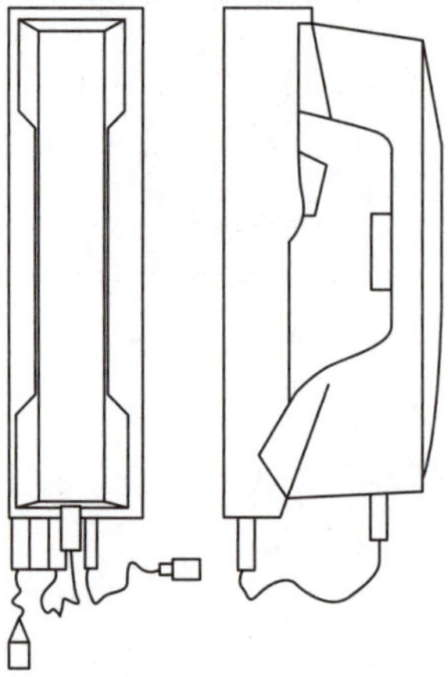

图 11.19　车载通话器

车载 WLAN/GPRS 二合一天线如图 11.20 所示。

11.2.3.11　速度传感器

速度传感器是铁路机车检测车轮转速的传感器，向机车电气控制系统提供与车轮转数成比例的电脉冲信号。每台机车安装两个四通道速度传感器，分别安装在 2 轴、5 轴轴端。速度传感器如图 11.21 所示。

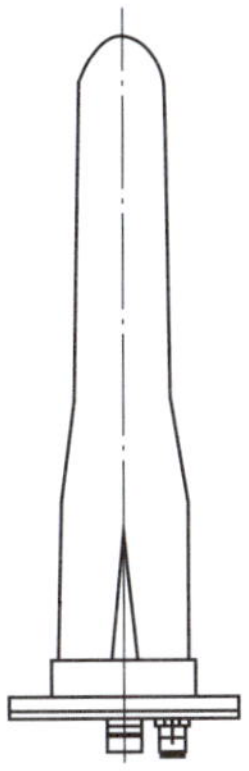

图 11.20　车载 WLAN/GPRS 二合一天线

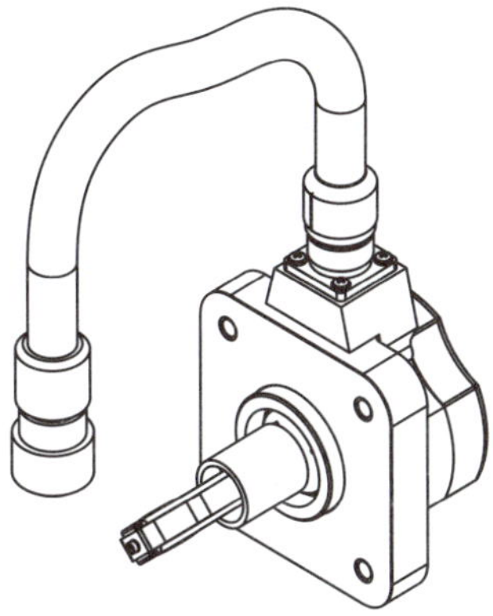

图 11.21　速度传感器

11.2.3.12　压力传感器

压力传感器安装在气动柜中，给监控装置提供列车管压力、制动缸缸压力(2 路)、均衡管压力信号，以记录和检查机车小闸的使用情况。压力传感器如图 11.22 所示。

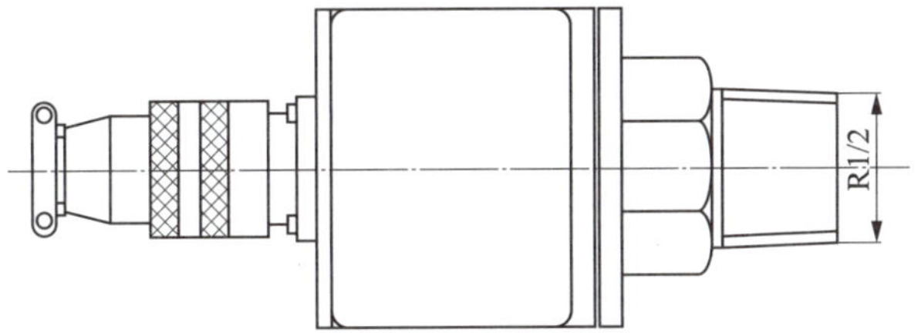

图 11.22　压力传感器

11.2.3.13　机车语音箱

语音箱安装在司机室内，实现机车司机室各种设备语音提示、报警的集中管理和规范发声按标准、规范的通信规程、数据格式与各种需要语音提示、报警的设备进行通信联系，及时响应、调度各种设备的语音提示及报警请求，按语音编码自动生成各种提示、报警语音，并能根据特殊编码要求，自动生成多种提示、报警声音。语音箱如图 11.23 所示。

11.2.3.14　双针速度表

机车速度表装在司机操纵台上。正常运行情况下由监控主机提供里程和限速信号，而当监控主机故障时，将操纵台上备用速度开关打到监控隔离位或将监控主机背面的开关关闭，则速度信号由监控主机提供切换到由数模盒提供。通过传感器的冗余设置和数模盒的备用的双重手段，尽量保证机车速度显示，使机车可在此降级状态运行。另外，速度表还有里程显示，可显示机车累积运行里程。速度表如图 11.24 所示。

11.2.4　机车综合无线通信设备

机车综合无线通信设备(以下简称 CIR)是基于 GSM-R 数字移动通信技术、GPS 全球定位技术、450 MHz 及 800 MHz 模拟无线电台通信技术等开发的综合车载通信设备。它与地面的 GSM-R 设备和 450 MHz、800 MHz 等地面设备共同组成一个完整的铁路综合无线通信网。CIR 支持 GSM-R 调度通信系统功能、支持 GSM 话音通信功能，两网同时存在时首选 GSM-R。支持 GSM-R 通用数据传输功能，可根据承载业务的需要提供 GPRS 或电路方式数据传输链路。调度通信和数据传输采用不同的信道机，故可以同时实现调度通信和数据通信。CIR 配备了全球卫星定位系统(GPS)，利用卫星对机车位置进行实时定位，可向机车上的其他用户提供 GPS 原始信息、公用 GPS 位置信息等。

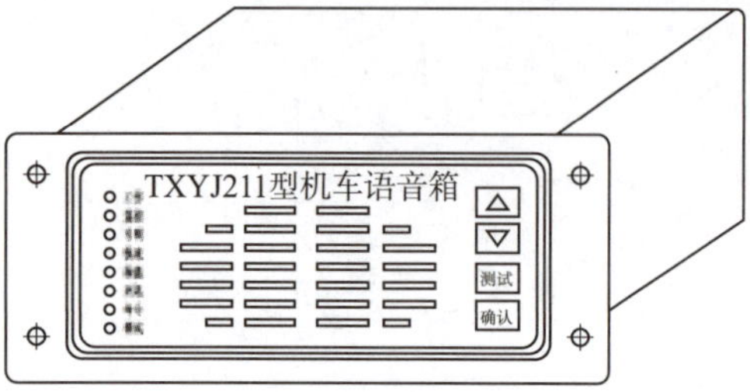

图 11.23　语音箱

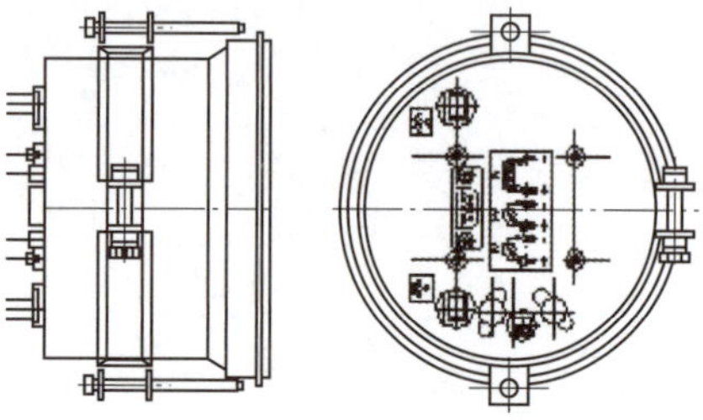

图 11.24　速度表

11.2.4.1　系统组成

CIR 由司机操作显示终端(以下简称 MMI)、主机、打印终端、扬声器、送受话器、连接电缆、天线、射频馈线等构成。系统连接示意如图 11.25 所示。

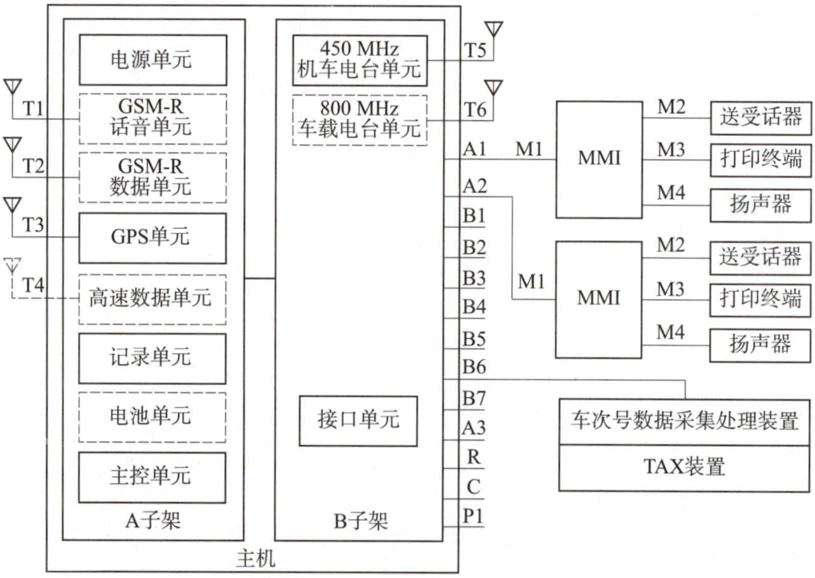

图 11.25　系统连接示意

主机安装在安全设备柜内，是 CIR 的核心部件，包括机柜(含 A、B 子架)、主控单元、接口单元、电源单元、电池单元、GPS 单元、GSM-R 话音单元、GSM-R 数据单元、高速数据单元、记录单元、天馈单元、450 MHz 机车电台单元、800 MHz 列尾和列车安全预警车载电台(简称 800 MHz车载电台)单元等，各组成部分模块化，可根据功能要求进行模块配置。主机如图 11.26 所示。

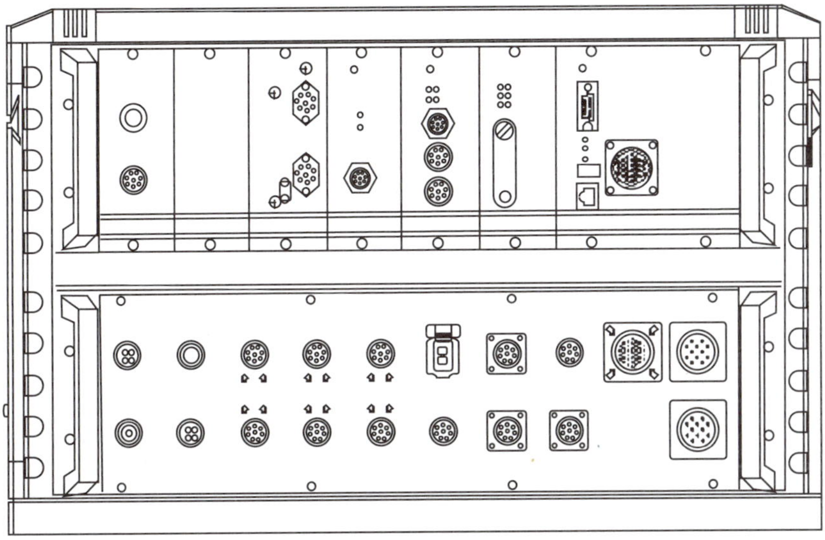

图 11.26　主机

MMI 由嵌入式工控机、LCD 显示屏、控制键盘、音频处理单元及送(受)话器组成。

嵌入式工控机是 MMI 的核心，它接收主机传送过来的信息，控制 LCD 显示屏进行显示或控制音频单元进行语音提示，接收键盘控制单元发送的控制指令传送给主机。MMI 如图 11.27。

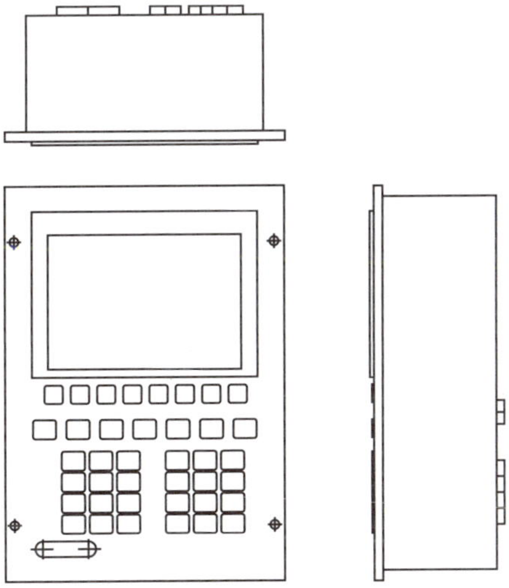

图 11.27　MMI

打印终端采用嵌入式安装方式。通过 RS-422 方式与 MMI 进行通信，并由 MMI 供电。扬声器包含在打印机里，内阻为 8 Ω，输出为平衡方式，0.5～5 W 可调。打印终端及扬声器如图 11.28 所示。

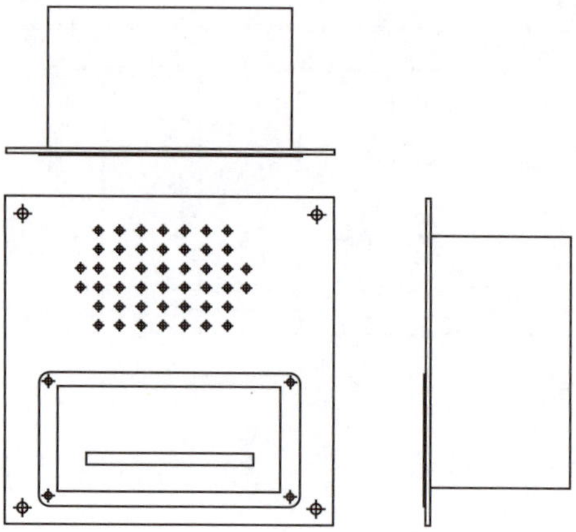

图 11.28　打印终端及扬声器

送(受)话器采用紧凑式,有两个呼叫按键,当 CIR 工作在 GSM-R 工作模式时,按键 1 定义为“调度”,按键 2 定义为“本站”;当 CIR 工作在 450 MHz 工作模式时,按键 1 定义为“隧道车站”,按键 2 定义为“平原车站”。送(受)话器如图 11.29 所示。

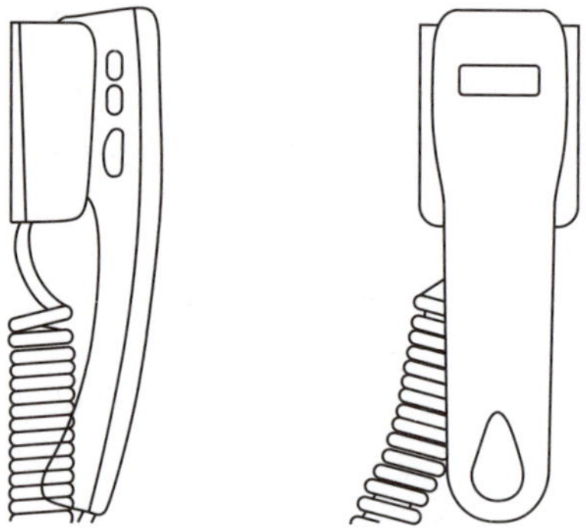

图 11.29　送(受)话器

CIR 共安装 3 套天馈系统:多频段天线 1、多频段天线 2、GPS 天线,天线如图 11.30 所示。

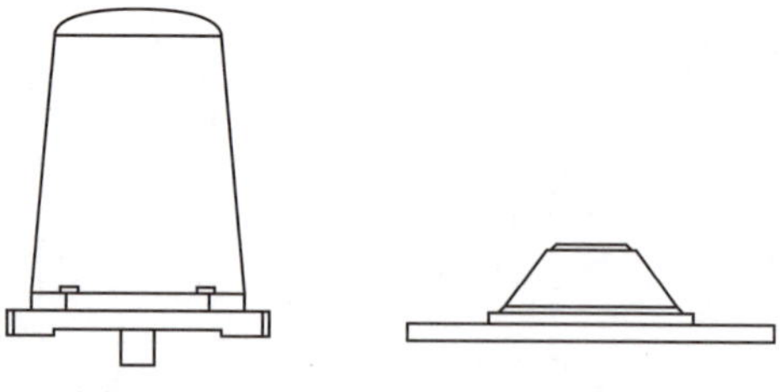

图 11.30　天线

机车数据采集编码器安装在机车的 TAX2 箱 DMIS 单元插槽内,通过 TAX2 箱的 DMIS 单元 12 芯插座接口与 GSM-R 机车综合通信设备(GSM-R 模式)或 450 MHz 机车台(400 MHz 模式)连接,设备包含面板、控制板及接口插头。

11.2.4.2 系统功能

根据功能模块的选配情况可实现以下相应功能。

(1)具有《列车无线调度通信系统制式及主要技术条件》(TB/T 3052)、《列车无线调度通用式机车电台主要技术条件(V2.0)》规定的机车电台的功能。

(2)具有 450 MHz 机车电台承载的列车尾部风压、无线车次号、调度命令等数据信息的传输功能。

(3)具有 GSM-R 调度通信功能。

(4)具有 GSM-R 通用数据传输功能,根据承载业务的需要提供 GPRS 或电路方式数据传输链路。

(5)具有《800 MHz 列尾和列车安全预警系统主要技术条件(暂行)》中规定的车载电台的功能。

(6)具备 IEEE 标准中规定的无线宽带数据传输功能。

(7)具有 GSM-R 工作模式与 450 MHz 工作模式自动切换和手动切换功能。

(8)具有向用户提供卫星定位原始信息、公用位置信息的功能(周期 2 s)。

(9)操作显示终端具有调度通信、通用数据传输所需的操作、状态显示以及语音提示功能。

(10)具有主、副 MMI 之间通话功能。

(11)主机具备信息存储和导出功能。

(12)具有人工系统复位功能。

(13)具有自检功能(故障定位到功能单元),包括 450 MHz 单元、800 MHz 单元、GSM-R 单元、GPRS 单元、记录单元、卫星定位单元、MMI、TAX2 接口,并可将自检结果发送给相关方。

(14)复位重启后设备自动进入原注册状态。

11.3 6 A 系统

6 A 系统是针对机车的制动系统、防火、高压绝缘、列车供电、走行部、视频等危及安全的重要事项、重点部件和部位,采用实时检测、监视、报警并可实现网络传输、统一固态存储和智能人机界面,整体研究设计而形成平台化的安全防护装置。

6 A 系统由中央处理平台、空气制动安全监测子系统、防火监控子系统、高压绝缘检测子系统、列车供电监测子系统、走行部故障监测子系统一、机车自动视频监控及记录子系统组成,实现了针对机车制动系统、防火、车顶绝缘、供电系统、走行部、视频等 6 大类项目的安全监测功能。

HXD_{2C} 型电力机车作为货运牵引用机车,无列车供电系统,机车装用的 6 A 系统无“机车列车供电监测子系统”,HXD_{2C} 型电力机车 6 A 系统架构如图 11.31 所示。

11.3.1 中央处理平台

中央处理平台统一管理所有子系统,统一供电、统一存储和下载数据,中央处理平台采用冗余设计,提高工作可靠性。

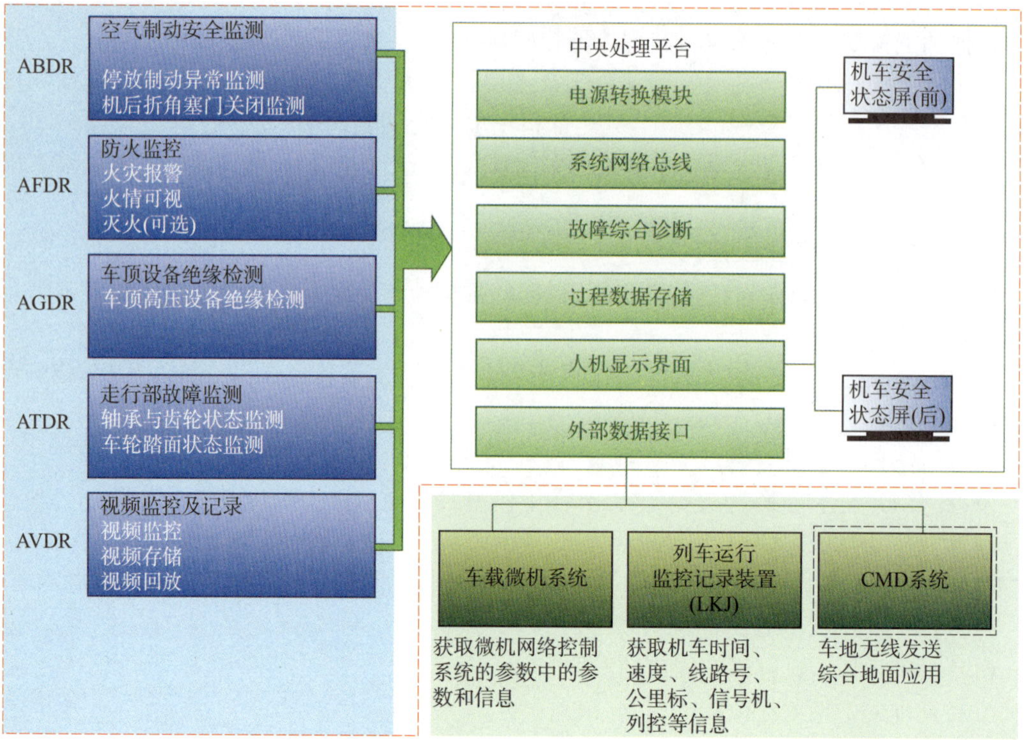

图 11.31　6 A 系统架构

各监测子系统设计成独立的插件板或插件箱，插入到中央处理平台进行工作，并在公用的平台下，使用公用的电源、网络、存储器、显示终端等设备，以及统一的机箱、机柜实现对机车环境的统一物理防护。

中央处理平台组成结构如图 11.32 所示。

各子系统相对独立工作，不影响其他子系统的正常运行。

6 A 系统单独集成在一个机柜，机柜前门设置透明观察窗，可以观察主机箱的 CPU 板卡所带的液晶显示屏，便于检查维修。

11.3.2　空气制动安全监测子系统

空气制动安全监测子系统由停放制动非正常施加监测模块和折角塞门关闭监测模块组成。

停放制动非正常施加监测模块由制动监测板卡，列车管压力传感器、停放缸压力传感器、均衡缸压力传感器、传感器连接器和线缆组成。

折角塞门关闭监测模块由防折关子板，流量传感器总成和传感器线缆和连接器组成。

该子系统通过监测机车运行过程中的停放制动非正常施加状态、列车贯通辆数等信息，将报警信息发送给中央处理平台，由中央处理平台做进一步处理。

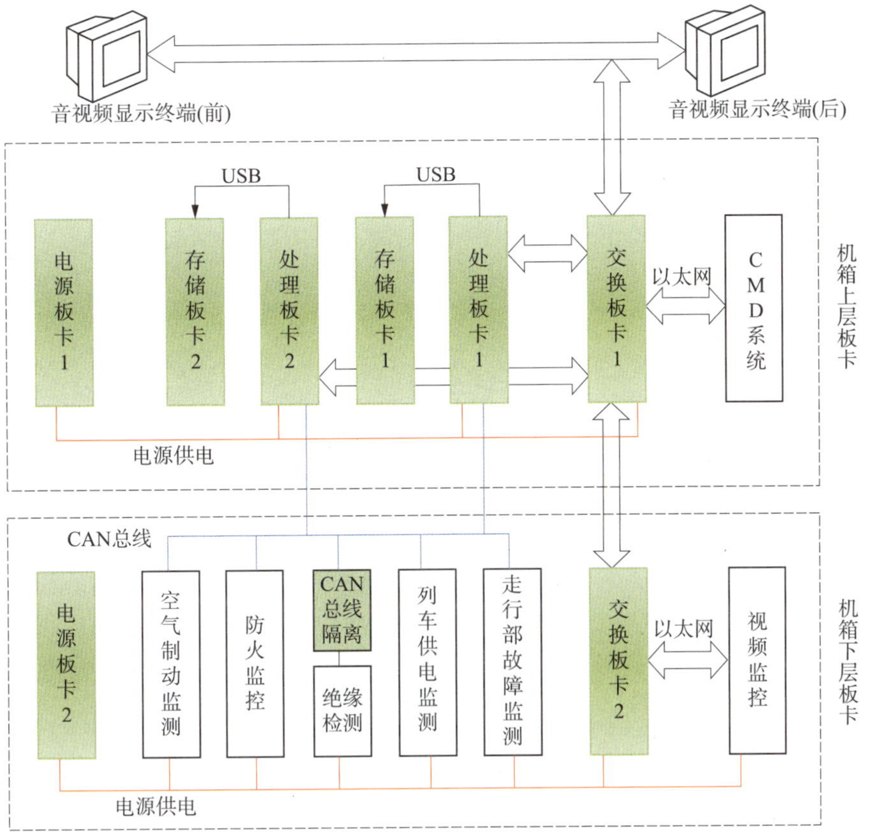

图 11.32　中央处理平台组成结构

11.3.3　防火监控子系统

防火监控子系统包括防火板卡（AF）和前端火灾探测设备。前端探测设备主要由智能感烟探测器、智能感温探测器以及感温电缆组成。系统通过不同的探测设备对机车被保护区域进行实时监测，并将状态信息上传给 6 A 系统中央控制平台。

该子系统通过与视频监控子系统的联动，当发生火情时，可自动切换至火情发生区域的视频图像。

机车每个司机室设置一个感温感烟探测器，机械间设置三个防火探头，可实现对司机室和整个机械间的火情监测，具体安装位置如图 11.33 所示。

11.3.4　高压绝缘检测子系统

高压绝缘检测子系统通过在升弓前，司机测量高压设备对地的漏电流等，检测机车车顶绝缘状态。

该子系统由高压绝缘检测箱、连接器和线缆组成，检测箱安装于 6 A 机柜内的右上部，设置有可以开启的高压绝缘检测操作窗，不打开柜门，即可进行高压绝缘的检测操作。

此装置操作时，会在车顶受电弓部分加载 25 kV 的试验高电压，所以操作前必须确认处于安全操作状态，即无论处于库内还是在线运用，必须确认机车处于降弓停车、主断路器断开、高压连接器连接状态，并必须确认机车车顶无人操作并锁闭活动天窗。

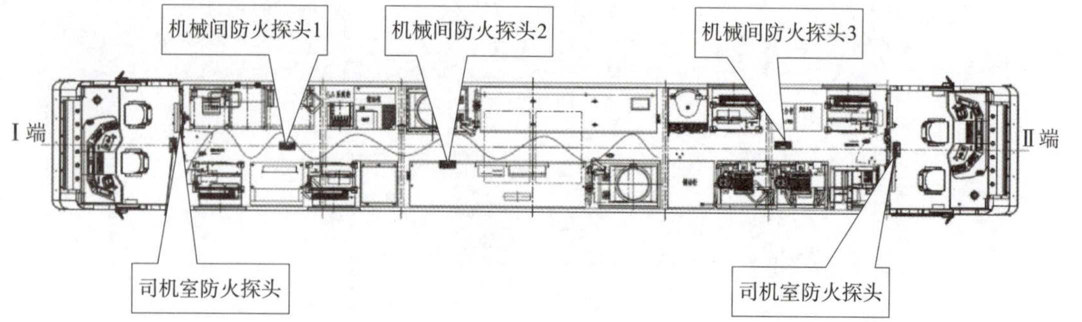

图 11.33　机械间防火探头安装位置

11.3.5　走行部故障监测子系统

走行部故障监测子系统主要由走行部监测板卡（AT1 板卡）、数据前置处理器、复合传感器或（和）数字温度传感器及连接线组成。走行部故障检测装置诊断的对象主要包括轴承、齿轮和踏面等部件。

11.3.6　机车自动视频监控及记录子系统

机车自动视频监控及记录子系统由摄像头、视频采集板卡 1（AV1）、视频采集板卡 2（AV2）、视频处理板卡（AV3）、连接器和电缆组成。

该子系统通过在车前、车后、司机室、机械间等多个部位安装摄像头，使司机能及时了解机车内外的情况，并对机车的运行状态进行记录。在司机室顶部安装拾音器，实时采集司机室监控区域的音频数据。

机车每个司机室各设置 1 个路况摄像头和 1 个司机室摄像头，机械间设置 3 个摄像头，具体位置如图 11.34 所示。视频监控范围包括前后方路况、前后司机室和机械间，其中，机械间摄像头覆盖范围如图 11.35 所示。

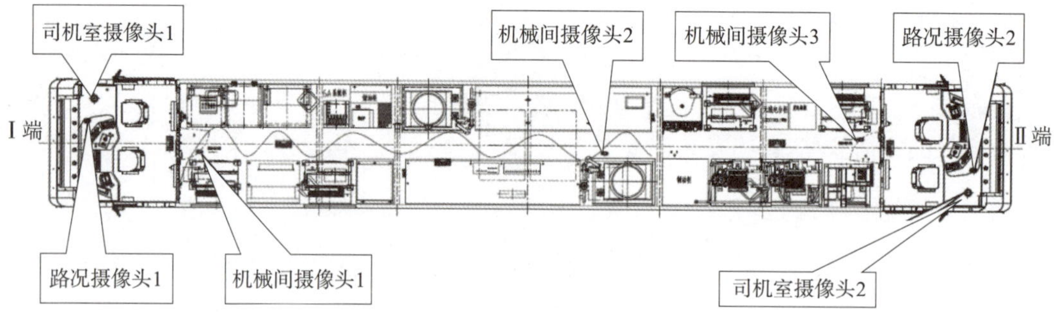

图 11.34　机械间摄像头安装位置

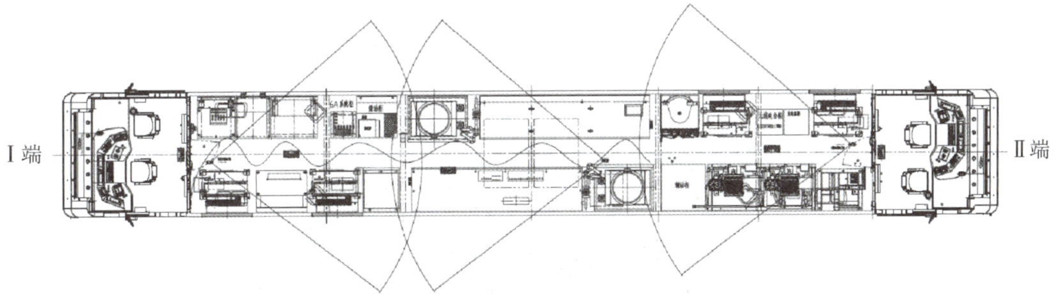

图 11.35　机械间摄像头覆盖范围

11.3.7　系统设置

系统设置界面可显示系统设置、机车信息和版本信息。

系统设置包括设置机型配置、系统时间、绝缘限值、防火系统复位、制动参数、视频通道、防火探头、外部插件和其他内容，系统设置界面如图 11.36 所示。

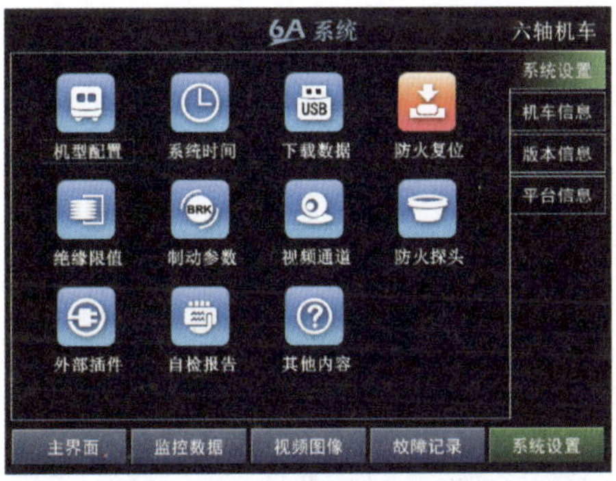

图 11.36　6 A 系统设置界面

11.3.8　显示屏主界面

在正常情况下，主界面仅显示时间，不干扰司机操作，6 A 系统主界面如图 11.37 所示。

图 11.37　6 A 系统主界面

11.3.8.1 报警界面

当 6 A 系统的子系统有报警信息时，会自动在显示屏弹出报警界面，并同时有语音播报，报警界面如图 11.38 所示。

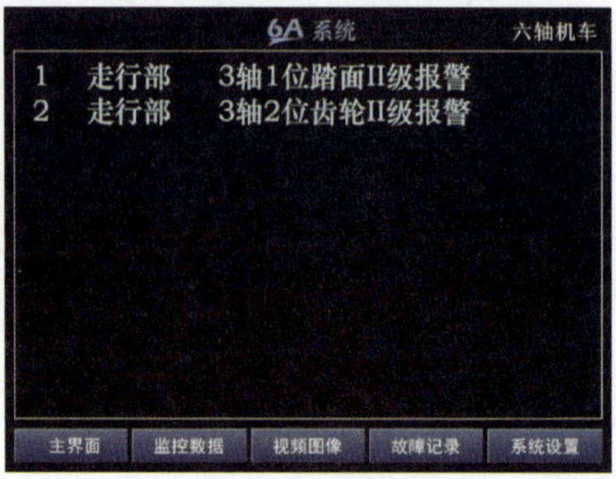

图 11.38 6 A 系统报警界面

11.3.8.2 故障记录

“故障记录”显示本次上电出现的故障、历史故障和漏电记录，可在屏幕右边选择。每条故障信息包括故障的序号、所属的子系统、提示或报警的内容和故障发生时间。漏电记录显示挂车前及挂车后的记录。最多显示 5 000 条故障信息。报故障记录界面如图 11.39 所示。

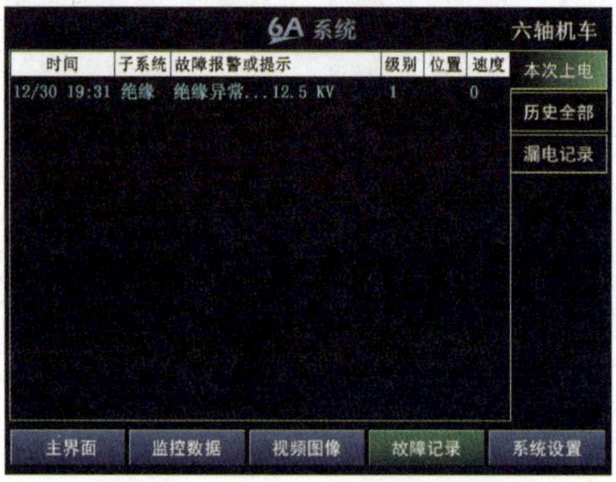

图 11.39 6 A 系统报故障记录界面

11.4 CMD 系统

CMD 系统是我国铁路信息化建设的重要组成部分，满足我国和谐型大功率交流传动机车批量投入运用，长交路、高密度、大运量的运输组织的要求和检修基地建设的需求。

CMD 系统由车载子系统、数据传输子系统和地面综合应用子系统组成。车载子系统能够实现机车安全信息、机车状态信息、机车监测信息的采集、处理及记录，视频信息的采集、处理(仅封装)，机车电子履历记录，接收北斗/GPS 定位信息。数据传输子系统能够实现车载子系统采集信息的实时接收并发送给地面综合应用子系统，以及地面综合应用子系统指令信息的实时接收，实现中国铁路总公司、铁路局和机务段/检修段三级间及跨局数据传输。地面综合应用子系统能够实现机车定位、实时状态数据监测、实时故障报警、远程诊断、视频点播、统计分析、机车车载电子履历管理、专家支持系统等功能，通过信息共享和功能接口与外部系统进行数据交互和功能调用。

11.4.1 CMD 车载子系统

CMD 车载子系统包括 LDP、北斗通信天线、多频带组合天线及配套线缆，负责车载数据采集、数据处理、存储及传输，通过数据传输子系统与地面综合应用子系统进行信息交互。LDP 具有可扩展与其他系统的通信接口。

LDP 包括防护记录器、北斗通信天线、多频带组合天线以及无线通信板、北斗/GPS 板、合路器板。

车载子系统总体结构如图 11.40 所示。

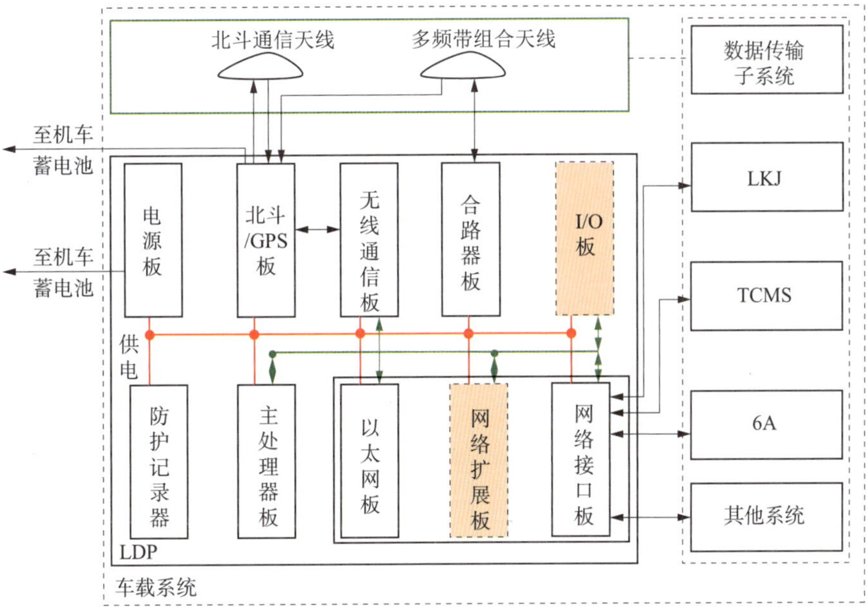

图 11.40 CMD 系统车载系统结构

CMD 车载子系统可实现以下功能：

(1)数据采集功能：通过 RS-485 接口采集 TCMS 数据，通过以太网采集 6 A 系统数据，通过 RS-485 采集 LKJ 数据，通过无线网络获取地面综合应用子系统的远程数据。采集的数据包括：机车状态信息、监测信息、安全信息、定位信息，通过 I/O 接口采集的模拟量、数字量信息，地面综合应用子系统的远程等相关信息。

(2)数据处理功能：具有点播数据处理事件识别与处理、故障数据识别与处理、数据分发处理、文件数据处理、数据记录等功能。

(3)数据传输与转储功能：具有实时信息的加密传输策略、视频信息的加密传输策略、北斗短报文的加密传输策略、断电数据加密回送策略、记录文件的转储策略等功能。

(4)定位功能:具有提供机车位置、速度、时间、公里标等信息的功能,可采用 GPS 信息与 LKJ 公里标信息进行组合定位。

(5)授时功能:通过总线采集 LKJ 的时间信息,实时给 TCMS、6 A 系统发送时间信息。当 LKJ 时间信息无效时,采用北斗/GPS 系统时间进行授时。

(6)人机接口功能:可利用 6 A 系统音视频显示终端或其他车载显示器进行相应的显示、测试和参数设置。

11.4.2 CMD 数据传输子系统

CMD 数据传输子系统主要用于车地无线实时通信、数据无线转储、内外网数据交换、铁路内网数据传输等车地数据的双向传输。

数据传输子系统的网络由无线和有线两部分组成。无线网络依托 GSM GPRS/3G、4G、GSM-R GPRS、WLAN、北斗,主要完成车地数据传输。有线网络利用已有的铁路综合 IT 网络,主要完成铁路总公司、铁路局、机务段/检修段三级网络范围内的数据传输。GSM GPRS/3G、4G、GSM-R GPRS、WLAN 车地通信采用 TCP/IP 协议,北斗车地通信采用短报文方式,铁路内网数据传输采用铁路统一传输平台。MTUP 为应用系统提供在铁路内网和移动公网间传输实时数据的服务,所有通过移动公网进入铁路生产网的应用系统都必须经过 MTUP 接入。数据传输子系统通过 GSM GPRS/3G、GSM-R GPRS、北斗实现车地实时通信,在隧道、山区等无线网络信号没有覆盖的地区将不能正常工作,通过 WLAN 实现车地非实时信息双向传输。

11.4.3 CMD 地面综合应用子系统

CMD 地面综合应用子系统主要由数据处理中心、综合服务平台和运行维护管理三部分组成。地面综合应用子系统按照中国铁路总公司、铁路局、机务段/检修段、机车制造及修理厂商分层管理架构,为各级用户提供机车运用、故障诊断等管理功能,提供基于业务的数据分析与统计,为其他信息系统提供数据接口。

根据业务需求,地面综合应用子系统部署在中国铁路总公司、铁路局、机务段/检修段的局域网内,通过权限配置满足不同层级的角色需求。

12 机车使用与维护

12.1 机车操纵说明

12.1.1 机车整备

HXD_{2C} 型电力机车在出库前需加砂、加水以及轮轨润滑装置加润滑脂。

HXD_{2C} 型电力机车砂箱集成在车体底架上，每台机车设有 8 个砂箱，分别位于底架端部及中部，其中端部砂箱 4 个，容积约为 90 L/个，中部砂箱 4 个，容积约为 100 L/个。机车出库前应将每个砂箱加 2/3 容积的砂子。

HXD_{2C} 型电力机车运用中需用水的地方有卫生间、刮雨器。

HXD_{2C} 型电力机车每台车设有一个整体式卫生间，水箱容积不小于 50 L，注水口设在车下，机车出库前应将水箱注入 2/3 容积的水。

HXD_{2C} 型电力机车每个司机室装有一套刮雨器，采用一个水箱，容积 50 L，装在车下，注水口设在司机室下方车体右侧边梁上。机车出库前应将水箱注入 2/3 容积的喷淋液。

HXD_{2C} 型电力机车在出库前需检查主压缩机油位，在视油镜处检查油位，油位应位于视油镜观察孔的上限和下限之间。若低于下限，则需补充压缩机油。

HXD_{2C} 型电力机车在出库前需检查牵引变流器冷却液的液位，可以通过膨胀箱上的液位显示器读到。冷却液位不能低于标志，否则，应关断水泵的电源并重新加满冷却液。

HXD_{2C} 型电力机车每转向架配有一套轮缘润滑装置，对一、三位车轮轮缘润滑，润滑装置采用油气润滑，机车出库前应检查储脂罐中润滑脂的量，过少则要补充。

12.1.2 机车启动前的准备

机车在符合运行状态情况下，司乘人员可对机车进行操纵。首先确认机械间活动天窗处于关闭状态，接地开关在运行位，钥匙箱在“ON”位，车内所有管路阀门均在正常工作位，将机械间内电器柜上所有自动开关均合上，转换开关均置运行位。检查蓄电池电压，电压高于 88 V 时可以继续操作；若电压低于 88 V，则需对蓄电池进行充电。

将司机钥匙插入司机控制器上的钥匙孔内，旋转以激活司机指令输入。一台机车只配备一片司控器钥匙，若同时有两片钥匙在两端的司机室同时插入，则系统提示占用端冲突，机车不能运行。

将方向手柄插入司机控制器上的方向手柄插槽内，拨向所要运行的方向位置。

设置空气制动机的操纵状态。

设置监控系统状态。

12.1.3 升弓、合主断

待机车控制系统自检完成后可以升弓、合主断。同时控制系统自检完成后将进行辅助系统的配置，等待辅助电源启动时带动辅机启动。

在微机显示屏上通过软开关设置受电弓模式，默认升后弓。

操纵升弓扳键升弓，确认受电弓升起后，待机车微机屏网压指示在 17.5 kV～31 kV 间时操纵主断扳键合主断。

若升弓辅助风缸压力不足，可使用辅助压缩机打风到工作压力后升弓。

主断闭合后辅助变流器开始启动，对中间直流电容限流充电，充电完成后辅助逆变器启动，带动牵引通风机、冷却塔风机、油泵、水泵等通风冷却机组启动。同时蓄电池充电机也开始启动。压缩机也根据总风压力状态自动启动与停止。

12.1.4 机车的启动和牵引操作

机车启动前需首先确认：(1)停车制动在缓解状态；(2)总风压力在 650 kPa 以上。

根据需要运行的方向，将司机控制器上的方向手柄打至要求运行的方向，向前推动级位手柄，机车进入牵引状态。说明：机车级位手柄的级位是连续的，司机可将级位手柄推至任意位置。当需要减速时，司机可将级位手柄后拉，越过零位，进入电制动区。司机也可用空气制动来减速，需先将级位手柄退回零位。

HXD2C 型电力机车具有定速控制功能，当司机控制器的方向手柄处于向前位，司机控制器级位手柄处于牵引区域，机车速度超过 15 km/h 且无空气制动时，按下一次定速按钮，机车进入定速状态；机车将以当前行驶速度作为定速期望目标速度，进入定速控制模式，机车将根据实际行驶速度与定速期望目标速度的差异，自动进行牵引及电制动的快速转换，控制机车行驶速度不变。当司机关闭定速功能时，定速功能将保持直至级位手柄回到“零”位。导致退出定速状态的因素如下：(1)司机控制器级位手柄转至零位或者电制动区域；(2)投入空气制动；(3)A 等级故障发生。

12.1.5 机车过分相操作

机车有手动过分相和自动过分相两种过分相控制方式。

当自动过分相装置无故障时，机车接近分相区时自动过分相装置检测到过分相区的信号，向机车控制系统发出预告信号或强迫信号(预告信号失败时)，机车自动控制牵引/电制动退级，分主断；通过分相区后，机车检测到网压后自动恢复到过分相前的工作状态。

当自动过分相装置故障时，需要司机在观察到接近分相区时按压过分相按钮，机车自动控制牵引/电制动退级，分主断；通过分相区后，机车检测到网压后自动恢复到过分相前的工作状态。

12.1.6 机车冗余控制与故障隔离运行

HXD2C 型电力机车故障诊断和处置均是自动完成，并在机车状态屏上显示相关信息，一般情况下不需要司乘人员做处理，只需将故障时间和故障提示记录下来，以便回库后维修人员查询维修。特殊情况下显示屏上会有处理提示，司乘人员可按提示操作以维持机车运行。

12.1.7 结束运行操作

运行结束，离开机车前需完成以下操作：

(1)确保机车处于制动状态；

(2)将牵引手柄回零，司控器的方向手柄恢复至“0”位；

(3)断开主断，降弓；

(4)取下司机钥匙，关闭驾驶台所有开关；

(5)断开蓄电池；

(6)做好机车防溜。

12.2 机车的维护与检查

机车的维护与检查是为了保持和恢复机车完成运营规定功能的能力而采取的技术活动。机车采用的是以定期维修为主，以检查和检修相结合的综合维修制度。

12.2.1 定期维修

12.2.1.1 维修等级及间隔期

HXD2C 型机车检修修程和检修周期见表 12.1。

表 12.1 维修等级及间隔期

检修修程		检修周期	
		走行公里数(万 km)	时　间
—	日常检查	—	每次机车出入库
C1	C1 修	7×(1±10%)	不超过 3 个月
C2	C2 修	13×(1±10%)	不超过 6 个月
C3	C3 修	25×(1±10%)	不超过 1 年
C4	C4 修	50×(1±10%)	不超过 3 年
C5	C5 修	100×(1±10%)	不超过 6 年
C6	C6 修	200×(1±10%)	不超过 12 年
UM	—	计划外维修	—

表中，C1～C6 属定期维修(或预防性维修)；UM 为计划外维修(或修复性维修)，故障维修和改善维修均属于计划外维修。

12.2.1.2 各级检修修程的主要维修工作

日常检查：机车日常出入库整备。

C1 修：机车例行检查和保养，利用机车自检系统进行故障诊断，按状态修理。

C2 修：机车关键部件重点检查维修，有针对性地恢复机车运行可靠性。

C3 修:机车关键部件重点检查维修,有针对性地恢复机车运行可靠性。

C4 修:机车主要部件检查,性能参数测试,修复不良状态部件,恢复机车可靠质量状态。

C5 修:机车主要部件分解检修,性能参数测试,恢复机车可靠质量状态。

C6 修:机车全面分解检修,全面性能参数测试,恢复基本性能,可同时进行机车或主要部件的技术提升。

计划维修以外发生的所有维修活动,均属于计划外维修。

12.2.1.3 检查次序

HXD2C 型电力机车的检查和维护工作按以下次序进行。

(1)按时间次序

在每个维修等级中,机车按时间次序进行的维修工作次序如下:

无网压下的检查→网压下的检查→有机车蓄电池电压和外部风源下的检查→无电源下的维修工作→网压下的最后检查。

(2)按区域次序

在特殊的维修等级中,机车按区域次序进行的维修工作次序如下:

准备→司机室→机械间→机车外部→机车下部→车顶设备→结束。

12.2.1.4 维护与检查的安全注意事项

为确保人身安全,机车的维护检查人员必须是经过培训的资质人员。必须严格遵守检查与维护指导的安全注意事项。在对高压设备进行工作时,必须按接地程序将机车可靠接地。牵引变流器包含有大电容器,即使机车已经降落受电弓,这些电容器仍然可以在较长时间(几天)内带有危险的高压,因此应对有电容的电器进行放电。当机车处于有电的接触网下时,不要登机车车顶。在对空气管路系统执行任务时,必须排空压缩空气。刚停止工作的电器可能温度很高,应注意防止烫伤。

12.2.1.5 主要部件检查与检修项目及周期

HXD2C 型电力机车主要部件检查与检修主要项目及周期见表 12.2。

表 12.2 HXD2C 型机车主要部件检查与检修主要项目及周期

序号	检修内容	日常检查	C1级修	C2级修	C3级修	C4级修	C5级修	C6级修	计划外维修
1	司机室设备								
1.1	司机操纵台设备								
1.1.1	司机控制器								
	检查动作性能	√	√	√	√	√	√	√	
	检查机械联锁	√	√	√	√	√	√	√	
	检查线路连接					√	√	√	
1.1.2	制动控制器								

续上表

序号	检修内容	日常检查	C1级修	C2级修	C3级修	C4级修	C5级修	C6级修	计划外维修
	检查机械性能	√	√	√	√	√	√	√	
	检查紧固件连接	√	√	√	√	√	√	√	
	检查各线路连接		√	√	√	√	√	√	
1.2	空调装置								
	检查空调功能		√	√	√	√	√	√	
	清洁回风滤网			√	√				
	更新回风滤网					√	√	√	
	检查视液镜					√	√	√	
	检查温度传感器					√	√	√	
	检查冷凝风机、通风机					√			
	更换冷凝风机、通风机						√	√	
	检查压缩机					√	√		
	更换压缩机							√	
	检查箱体结构、隔热材料、密封条					√	√	√	
	清洁进风栅、回风栅、风道、风管					√	√	√	
	清洁蒸发器、冷凝器、冷凝水排水孔					√	√	√	
	检查管路					√	√	√	
	清洁电加热器、检查过热保护元件及线路					√	√	√	
	清洁电控箱					√	√	√	
	检查绝缘电阻					√	√	√	
2	机械间设备								
2.1	牵引变流器								
	检查柜门、各电器部件、传感器		√	√	√	√	√	√	
	清洁柜内各部件、铜排、散热器			√	√	√	√	√	
	检查中间直流支撑电容			√	√	√	√	√	
	检测中间直流支撑电容					√	√	√	
	检查谐振吸收电容(如有)			√	√	√	√		
	检测谐振吸收电容(如有)					√	√		
	更换谐振吸收电容(如有)							√	

续上表

序　号	检修内容	日常检查	C1级修	C2级修	C3级修	C4级修	C5级修	C6级修	计划外维修
	检查控制机箱、功率模块					√	√	√	
	检查电阻					√	√	√	
	检查预充电、线路接触器						√	√	
	检查冷却系统水路、水管喉卡			√	√	√	√	√	
	检查冷却系统					√	√	√	
2.2	牵引通风机								
	检查外观及工作状态		√	√	√	√	√	√	
	检查安装螺栓紧固状态			√	√	√	√	√	
	检查接线盒、接线板接线				√	√	√	√	
	检查风机绝缘				√	√	√	√	
	检查通风机电机					√	√	√	
	检查叶轮					√	√	√	
	检查进风道，风筒					√	√	√	
	更新轴承					√	√	√	
2.3	冷却塔								
	检查冷却塔风机外观及工作状态		√	√	√	√	√	√	
	检查复合冷却器及各连接管路的密封情况		√	√	√	√	√	√	
	检查安装螺栓紧固状态			√	√	√	√	√	
	清理复合冷却器			√	√	√	√	√	
	检查冷却塔风机接线盒、接线板接线				√	√	√	√	
	检查冷却塔风机绝缘				√	√	√	√	
	检查冷却塔风机电机					√	√	√	
	检查冷却塔风机叶轮					√	√	√	
	检查冷却塔风机进风道，风筒					√	√	√	
	更新冷却塔风机轴承					√	√	√	
2.4	充电机柜								
	检查模块的指示灯状态	√	√	√	√	√	√	√	
	检查各接线螺栓是否牢固，各连接器是否连接牢固			√	√	√	√	√	

续上表

序号	检修内容	日常检查	C1级修	C2级修	C3级修	C4级修	C5级修	C6级修	计划外维修
	检查导线及连接器是否有腐蚀、烧损			√	√	√	√	√	
	检查各按钮和断路器状态				√	√	√	√	
	检查AC/DC模块、DC/DC模块、监控单元性能是否良好,各散热风扇是否良好					√	√	√	
2.5	高压电流互感器								
	检查绕组无断路					√	√	√	
	检查二次绕组间及对地绝缘电阻					√	√	√	
2.6	空气管路系统及制动机								
2.6.1	主压缩机组								
	检查安装紧固件	√	√	√	√	√	√	√	
	检查主压缩机、空气过滤器、真空指示器、精密过滤器、散热器、压缩机油位	√	√	√	√	√	√	√	
	清洁冷却器,更新滤油器滤芯筒、空气过滤器滤芯,更新精密过滤器滤芯				√	√	√	√	
	检查润滑油,更新润滑油及油细分离器				√	√	√	√	
	更新润滑油、油细分离器及空气安全滤芯					√	√	√	
	测试安全阀、温度开关(温度传感器)和压力开关的整定值					√	√	√	
	清洗回油管路及回油单向阀					√	√	√	
	机头解体检修,更新密封橡胶圈,更新联轴器弹性体						√	√	
2.6.2	干燥器								
	检查干燥器电控器各指示灯	√	√	√	√	√	√	√	
	检查排气阀排气正常	√	√	√	√	√	√	√	
	检查干燥剂状态				√	√	√	√	
	除尘过滤器更换滤芯					√	√	√	
	检查进气装置、出气止回阀、最小压力阀等部件密封情况,拆卸、清洗,检查各密封件					√	√	√	
	干燥塔拆卸上端盖,更换干燥剂					√	√	√	
	更新进气装置、出气止回阀、最小压力阀等部件密封件						√	√	
2.6.3	控制、撒砂、轮喷空气管路								

续上表

序　号	检修内容	日常检查	C1级修	C2级修	C3级修	C4级修	C5级修	C6级修	计划外维修
	检查辅助压缩机的减振器、连接管路、检查辅助压缩机工作正常;检查软管及连接器状态,检查制动、停放制动指示器		√	√	√	√	√	√	
	检查辅助压缩机安全阀			√	√	√	√	√	
	检查撒砂阀调节器、撒砂阀衬套			√	√	√	√	√	
	更换辅助压缩机过滤器滤芯				√	√	√	√	
	检查辅助干燥剂,状态不良更新				√	√	√	√	
	更换总风过滤器滤芯				√	√	√	√	
	检查总风缸						√	√	
	更新辅助压缩机各种密封件							√	
2.6.4	制动控制系统								
	检查制动柜外观,各部件状态良好,塞门开闭状态正确		√	√	√	√	√	√	
	检查制动控制器		√	√	√	√	√	√	
	清洁总风过滤器				√	√	√	√	
	制动柜各模块外观清洁					√	√	√	
	解体总风过滤器,更换滤芯,更新密封圈					√	√	√	
	检查制动指示器					√	√	√	
	各阀类解体检修						√	√	
	更新各模块橡胶件						√	√	
2.7	卫生间								
2.7.1	干式洁具整体卫生间								
	清洗坐便器/清洗集便箱		√	√	√	√	√	√	
	检测座便器网板、检测显示面板功能				√	√	√	√	
	更换便器橡胶件及喷嘴塑料件、真空吸力管/更换粪肥收集箱上橡胶件及疏通管道/更换水箱上的液位开关、供水管路上软管及阀门						√	√	
2.7.2	水冲式卫生间								
	目检、清洗坐便盆	√	√	√	√	√	√	√	
	清洗喷嘴、清洗污物箱、清理风扇和通风栅格		√	√	√	√	√	√	
	清洗/检测增压罐液位开关、单向阀、光电液位开关、排泄阀、水过滤器				√	√	√	√	

续上表

序　号	检修内容	日常检查	C1级修	C2级修	C3级修	C4级修	C5级修	C6级修	计划外维修
	检测气控阀、电磁阀、电加热管、伴热线、温控器、冲洗按钮、显示面板、三联开关				√	√	√	√	
	更换消音器、清理加热器					√	√	√	
	更换冲洗水管、气缸及冲水盘和污物箱塑料气水管、便器及排污管密封垫、夹布水管						√	√	
2.8	安全设备柜								
	检查设备	√	√	√	√	√	√	√	√
2.9	微机柜								
	检查 GW 网关指示灯是否正常	√	√	√	√	√	√	√	
	检查 MPU 指示灯是否正常	√	√	√	√	√	√	√	
	检查 RIOM3 指示灯是否正常	√	√	√	√	√	√	√	
	检查导线及连接器是否有腐蚀、烧损				√	√	√	√	
	检查各按钮和开关性能是否良好				√	√	√	√	
	检查继电器、接触器、断路器性能是否良好					√	√	√	
2.10	过分相装置								
	检查外观		√	√	√	√	√	√	
	更换 PLC					√	√	√	
	更换接口电路板						√	√	
	更换感应接收器						√	√	
	功能检查		√	√	√	√	√	√	
2.11	6 A 系统								
	功能检查：检查看 6 A 系统各子系统信息及数据	√	√	√	√	√	√	√	
	校验压力传感器及流量变送器					√	√	√	
	更换或维修 AT1 插件、数据前置处理器、传感器					√	√	√	
	电源箱更新						√	√	
	压力传感器、流量变送器和走行部传感器更新						√	√	
	更新 6 A 系统部件							√	
2.12	CMD 车载子系统								
	检查插件指示灯状态	√	√	√	√	√	√		
	更换各插件及天线、电缆、LDP 主机箱							√	
2.13	低压电器柜								

续上表

序号	检修内容	日常检查	C1级修	C2级修	C3级修	C4级修	C5级修	C6级修	计划外维修
	检查接触器、断路器、辅助触点接触是否良好	√	√	√	√	√	√	√	
	确认熔断器芯应状态良好,没有烧损现象			√	√	√	√	√	
	确认电度表、电容器能够正常工作,电容器没有烧损现象			√	√	√	√	√	
	确认 380/220 变压器能够正常工作			√	√	√	√	√	
	绝缘电阻,耐压测试					√	√	√	
2.14	控制系统								
	检查各模块及显示屏插头插座无缩针					√	√	√	
	测试各模块及显示屏工作电源					√	√	√	
	更换显示屏的薄膜按键						√	√	
	显示屏功能检查						√	√	
	网络模块和插件更换						√	√	
2.15	接地电流互感器								
	目视检查接地电流互感器		√	√	√	√	√	√	
3	车外设备								
3.1	车体								
3.1.1	前窗玻璃								
	目视检查	√	√	√	√	√	√	√	
	加热系统功能检查		√	√	√	√	√	√	
	检查温控器(如有)		√	√	√	√	√	√	
	检查前窗玻璃四周密封状态					√	√	√	
	更换前窗玻璃								√
3.2	钩缓系统及过载保护装置								
3.2.1	车钩								
	目视检查	√	√	√	√	√	√	√	√
	车钩三态检查	√	√	√	√	√	√	√	
	尺寸检查		√	√	√	√	√	√	
	探伤检查		√	√	√	√	√	√	
	更换钩尾框								√
3.2.2	缓冲器								

续上表

序 号	检修内容	日常检查	C1级修	C2级修	C3级修	C4级修	C5级修	C6级修	计划外维修
	目视检查	√	√	√	√	√	√	√	
	尺寸检查					√	√	√	
	更换缓冲器								√
3.2.3	变形元件								
	目视检查	√	√	√	√	√	√	√	
	尺寸检查						√	√	
	更换变形元件								√
4	车下设备								
4.1	转向架								
4.1.1	转向架构架								
	外观目视检查	√	√	√	√	√	√	√	√
	解体检查						√	√	
	主要焊缝磁粉探伤检查						√	√	
	重新油漆						√	√	
4.1.2	轮对及轴箱装置								
4.1.2.1	轮对								
	外观检查	√	√	√	√	√	√	√	√
	尺寸检查		√	√	√	√	√	√	√
	车轮轮辋进行超声波探伤检查		√	√	√	√			
	更新车轮						√	√	√
	车轴检修				√	√	√	√	√
4.1.2.2	轴箱组装								
	机车车载安全防护系统(6 A 系统)地面专家诊断分析		√	√	√	√			
	轴箱轴承、抱轴箱轴承动态检测				√	√	√	√	
	更新轴承单元							√	
	更新拆卸的紧固件、O形橡胶圈						√	√	
	轴箱体探伤检查						√	√	
4.1.3	驱动装置								
	更新拆卸的紧固件、O形橡胶圈						√	√	√
	机车车载安全防护系统(6 A 系统)检查	√	√	√	√	√			

续上表

序　号	检修内容	日常检查	C1级修	C2级修	C3级修	C4级修	C5级修	C6级修	计划外维修
	机车车载安全防护系统(6 A 系统)地面专家诊断分析		√	√	√	√			
4.1.3.1	抱轴箱装置								
	抱轴承补脂			√	√	√	√	√	
	抱轴箱体探伤检查						√	√	√
	更新抱轴承							√	√
4.1.3.2	主、从动齿轮及齿轮箱								
	主、从动齿轮轮齿磁粉探伤检查						√	√	√
	齿轮箱油位检查	√	√	√	√	√	√	√	√
	清洗磁性螺堵			√	√	√	√	√	√
	清洗齿轮箱					√	√	√	√
	更新齿轮油		√		√	√	√	√	√
4.1.4	电机悬挂								
	解体检查						√	√	
	更新橡胶关节						√	√	
	更新拆卸的紧固件						√	√	√
	电机吊杆探伤检查					√	√	√	
4.1.5	一、二系悬挂								
4.1.5.1	一系悬挂								
	外观检查	√	√	√	√	√	√	√	
	解体检查						√	√	
	一系弹簧探伤检查						√	√	
	更新橡胶关节						√	√	
	减振器支架、轴箱拉杆体及起吊环探伤检查						√	√	
	更新绝缘垫、绝缘环						√	√	
	一系垂向减振器检修						√	√	
	更新拆卸的紧固件						√	√	√
4.1.5.2	二系悬挂								
	外观检查	√	√	√	√	√	√	√	
	解体检查						√	√	
	更新二系橡胶堆						√	√	

续上表

序号	检修内容	日常检查	C1级修	C2级修	C3级修	C4级修	C5级修	C6级修	计划外维修
	二系横向减振器检修						√	√	
	更新二系横向止挡						√	√	
	更新拆卸的紧固件						√	√	√
4.1.6	牵引装置								
	外观检查	√	√	√	√	√	√	√	√
	解体检查					√	√	√	
	探伤检查牵引杆有无裂纹					√	√	√	
	更新牵引杆防脱螺母					√	√	√	
	更新橡胶关节						√	√	
	更新拆卸的紧固件						√	√	√
4.1.7	轮缘润滑装置								
	外观检查	√	√	√	√	√	√	√	
	更新拆卸的紧固件、垫圈及空气管路接头的密封圈					√	√	√	
	更新橡胶软管和轮缘润滑软管						√	√	
4.1.8	排石器和撒砂管装配								
	外观检查	√	√	√	√	√	√	√	
	更换所有紧固件,橡胶件和箍带						√	√	
4.2	轴端接地装置								
	检查机械性能	√		√	√	√	√	√	
	检查紧固件连接	√			√	√	√	√	
	检查磨耗件				√	√	√	√	
	检查绝缘性能					√	√	√	
4.3	牵引电机								
4.3.1	牵引电机外观检查								
	检查各紧固件状态及防松标记状态		√	√	√	√	√	√	
	外观检查两端轴承附近区域不许有漏油		√	√	√	√	√	√	
4.3.2	定子检查								
	测量定子绕组三相线电阻						√	√	
	测量定子绕组对地绝缘电阻						√	√	
	进行工频耐电压试验						√	√	

续上表

序　号	检修内容	日常检查	C1级修	C2级修	C3级修	C4级修	C5级修	C6级修	计划外维修
4.3.3	转子检查								
	检查转轴、导条、端环、封环无裂纹、变形及松动						√	√	
	进行转子动平衡试验						√	√	
4.3.4	轴承检测								
	顶轮检测，轴承无异常			√	√	√	√	√	
	更新轴承						√	√	
	检查轴承组装游隙须符合限度要求						√	√	
4.3.5	其他								
	补充油脂					√	√	√	
	清洁表面及通风道						√	√	
4.4	牵引变压器								
	检查各部件密封、连接、运行状态		√	√	√	√	√	√	
	对油样进行耐压试验及理化分析			√	√	√	√	√	
	对油样进行气相色谱分析			√	√	√	√	√	
	检查变压器油位计指示						√	√	
	检查吸湿器状态，更新吸湿剂						√	√	
	测量绕组冷态直流电阻值						√	√	
	测量各绕组相互间及对地绝缘电阻						√	√	
4.5	软风道								
	检查软风道		√	√	√	√			
	更新软风道						√	√	
4.6	蓄电池柜								
	检查蓄电池箱，应干燥、通风		√	√	√	√	√	√	
	检查蓄电池箱无异物		√	√	√	√	√	√	
	检查单个蓄电池开路电压，容量正常				√	√	√	√	
5	车顶设备								
5.1	受电弓								
	更新破损的软连线		√	√	√	√	√	√	
	检查受电弓滑板磨耗状态		√	√	√	√	√	√	

续上表

序　号	检修内容	日常检查	C1级修	C2级修	C3级修	C4级修	C5级修	C6级修	计划外维修
	检查碳滑板、软连线、上框架、导杆、阻尼器、气囊装置、弓头		√	√	√	√	√	√	
	检查气动部件		√	√	√	√	√	√	
	清洁受电弓风管外表面、绝缘子		√	√	√	√	√	√	
	清洁润滑升弓装置的钢丝绳		√	√	√	√	√	√	
	检查底架及铰链机构					√	√	√	
	检查弓头部分					√	√	√	
	更新弹簧元件								√
	检查传动机构和控制机构					√	√	√	
	更新上、下导杆轴承						√	√	
	更新滑板						√	√	
	更新橡胶件						√	√	
	更新钢丝拉绳、阻尼器轴套及外套						√	√	
	更新气囊及橡胶气管、快速降弓阀膜片						√	√	
	更新 PU 软管						√	√	
	检查精密调压阀、安全阀						√	√	
	更新精密调压阀、安全阀								√
	检查受电弓压力开关						√	√	
	更新受电弓压力开关								√
	检查受电弓绝缘管管接头						√	√	
	更新受电弓绝缘管管接头								√
5.2	主断路器								
	调节接地夹		√	√	√	√	√	√	
	清洁、检查绝缘子		√	√	√	√	√	√	
	检查气路				√	√	√	√	
	检查电气回路				√	√	√	√	
	检查主触头					√	√	√	
	检查缓冲垫						√	√	
	更换绝缘子总成、辅助触头								√
5.3	高压接地开关								

续上表

序号	检修内容	日常检查	C1级修	C2级修	C3级修	C4级修	C5级修	C6级修	计划外维修
	检查接地开关接触板与主断接地夹接触性能		√	√	√	√	√	√	
	检查旋转机构能否自由转动				√	√	√	√	
	润滑刀口和安全夹				√	√	√	√	
	检查电气回路				√	√	√	√	
	检查接地线				√	√	√	√	
	检查和调整接触板刀口				√	√	√	√	
	检查主安全夹				√	√	√	√	
	检查各紧固锁紧机构				√	√	√	√	
	检查所有部件是否动作正常					√	√	√	
	更换损坏零部件、清洗润滑必要的部件						√	√	
	检查辅助开关触头与凸轮间隙、宽度和开闭是否正常						√	√	
5.4	高压电压互感器								
	检查外观,有异常及时修理或更换		√	√	√	√	√	√	
	检查绝缘电阻,修理或更换不良部位				√	√	√	√	
	更换耐压试验不合格产品				√	√	√	√	
	检测通路状态,更换无法连通的产品				√	√	√	√	
5.5	高压隔离开关								
	检查各紧固件齐全、完好、紧固		√	√	√	√	√	√	
	检查隔离开关动触头、静触头接触性能			√	√	√	√	√	
	检查高压隔离开关状态,动作正常			√	√	√	√	√	
	检查绝缘子无裂痕现象			√	√	√	√	√	
	检查连接板状态,无松动			√	√	√	√	√	
	检查锁闭机构完好、锁紧牢固			√	√	√	√	√	
	清洗洁净传动轴,清洗各键槽					√	√	√	
	润滑各滑动配合面及连杆销					√	√	√	
	检查辅助触点闭合状态					√	√	√	
	检查辅助凸轮磨损情况					√	√	√	
	检测绝缘电阻					√	√	√	
5.6	避雷器					√	√	√	
	检查避雷器外套,无裂纹、伤痕,判断避雷器有无缺陷		√	√	√	√	√	√	

续上表

序号	检修内容	日常检查	C1级修	C2级修	C3级修	C4级修	C5级修	C6级修	计划外维修
	用去污粉擦拭外套，并用去污粉擦拭外套，并用汽油、棉丝擦拭干净		√	√	√	√	√	√	
	进行直流参考电压测试 $U_{1\,mA}$				√	√	√	√	
	进行直流 0.75 $U_{1\,mA}$ 下的泄漏电流测量				√	√	√	√	
	进行持续运行电流（阻性分量）测量				√	√	√	√	

附录 缩写表

缩　写	说　明	备　注
3G	第三代移动通信技术	
4G	第四代移动通信技术	
6 A	机车车载安全防护系统	
AAR	美国铁路协会	
AC	交流	
ACU	辅助变流器	
CPU	中央处理器	
CIR	机车综合无线通信设备	
CMD	中国机车远程监测与诊断系统	
DC	直流	
DMIS	调度指挥管理信息系统	
DSP	数字信号处理	
GPRS	通用分组无线服务技术	
GPS	全球定位系统	
GSM	全球移动通信系统	
GSM-R	铁路专用数字移动通信系统	
LAIS	列车运行状态信息系统	
LCD	液晶显示器	
LDP	机车车载综合信息监测装置	
LKJ	列车运行监控系统	
LRU	现场可替换单元	
MMI	机车综合通信操作显示终端	
MTUP	铁路移动数据传输统一平台	
MVB	多功能车辆总线	
TAX	机车安全信息综合检测装置	
TCMS	机车网络控制系统	
TCN	列车通信网络	
TCP	传输控制协议	

续上表

缩　　写	说　　明	备　　注
TMIS	铁路运输管理信息系统	
UM2000	轨道电路制式	
UM71	轨道电路制式	
WLAN	无线局域网	
WTB	多功能列车总线	
BCU	制动控制单元	
EPM	电空模块	
ER	均衡风缸	
CVCF	定压定频	
VVVF	变频变压	
PWM	脉冲宽度调制	
PLC	可编程逻辑控制器	
IGBT	绝缘栅双极型晶体管	
TCU	牵引控制单元	
BP	列车管	法维莱制动机系统
EQ	平均管	法维莱制动机系统
MPU	主处理单元	法维莱制动机系统
RE	先导室压力	法维莱制动机系统
UIC	国际铁路联盟	法维莱制动机系统
13CP	13 控制部分	克诺尔制动机系统
16CP	16 控制部分	克诺尔制动机系统
20CP	20 控制部分	克诺尔制动机系统
BPCP	列车管控制部分	克诺尔制动机系统
CAN	控制器局域网络	克诺尔制动机系统
DBTV	DB 三通阀	克诺尔制动机系统
EPCU	电空控制单元	克诺尔制动机系统
ERCP	均衡风缸模块	克诺尔制动机系统